(a)

(b)

彩图 1　迈阿密大楼坍塌事件

(a)

(b)

(c)

彩图 2　装配式建筑案例——中国馆

(a)

(b)

(c)

彩图 3　武汉长江大桥

(a)

(b)

(c)

彩图 4　北京故宫太和殿

(a)

(b)

(c)

彩图 5　北京国家体育场(鸟巢)

(a)

(b)

(c)

(d)

彩图 6　比萨斜塔

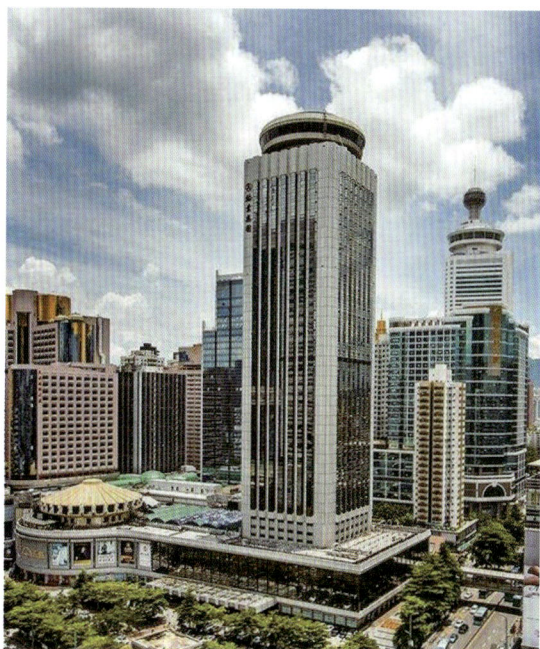

(a)

(b)

彩图 7　深圳国际商贸中心

(a)

(b)

(c)

彩图 8　杭州湾跨海大桥

普通高等院校土建类专业精品系列教材

结 构 力 学

主　编　朱永甫　吕卫东　陈火炎

副主编　刘衍香　贾玉祥　黄杰超

北京理工大学出版社
BEIJING INSTITUTE OF TECHNOLOGY PRESS

内 容 提 要

本书以杆系结构为主要研究对象，通过理论的介绍、案例的分析及计算，给土木工程类及相关专业的学生及广大自学者和工程技术人员提供了深入而广泛的学习资源。在书中，编者对于静定结构的受力分析、虚功原理和结构位移计算进行了详细的讲解。通过这些内容的介绍，读者可以了解杆系构造各个部分之间的作用，以及内力如何在这些部分之间分配。除此之外，编者还介绍了力法、位移法等重要的分析方法，以及超静定结构实用计算法和影响线及其应用等内容。编者不仅在每章中均增加了课程思政内容，还通过国家在建或已完成的重大建筑为案例，结合技术特点进行了详细剖析。这样的做法有助于读者理解结构构造及其变化规律，同时也有助于读者从中学习如何应用理论知识来解决实际问题。

本书内容精练，重点突出，适用性强。它涉及的基础理论讲解与案例分析都是科学、全面的，且深入浅出，易于读者理解。本书可作为应用型普通本科高校的土木工程类以及相关专业的基础教材，同时也可作为广大读者的参考用书。

图书在版编目（CIP）数据

结构力学 / 朱永甫，吕卫东，陈火炎主编. -- 北京：
北京理工大学出版社，2023.12（2024.1重印）
ISBN 978-7-5763-3276-6

Ⅰ. ①结… Ⅱ. ①朱… ②吕… ③陈… Ⅲ. ①结构力
学 Ⅳ. ①O342

中国国家版本馆CIP数据核字（2024）第007302号

责任编辑： 陆世立		**文案编辑：** 李　硕	
责任校对： 刘亚男		**责任印制：** 李志强	

出版发行 /	北京理工大学出版社有限责任公司
社　　址 /	北京市丰台区四合庄路6号
邮　　编 /	100070
电　　话 /	(010) 68914026（教材售后服务热线）
	(010) 68944437（课件资源服务热线）
网　　址 /	http：//www.bitpress.com.cn
版 印 次 /	2024年1月第1版第2次印刷
印　　刷 /	河北鑫彩博图印刷有限公司
开　　本 /	787 mm×1092 mm　1/16
印　　张 /	14.5
彩　　插 /	4
字　　数 /	351千字
定　　价 /	55.00元

图书出现印装质量问题，请拨打售后服务热线，负责调换

前　言

党的二十大报告中提到"深入实施人才强国战略。培养造就大批德才兼备的高素质人才，是国家和民族长远发展大计"。本书在保持应用型鲜明特色的基础上，紧贴"以学生为中心"，强化"三全育人"，根据专业知识内容每章增加了素质教育部分，通过典型案例或事迹增强学生的爱国主义情怀，培养学生的团队协作精神、专业知识和实践能力，塑造学生的价值观念和思维方式，增强学生的社会责任感和创新意识。

本书主要内容为：绪论，杆系结构的组成分析，静定结构的受力分析，虚功原理与结构位移计算，力法，位移法，超静定结构实用计算法，影响线及其应用。本书自成体系，内容精练，重点突出，适用性强，重在基础理论的内容讲解、案例的分析与计算，适合作为应用型普通本科高校土木工程、智能建造等专业的专业教材，也可作为广大自学者和相关专业工程技术人员的参考用书。

本书由朱永甫、吕卫东、陈火炎任主编，刘衍香、贾玉祥、黄杰超任副主编。本书第1章由闽南理工学院朱永甫编写，第3章、第5章由福建省五建建设集团有限公司吕卫东编写，第7章由厦门上城建筑设计有限公司陈火炎编写，第2章、第6章由闽南理工学院刘衍香编写，第8章由闽南科技学院贾玉祥编写，第4章由闽南理工学院黄杰超编写。全书图表绘制及校对由朱永甫、陈火炎完成，全书校对、编排由刘衍香负责。

本书在编写过程中，参考了国内已出版的一些优秀教材或教学参考书，在此谨向有关作者表示衷心的感谢。由于编者水平有限，书中不足之处敬请指正。

编　者

目 录

第1章 绪论

迈阿密大楼坍塌 4 人死亡 99 人失踪，丘吉尔曾对小镇流连忘返

据美国广播公司报道，当地时间 2021 年 5 月 11 日，造成 98 人死亡的美国迈阿密公寓楼倒塌事故接近达成和解协议，受害者及家属将获得 9.97 亿美元(约 67 亿元人民币)的赔偿，是美国历史上单次赔偿金额最高的事件。

迈阿密大楼倒塌事件原因可能与建筑物结构设计和建造方面，以及建筑物的老化和维护等问题有关。根据资料，发生倒塌事故的公寓楼采用了无梁楼盖结构，该结构与钢筋混凝土框架结构不同，楼板直接搭到柱子上，一块楼板只有四个角点支撑。所以与钢筋混凝土框架结构相比，无梁楼盖结构抗变形能力弱，一旦发生变形就容易在柱头出现开裂，进而致使混凝土失去承载作用，楼板直接砸落。同时，如果无梁楼盖结构的构造措施不到位，一旦出现楼体破坏现象就会迅速破坏，很少能留下缓冲时间。普通钢筋混凝土框架结构如果因为超载出现破坏，一般有足够的预警时间，如出现裂缝和响声。而无梁楼盖结构容易发生"脆性"破坏，瞬间倒塌，不能给人留下足够的预警时间进行撤离、维修等应对措施，如彩图 1(a)所示。

迈阿密作为沿海城市，常年遭受海风海水的洗礼，海盐会使混凝土退化，还会渗入建筑物使钢构件生锈。除了沉降可能对建筑物及其结构产生影响外，大楼混凝土结构生锈导致建筑结构失效，也是大楼倒塌的一个促成因素，如彩图 1(b)所示。此外，建筑物的设计、建造和维护缺乏更严格的监管和管理。

1.1 结构力学的研究对象和任务

结构即由基本构件(如杆、柱、梁、板等)按照合理的方式所组成的构件体系，用以支承上部结构、传递荷载并起支撑作用的部分。房屋建筑中的屋架、梁、板、框架、基础等组成的系统，称为房屋结构。按其构件的几何性质可分为以下三种：

(1)杆件结构。杆件结构由杆件组成，构件长度远远大于截面的宽度和高度，如梁、柱、拉压杆等，如图 1-1 所示。

(2)薄壁结构。薄壁结构的厚度远小于其他两个方向尺度，如楼面、屋面等，如图 1-2 所示。平面若是曲面板则为壳。

（3）**实体结构**。实体结构的三个尺度为同一量级，如挡土墙、堤坝、大块基础等，如图 1-3 所示。

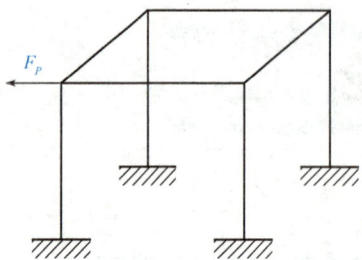

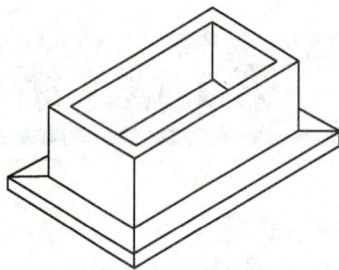

图 1-1　杆件结构　　　　图 1-2　薄壁结构　　　　图 1-3　实体结构

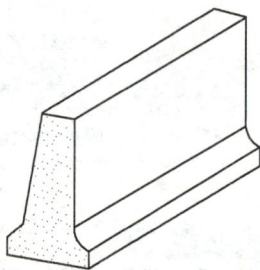

本书主要研究对象是杆件结构，即通常所说的经典结构力学范畴。

一个合理的结构必须既要安全承担荷载又需最经济地使用材料。结构力学就是围绕荷载及结构的承载能力进行研究的，其具体任务是研究结构的几何组成规律和合理形式，结构在外荷载作用下的强度、刚度和稳定性计算等，即以下三个方面：

（1）结构的组成规律、受力特性和合理形式，以及结构计算简图和合理组合；

（2）结构的内力和变形计算，进行结构的强度、刚度验算；

（3）结构的稳定性及在动力荷载作用下的结构反应。

研究组成规律的目的在于保证结构各部分不致发生相对运动；研究结构的合理形式是为了有效地利用材料，充分发挥其性能；进行强度和稳定性计算的目的在于保证结构的安全并使之符合经济要求；计算刚度的目的在于保证结构不致发生过大的位移。由于结构的强度、刚度和稳定性计算都离不开结构的内力和位移计算，因此研究杆件结构在各种外力作用下内力和位移的计算便成为本课程的主要内容。

结构力学的先修课程——理论力学主要研究物体机械运动的基本规律和力学一般原理；材料力学主要研究单个杆件的强度、刚度和稳定性。结构力学则是以理论力学和材料力学的基本知识为基础，研究杆件体系结构的强度、刚度和稳定性，为后续如土木工程专业的钢筋混凝土结构、钢结构设计原理、高层建筑结构等提供结构设计的一般计算原理及方法。因此，结构力学是介于力学基础课和专业课之间的一门重要专业基础课。

1.2　结构的计算简图

实际结构非常复杂，如果按照结构的实际情况进行精确的力学分析是不可能的，也是不必要的。因此对实际结构进行力学分析时，总是需要作出一些简化假设，略去某些次要因素，保留其主要受力特点，从而使计算切实可行。这种把实际结构进行适当简化，用作力学分析的结构图形，称为结构的计算简图。

结构的计算简图原则如下：

（1）能正确地反映结构的实际受力情况；

（2）略去次要因素，便于计算。

计算简图的选择极为重要，是所有力学计算的基础。选取计算简图时，需要在多方面进行简化，主要包括以下六个方面：

(1)结构体系的简化。工程中的实际结构都是空间结构，各部分相互联结成一个空间整体，用以承受各个方向可能出现的荷载。但在多数情况下，可以忽略一些次要的空间约束而将实际结构分解为平面结构，使计算得以简化，这种简化称为结构体系的简化。

(2)杆件的简化。由于杆件的长度比杆截面尺寸大得多，因此杆件可以用杆件轴线来表示。杆件之间的连接用结点表示，杆长用结点间的距离表示，而荷载的作用点也转移到轴线上。

(3)材料性质的简化。建筑工程中常用的建筑材料有钢、铁、混凝土、砖、石、木材等。在结构分析中，为了简化计算，对于组成各构件的材料一般都假设是连续的、均匀的、各向同性的、完全弹性或弹塑性的。

(4)杆件间连接的简化。结点通常简化为以下两种情形：

1)铰结点。被连接的杆件在连接处不能相对移动，但可以相对转动的称为铰结点，即可以传递力但不能传递力矩，如图 1-4(a)所示。

2)刚结点。被连接的杆件在连接处既不能相对移动，也不能相对转动的称为刚结点，即既可以传递力也能传递力矩，如图 1-4(b)所示。

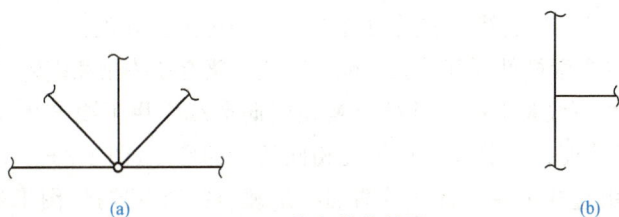

图 1-4　结点简化简图

(a)铰结点；(b)刚结点

(5)支座的简化。将结构与基础联系起来的装置称为支座。其作用是将结构固定在基础上，并将结构上的荷载传递到基础或地基。支座对结构的约束力称为支座反力，支座反力的方向总是沿着它所限制的位移方向。支座有以下常用形式：

1)固定铰支座。限制各方向的线位移，但不限制转动的称为固定铰支座。其反力可用沿坐标轴的分量表示，如图 1-5(a)所示。

2)可动铰支座。限制某一方向的线位移，但不限制另一方向线位移及转动的称为可动铰支座。其能提供的反力只有 F_{xA} 或 F_{yA}，如图 1-5(b)所示。

3)固定支座。固定支座限制全部位移，包括移动和转动。其反力用沿坐标轴的分量和力偶表示，如图 1-5(c)所示。

4)定向支座。定向支座限制转动和某一方向的线位移。其反力除沿所限制位移方向的力外，还有支座反力偶，如图 1-5(d)所示。

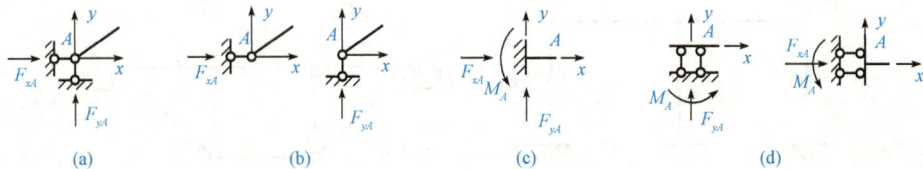

图 1-5　支座简化简图

(a)固定铰支座；(b)可动铰支座；(c)固定支座；(d)定向支座

（6）荷载的简化。作用在结构上的外力称为荷载，通常分为体积力和表面力两大类。体积力指的是结构的自重或惯性力等；表面力是由其他物体通过接触面而传递给结构的作用力，如水压力、风压力、吊车轮压等。还有其他因素可以使结构产生内力和变形，如温度变化、地基沉陷、构件制造偏差、材料收缩等。广义上说，这些因素也可以称为荷载。

在杆件结构中，常把杆件简化为轴线，因此不管是体积力还是表面力都可以简化为作用在杆件轴线上的力。荷载按其分布情况可简化为集中荷载和分布荷载，如图1-6所示。

图 1-6　荷载按分布情况分类

（a）集中荷载；（b）分布荷载

1.3　杆件结构的分类

杆件结构按照不同的构造特征和受力特点，可分为下列几类：

（1）梁。梁是一种受弯杆件，其轴线一般是直线。梁有单跨梁和多跨连续梁之分（图1-7）。

（2）拱。拱的轴线一般是曲线，其特点是在竖向荷载作用下要产生水平反力。水平反力将使拱内弯矩远小于跨度、荷载及支承情况相同的梁的弯矩（图1-8）。

（3）桁架。桁架由直杆组成，且杆件两端都是理想铰结点连接（图1-9）。

（4）刚架。刚架由直杆组成，且杆件两端都是刚性结点连接（图1-10）。

（5）组合结构。组合结构是由桁架和梁或刚架组合在一起形成的结构，结构含有组合结点（图1-11）。

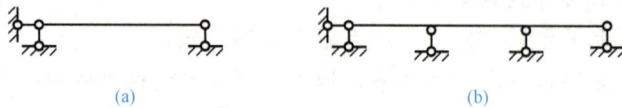

图 1-7　梁

（a）单跨梁；（b）多跨连续梁

图 1-8　拱

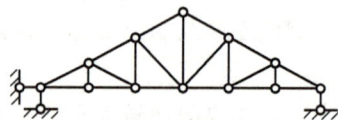

图 1-9　桁架

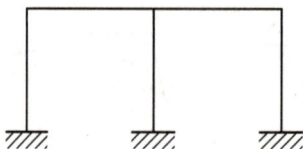

图 1-10　刚架

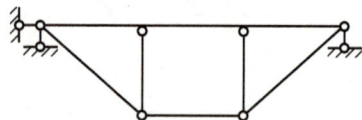

图 1-11　组合结构

第2章 杆系结构的组成分析

典型的中国装配式建筑——中国馆

中国馆位于上海世博园园区，该建筑的结构设计特点如下：

(1)装配式建筑：中国馆采用了装配式建筑的设计和施工方法，其中建筑结构和组件在工厂中预制完成，然后在现场快速组装。这种装配式建筑方法大大缩短了建筑施工周期，提高了施工效率，减少了现场资源消耗。

(2)智能设计：中国馆以智能装配建筑为重点，展示了智能技术在建筑工程中的应用和创新。从建筑设计到系统控制，中国馆运用了先进的智能技术，实现了建筑能源管理、智能安全控制、智能照明等多种功能。

(3)可持续性和环保：中国馆注重可持续性和环保理念，建筑采用了绿色建筑材料，并且在设计上考虑了节能和资源利用问题。通过智能控制系统，中国馆建筑能够在不同的环境条件下调整能源使用，实现节能和环境保护。

(4)独特的外观和结构：中国馆的外观设计独特，灵感来自中国传统的文化元素和建筑形式。它融入了传统的圆形建筑形态，结合了现代的装配式建筑技术，打造出了一个富有创意和新颖的外观，如彩图2所示。

中国馆作为一座典型的装配式建筑，展示了先进的建筑技术和智能设计的应用。通过装配式建筑方法的应用，结合智能技术和可持续发展理念，中国馆提供了一个创新且环保的建筑解决方案。这个案例也反映了我国在装配式建筑领域的领先地位和不断推进的技术进步。

杆件结构指的是由若干杆件按一定方式相互联结而组成的体系。对体系几何组成进行分析称为几何组成分析。几何组成分析的目的如下：

(1)判断体系是否几何不变，从而决定体系能否作为结构；

(2)研究几何不变体系的组成规则，保证此体系能承受荷载并维持平衡；

(3)根据体系的几何组成分析，确定结构是静定结构还是超静定结构，以便选择相应的计算方法。

2.1 几何组成分析的重要概念

几何组成分析的概念有几何不变体系和几何可变体系、自由度、约束、必要约束与多余约束、实铰与虚铰、瞬变体系。

2.1.1 几何不变体系和几何可变体系

在杆件结构力学中，我们认为结构在外荷载作用下产生的变形非常微小，这样在几何组成分析中，可以忽略由于材料应变而产生的变形。由此，可把杆件体系分为以下两类：

(1)几何不变体系。几何形状及位置都不能发生变化的杆件体系称为几何不变体系，如图 2-1(a)所示。

(2)几何可变体系。几何形状或位置能发生变化，或两者均能发生变化的体系称为几何可变体系，如图 2-1(b)、(c)所示。

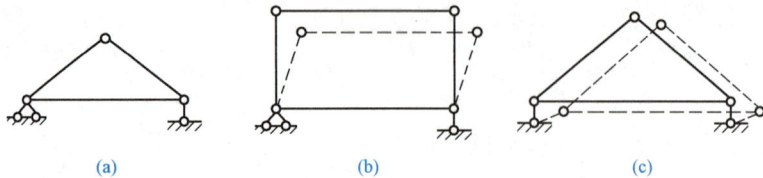

图 2-1 杆件体系

(a)形状和位置都不变；(b)形状可变；(c)位置可变

几何不变体系不能发生刚体运动，在外力作用下能保持平衡，因此能作为结构；几何可变体系在外力作用下一般不能保持平衡，可能会发生运动，因此可以作为机构而不能作为结构。判断一个体系是否能作为结构，可以通过判断其是否为几何不变体系来确定。

2.1.2 自由度

平面体系的自由度是指该体系运动时，可以独立改变的几何参变量的数目，也就是确定体系的位置所需的独立坐标的数目。

(1)平面上的点。确定平面上 A 点的位置需要两个独立坐标(x, y)[图 2-2(a)]，因此平面上一个点的自由度为 2。

(2)平面上的刚体。确定平面上刚体的位置需要三个独立坐标(x, y)和转角 θ[图 2-2(b)]，因此平面上刚体的自由度为 3。

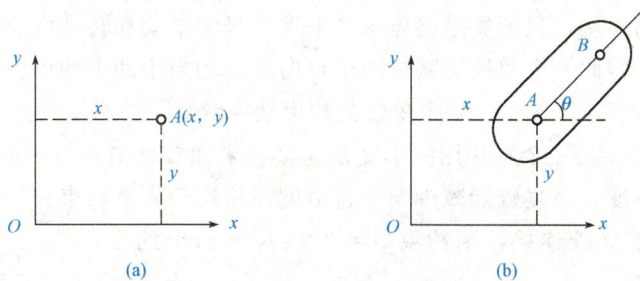

图 2-2 平面上点、刚体的自由度

(a)平面上的点；(b)平面上的刚体

自由度等于零的体系一般不能发生刚体运动，是几何不变体系；自由度大于零的体系可以发生刚体运动，是几何可变体系。

2.1.3 约束

限制体系运动以减少体系自由度的装置称为约束。常有的约束有链杆、铰和刚结点三类。

(1)链杆。两端用铰与其他构件相连的杆件称为链杆。图 2-3(a)中的 AB 杆为链杆。未加链杆时刚体相对于地面有 3 个自由度，加链杆后刚体相对于地面沿 AB 方向不能运动，只能沿与 AB 杆垂直的方向运动和转动，只有 2 个自由度。因此，一根链杆能减少一个自由度，相当于一个约束。如果把链杆 AB 换成曲杆或折杆，其约束作用与直杆相同[图 2-3(b)]。

$$N \text{ 个链杆的约束数} = N$$

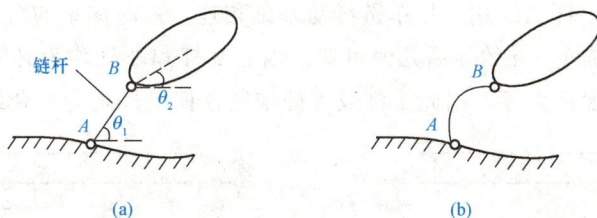

图 2-3 链杆

(a)直链杆；(b)曲链杆

(2)铰。用销钉将两个或多个物体连接在一起的装置称为铰。连接两个刚片的铰称为单铰，连接两个以上刚片的铰称为复铰，如图 2-4 所示。

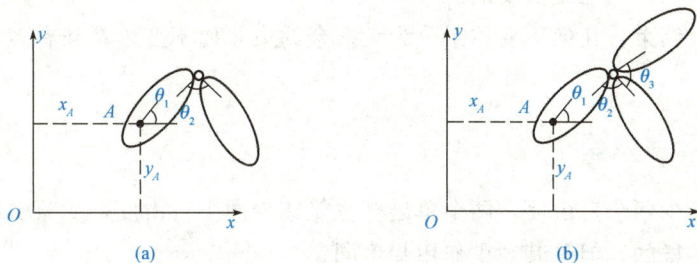

图 2-4 单铰和复铰

(a)单铰；(b)复铰

未加铰时，两个刚片都可自由运动，具有 6 个自由度。加铰后，两个刚片不能发生相对水平运动和相对竖向运动，只能发生整体水平平动、竖向平动和转动以及两刚片间的相对转动，有 4 个自由度。因此一个单铰能减少两个自由度，相当于两个约束。

$$N \text{ 个单铰的约束数} = 2N$$

图 2-4(b)为复铰，是三个刚片用一个复铰连接。未加铰之前，三个刚片有 9 个自由度。加铰后，有 5 个自由度，该复铰能减少 4 个自由度，相当于 4 个约束。

N 个刚片用一个复铰连接，则约束数 $= 2 \times (N-1)$ 个约束，相当于 $N-1$ 个单铰。

(3)刚结点(图 2-5)。两个刚片用刚结点连接相当于 3 个约束，其约束作用与三个不平行也不交于一点的链杆相同。两个独立的刚片有 6 个自由度，用刚结点将两个刚片连接成整体，则此时只有 3 个自由度，因此一个刚结点连接两个刚片相当于 3 个约束。

N 个刚片用一个刚结点连接，则约束数 $= 3 \times (N-1)$ 个约束。

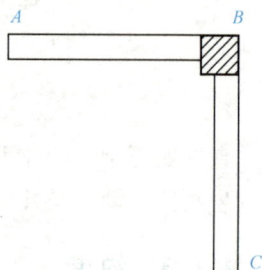

图 2-5 刚结点

2.1.4 必要约束和多余约束

(1)必要约束。除去约束后，体系的自由度将增加，这类约束称为必要约束。

(2)多余约束。除去约束后，体系的自由度不变，这类约束称为多余约束。

如图 2-6(a)所示，杆 AB 有 3 个自由度，与基础相连，杆 AB 被固定，单链杆 1、2、3 为杆 AB 提供了 3 个约束，即杆 AB 原来的 3 个自由度都被"约束"了。单链杆 1、2、3 均为必要约束。

如图 2-6(b)所示，杆 AB 用 4 根单链杆与基础相连，这时体系的自由度为零。若除去 2 杆或 3 杆，自由度增加 1，导致体系几何可变。因此 2 杆和 3 杆均为必要约束；若除去 1 杆或 4 杆，体系的自由度仍为零，因此 1 杆或 4 杆中的任何一杆均为多余约束。

图 2-6 必要约束和多余约束

(a)必要约束；(b)多余约束

需要指出的是，多余约束仅仅在几何组成分析的角度上看是多余的，但在大多数情况下，在结构的使用功能上还是需要的。

根据有无多余约束，几何不变体系分为无多余约束几何不变体系和有多余约束几何不变体系两大类。

2.1.5 实铰与虚铰

一个单铰能减少两个自由度，两个单链杆也能减少两个自由度，从减少自由度数目角度看，两者效果是一样的，但其约束作用却不同。

如图 2-7(b)、(c)、(d)所示是用两个单链杆连接两个刚片，图 2-7(b)中两个链杆作用与图 2-7(a)中的单铰相同；图 2-7(c)中两个链杆的上端结点处可以发生沿链杆垂直方向的移动，也即刚片可发生绕瞬心 A 的转动，因此在当前位置，两个链杆与一个 A 点的铰作用相同，将 A 点称为虚铰(或瞬铰)。图 2-7(d)中的两个链杆平行，可看成是在无穷远处的一个虚铰，刚片可做水平平动，相当于绕无穷远处虚铰(或瞬铰)做相对转动。

总之，在当前位置，两个链杆与一个单铰的约束作用是相同的，均能使所连接的两个刚片绕一点做相对转动。图 2-7(a)、(b)中的铰称为实铰，而图 2-7(c)、(d)中的铰称为虚铰(瞬铰)。

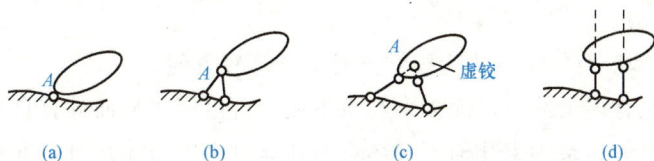

| (a) | (b) | (c) | (d) |

图 2-7　实铰和虚铰

(a)、(b)实铰；(c)、(d)虚铰

2.1.6　瞬变体系

如图 2-8 所示，刚片 AB 和刚片 AC 通过单铰 A 连接，且 BAC 共线。从微小运动的角度来看，这是一个几何可变体系。

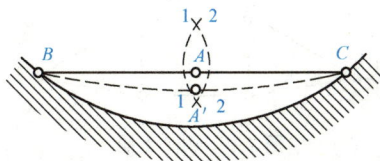

图 2-8　瞬变体系

当 BAC 受到外界一个微小扰动使 A 点偏离初始位置到达 A' 时，也即 A 点绕 B 点做圆弧运动，AC 刚片同理。此时圆弧 1—1 和 2—2 由相切变为相交，A 点既不能沿圆弧 1—1 运动，也不能沿圆弧 2—2 运动，故 A 点就被完全固定。这种原来是几何可变，在瞬时可发生微小几何变形，其后不能继续运动的体系，称为瞬变体系。

瞬变体系是可变体系的特殊情况，一般几何可变体系可进一步分为瞬变体系和常变体系。如果一个几何可变体系发生大位移[图 2-1(b)]，则称为常变体系。

2.2　平面杆件体系的计算自由度

一个平面杆件体系，由若干杆件加约束组成。因此，可用下列公式来定义体系的计算自由度 W：

$$W = 各杆件的自由度总和 - 全部约束数 \tag{2-1}$$

各杆件的自由度总和是指体系中的所有约束解除，各杆件"自由"情况下的自由度总数；全部约束数指体系中的全部约束个数，包括必要约束和多余约束。

第一种算法：

$$W = 3 \times m - (2 \times h + b) \tag{2-2}$$

式中　m——体系中被认定的刚片数；

h——单铰数；

b——支座链杆总数。

第二种算法：

$$W = 2 \times j - b \tag{2-3}$$

式中 j——铰结点总数；

b——链杆总数。

式(2-3)应用于体系中的结点均为铰结点时，计算较方便。

因为体系中可能有多余约束，而多余约束不减少自由度，从而计算自由度不一定是体系的真实自由度。只有无多余约束几何不变体系的计算自由度与体系自由度相等；对于有多余约束的杆件体系，计算自由度加上多余约束的个数才是体系自由度。在未知多余约束个数的情况下，只有计算自由度大于零，才能给出体系一定是几何可变体系的结论；而计算自由度小于零或等于零时，得不到体系是几何可变的结论。即：计算自由度 $W \leqslant 0$ 是几何不变体系的必要条件，而 $W > 0$ 则一定是几何可变体系。

【例 2-1】 计算图 2-9 所示体系的自由度 W。

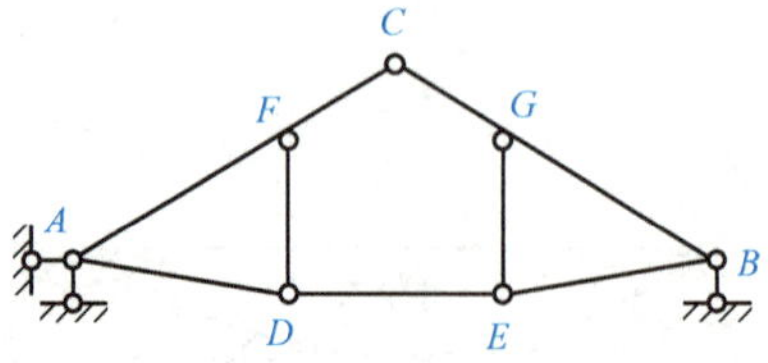

图 2-9 例 2-1 图

解：第一种方法：刚片数 $m=7$，由于 D 和 E 各连接了三个杆，属于复铰。此复铰相当于两个单铰。折算后全部单铰个数 $h=9$，支座链杆数 $b=3$，因此

$$W = 3 \times m - (2 \times h + b) = 3 \times 7 - (2 \times 9 + 3) = 0$$

第二种方法：按式(2-3)计算，结点数 $j=7$，由于复链杆 AC 和 BC 各相当于 3 个单链杆，折算后全部单链杆个数 $b=14$，因此

$$W = 2 \times j - b = 2 \times 7 - 14 = 0$$

两种算法结果相同。

【例 2-2】 试求如图 2-10 所示平面杆件体系的自由度 W。

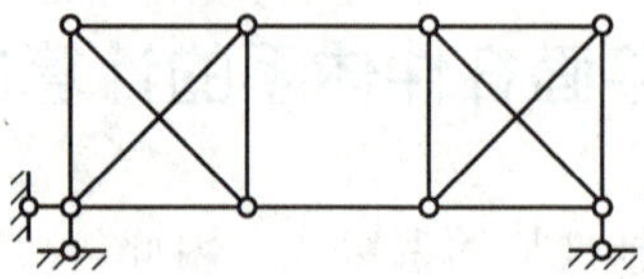

图 2-10 例 2-2 图

解：第一种方法：$m=14$，折算后全部单铰个数 $h=20$，支座链杆数 $b=3$，因此

$$W = 3 \times m - (2 \times h + b) = 3 \times 14 - (2 \times 20 + 3) = -1$$

该体系满足几何不变的必要条件。

第二种方法：结点数 $j=8$，支座链杆数 3，非支座链杆数 14，折算后全部单链杆个数 $b=17$，因此

$$W = 2 \times j - b = 2 \times 8 - 17 = -1$$

两种算法结果相同。

【例 2-3】　试求如图 2-11 所示体系的自由度 W。

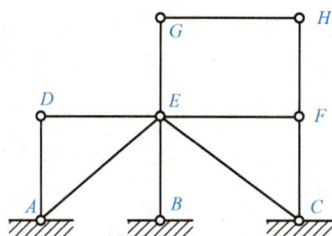

图 2-11　例 2-3 图

解：第一种方法：$m=10$，折算后全部单铰个数 $h=15$（B、D、G、H 为单铰，A、F、C 相当于各 2 个单铰的复铰，E 相当于 5 个单铰的复铰），链杆数 $b=0$，因此

$$W=3\times m-(2\times h+b)=3\times 10-(2\times 15+0)=0$$

该体系满足几何不变的必要条件。

第二种方法：结点数 $j=5$（D、E、F、G、H 5 个结点），$b=10$（各杆均为链杆），因此

$$W=2\times j-b=2\times 5-10=0$$

两种算法结果相同。

【例 2-4】　试求如图 2-12 所示体系的自由度 W。

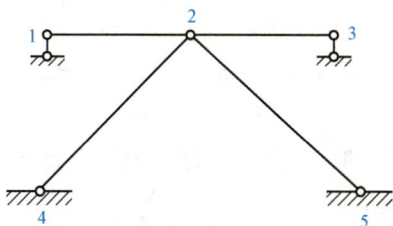

图 2-12　例 2-4 图

解：在该体系中，4、5 两处除应算作结点外，同时还都是固定铰支座。因此，该体系的铰结点数 $j=5$，链杆数为 4，支座链杆数为 6，因此

$$W=2\times j-b=2\times 5-(4+6)=0$$

【例 2-5】　试求如图 2-13 所示体系的自由度 W。

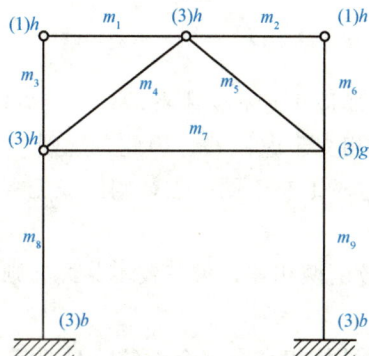

图 2-13　例 2-5 图

解：以刚片为对象，地基为参照物，计算该刚片体系的计算自由度。

在图 2-13 中，于各杆旁已标注刚片 $m_1 \sim m_9$，故 $m=9$；于复刚结处已折算并标注 $(3)g$，即三个单刚结，故 $g=3$；于各铰接处，已折算并标注相应的单铰数，共计 $(1)h+(3)h+(3)h+(1)h=(8)h$，即 8 个单铰，故 $h=8$；于两个固端支座处，分别折算并标注 $(3)b$，共计 $(6)b$，故 $b=6$。因此有

$$W = 3 \times m - (3 \times g + 2 \times h + b) = 3 \times 9 - (3 \times 3 + 2 \times 8 + 6) = -4$$

说明：将平面体系看作若干刚片彼此通过刚结和铰结点连接而成，再用支座约束于地基之上。若体系的刚片数为 m，则其自由度总和为 $3m$；又若在这 m 个刚片之间加入的单刚结个数为 g，单铰个数为 h，与地基之间加入的支座链杆数为 b，则加入的全部约束数为 $3g+2h+b$。因此，以刚片为对象，以地基为参照物，其刚片体系的计算自由度为

$$W = 3 \times m - (3 \times g + 2 \times h + b) \tag{2-4}$$

在应用式(2-4)时，应注意以下几点：

(1)地基是参照物，不计入 m 中。

(2)计入 m 的刚片，其内部应无多余约束。如果遇到内部有多余约束的刚片，则应把它变成内部无多余约束的刚片，而把它的附加约束在计算体系的全部约束数时考虑进去。

2.3　平面几何不变体系的组成规则

计算自由度 $W \leqslant 0$ 是几何不变体系的必要条件，但体系到底是不是几何不变还必须研究组成几何不变体系的充分条件。本节讨论平面几何不变体系的组成规则。

(1)两刚片组成规则。

规则一　两个刚片用一个铰和一根链杆相连，链杆方向不通过铰，则组成无多余约束的几何不变体系，如图 2-14(a)所示。

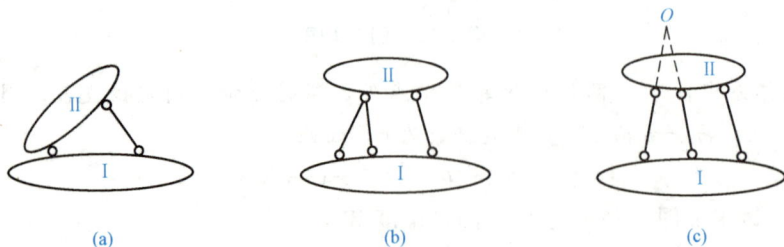

图 2-14　两刚片组成规则

图 2-14(a)、(b)、(c)所示都是几何不变体系，只是图 2-14(b)所示两单链杆相交于一实铰，而图 2-14(c)所示两单链杆相交于虚铰 O。因此，规则一也可描述为：两个刚片由三根链杆相连，若三链杆既不平行也不汇交于同一点，则组成无多余约束的几何不变体系。

(2)三刚片组成规则。

规则二　三个刚片用三个铰两两相连，且三铰不共线，则组成无多余约束的几何不变体系，如图 2-15(a)所示。

图 2-15(b)所示是各由两根链杆相交成三个虚铰，只要三个虚铰不在同一直线上，则组成无多余约束的几何不变体系。所以此规则也可描述为：三个刚片由组成虚铰的六根链杆相连，若三个虚铰的转动中心不在同一直线上，则组成无多余约束的几何不变体系。

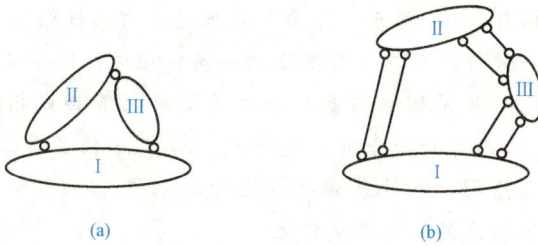

图 2-15　三刚片组成规则

（3）二元体规则。用两根不共线的链杆，铰接生成的一个新的结点，这种产生新结点的装置称为二元体，如图 2-16 所示。

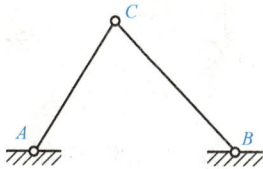

图 2-16　二元体结构

因此，一个二元体由一个 2 个自由度的铰结点和两根各 1 个约束的链杆组成，所以可总结为：

规则三　在体系上增加二元体或减少二元体都不会改变体系的组成性质。

利用二元体规则，可在一个按前述规则构成的静定结构基础上，通过增加二元体组成新的静定结构，如此组成的结构称为主从结构，图 2-17 所示结构均为主从结构。主从结构的组成有先后次序，最先构建的部分为主结构或基本部分，后增加的二元体部分为从结构或附属结构，如图 2-17（a）所示的结构，先构造 ACB，然后构造 DFE，即 ACB 是基本部分，DFE 是附属部分。

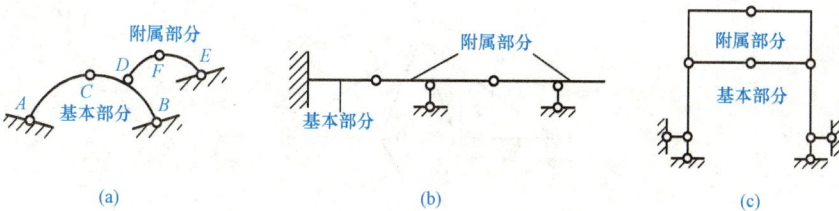

图 2-17　主从结构

（4）说明。灵活利用上述的三个基本规则，能够解决工程上常见的平面杆件体系的几何构造分析，目的是判断什么样的体系能成为结构。

【例 2-6】　分析如图 2-18（a）所示体系的几何组成。

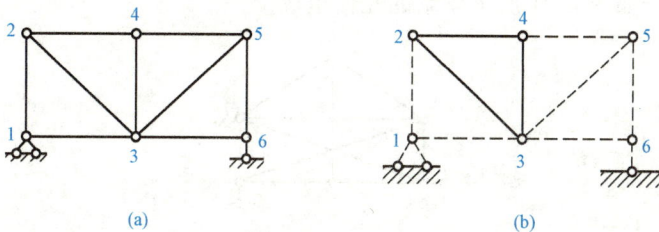

图 2-18　例 2-6 图

解：观察体系，如图 2-18(b)所示，体系与基础通过两链杆相交于实铰 1 和链杆 6 相连。根据两刚片组成规则，一链杆与不在一直线上的一实铰组成几何不变体系，因此基础与三链杆组成了一个整体。结论：凡是体系与基础通过三链杆且不共线相连，可去除基础单独分析，如图 2-18(b)所示。从内部开始分析，链杆 24、34、23 相当于三刚体通过不共线的三铰相连，组成一个稳定的三角形。在此基础上，增加二元体 213、453 及 563，根据二元体组成规则，原体系为无多余约束的几何不变体系。

【例 2-7】 分析如图 2-19(a)所示体系的几何组成。

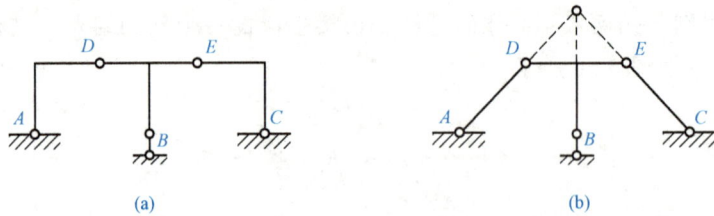

图 2-19　例 2-7 图

解：将折杆 AD、EC 看成链杆，其约束作用与连接 A、D 两点和 E、C 两点的直链杆相同，用直链杆代替后的体系如图 2-19(b)所示。两刚片三链杆相连，三链杆交于一虚铰，因此原体系为几何瞬变体系。

分析：①若 B 点竖向链杆换成水平链杆，则可使原体系变为静定结构，为无多余约束的几何不变体系；

②若 B 点再加一个水平链杆，则得到有一个多余约束的超静定结构；

③若去掉 B 链杆，则变为常变体系。

【例 2-8】 分析如图 2-20 所示体系的几何组成。

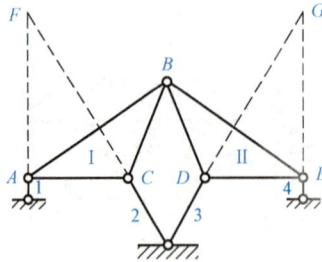

图 2-20　例 2-8 图

解：三角形 ABC 和 BDE 是两个大刚片 I 和 II，链杆 1 和 2 相交于瞬铰 F，链杆 3 和 4 相交于瞬铰 G，如果 F、B、G 三铰不共线，则体系为无多余约束的几何不变体系。

【例 2-9】 分析如图 2-21 所示体系的几何组成。

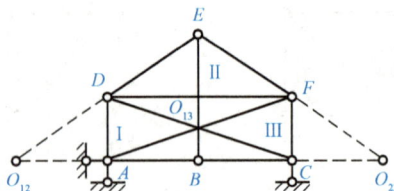

图 2-21　例 2-9 图

解： 先计算体系的计算自由度 W。$j=6$，$b=13$，$W=2j-b=-1$，表明体系有一个多余自由度。以杆 AD、BE、CF 分别为刚片 Ⅰ、Ⅱ、Ⅲ，其中 Ⅰ 与 Ⅱ 之间由链杆 AB 和 DE 连接，相交于一个瞬铰 O_{12}。同理，Ⅱ 与 Ⅲ 之间由瞬铰 O_{23} 相连，Ⅰ 与 Ⅲ 之间由实铰 O_{13} 相连。由于三铰不共线，按规则二，体系为几何不变。

显然，链杆 DF 是一个多余约束，因此题中的体系是有一个多余约束的几何不变体系。

【例 2-10】 分析如图 2-22(a)所示体系的几何组成。

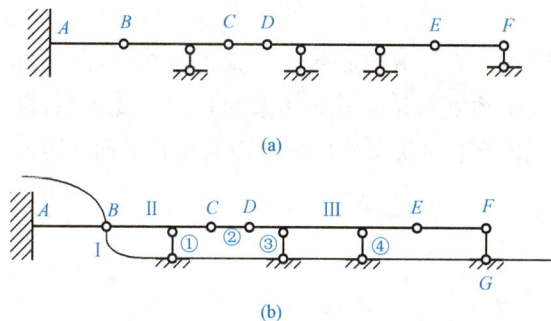

(a)

(b)

图 2-22　例 2-10 图

(a)结构体系；(b)几何分析图

解： 如图 2-22(b)所示，第一，取消二元体 EFG；第二，地基扩大刚片 Ⅰ 与刚片 Ⅱ 用一铰（铰 B）一链杆（杆①）相连，组成地基扩大新刚片 ABC；第三，该新刚片与刚片 Ⅲ 用三杆链杆（杆②、杆③、杆④）相连，组成几何不变且无多余约束的体系。

【例 2-11】 分析如图 2-23(a)所示体系的几何组成。

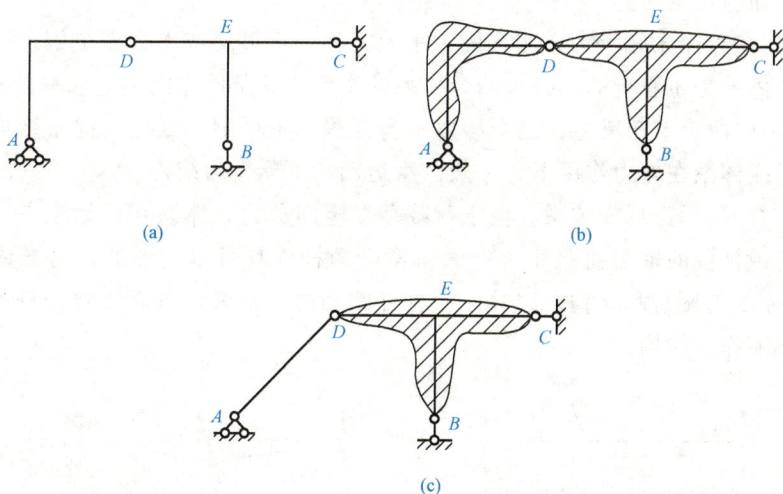

(a)

(b)

(c)

图 2-23　例 2-11 图

(a)结构体系；(b)解法一——三刚片规则；(c)解法二——两刚片规则

【解】 方法一：此题中上部结构与基础之间用 4 个约束连接，这种情况可以试着将地基看成一个刚片，再在上部体系中找两个刚片，然后应用三刚片规则进行分析。如图 2-23(b)所示，三个刚片用三个铰相连，铰的位置分别为 A、D 和 E 点（E 为虚铰），可见三铰不共线，该体系为几何不变体系，且没有多余约束。

方法二：此题还可以将折杆 AD 看成两个铰之间的链杆，如图 2-23(c)所示，用两刚片规则进行分析，结论是相同的。

2.4　体系几何组成与静定性

静定性是用来判断体系在任意荷载作用下的全部作用反力和内力是否可以根据静力平衡条件来确定的性质。

体系的静定性与几何组成之间有着必然的联系。图 2-24(a)、(b)、(c)分别为无多余约束的几何不变体系、有多余约束的几何不变体系和几何可变体系（常变）。由理论力学可知，在任意荷载 F_P 作用下，处于平衡状态的任一平面体在其平面内可建立 3 个独立的静力平衡方程，即 $\sum F_x = 0$，$\sum F_y = 0$，$\sum M = 0$。

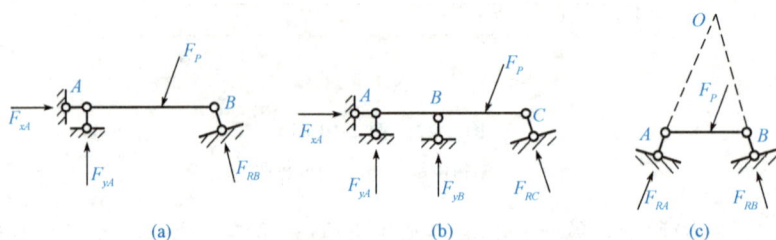

图 2-24　静定性与几何组成之间的关系

图 2-24(a)中三个未知反力，三个静力平衡方程，可解。因此无多余约束的几何不变体系是静定的，即静定结构。

图 2-24(b)中四个未知反力，三个静力平衡方程，不可解或无穷多个解。因此有多余约束的几何不变体系是超静定的，必须结合体系的变形协调条件才能确定求解此问题。

图 2-24(c)中两个未知反力，三个静力平衡方程，不可解。因此几何常变体系静力学问题无解，且常变体系在外力作用下，一般产生运动，不能作为结构。

如图 2-25(a)所示为瞬变体系。由于荷载存在竖向分力，体系在原始水平位置上不能达到平衡，或者说杆件的轴力将趋于无穷大。实际的杆件是可以变形的，这样体系可发生如图 2-25(b)所示的有限位移，但此时体系中杆件的轴力非常大，可能导致杆件的破坏，所以瞬变体系也不能作为结构。

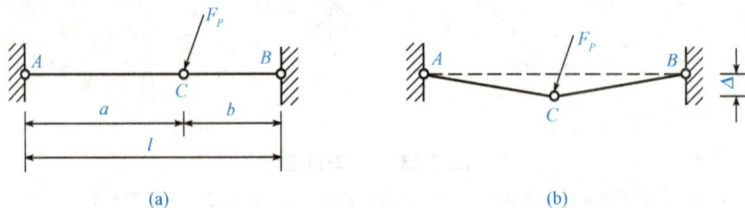

图 2-25　瞬变体系不能作为结构

总结：

(1)无多余约束的几何不变体系是静定结构；

(2)有多余约束的几何不变体系是超静定结构；

(3)常变体系不存在静力学问题，瞬变体系不存在有限或确定的静力学解，几何可变体系不能作为结构。

2.5　结论与讨论

2.5.1　结论

静定结构与超静定结构的静力特征对应着它们各自的几何特征，静定结构为无多余约束的几何不变体系，超静定结构为有多余约束的几何不变体系。属于哪一类结构可由几何组成分析确定。

用计算自由度可部分解决几何组成分析问题。计算自由度大于零，几何可变；若已知体系几何不变，那么计算自由度会给出有无多余约束、有几个多余约束的结论。

利用三角形规则可分析一般体系的几何组成，可以给出体系能否作为结构，是静定结构还是超静定结构，有多少多余约束，哪些约束可以看作多余约束等结论。有些体系用三角形规则不能分析。

2.5.2　讨论

三刚片三铰体系中，有无穷远虚铰的情形，应视不同情形区别对待。如图 2-26(a)所示体系为有一个虚铰在无穷远处的三刚片三铰体系，若将刚片 I 用链杆 AB 代替，则得图 2-26 (b)所示两刚片三链杆体系。若三链杆平行且等长，则为常变体系；三链杆平行但不等长则为瞬变体系；三链杆不全平行且不交于一点则为不变体系。对于有两个或三个虚铰在无穷远处的情形，留给读者自行分析研究。

(a)　　　　　　　　　　　　　(b)

图 2-26　三刚片三铰体系中有无穷远虚铰的情形
(a)三刚片三铰体系；(b)两刚片三链杆体系

杆件体系可变性分析，实质上是刚体系的运动可能性分析问题。因此，可从任一不动点（分析内部可变性时设某杆件不动）开始，根据连接情况和理论力学中的运动学知识，逐杆分析，最终看能否产生运动。由此思路出发，可通过作速度图来分析体系的可变性。

习题 \\\\

2-1　试求图 2-27 所示体系的自由度并分析其几何组成。

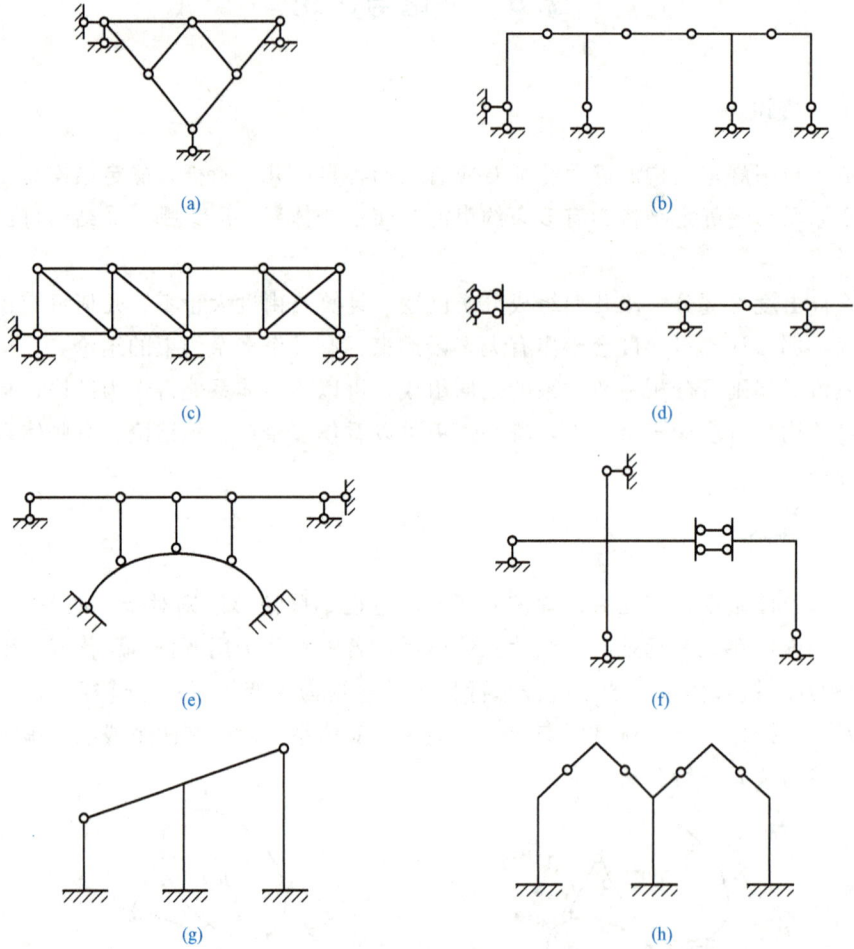

(a)

(b)

(c)

(d)

(e)

(f)

(g)

(h)

图 2-27　习题 2-1 图

2-2　试求图 2-28 所示体系的自由度并分析其几何组成。

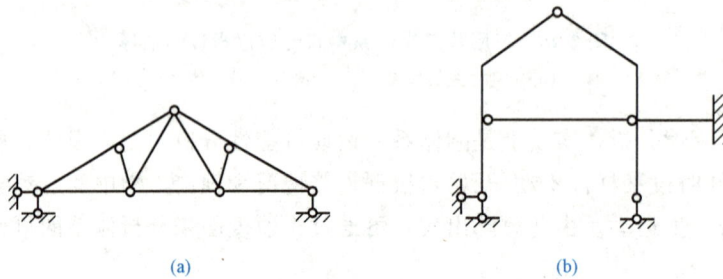

(a)

(b)

图 2-28　习题 2-2 图

2-3　试求图 2-29 所示体系的自由度并分析其几何组成。

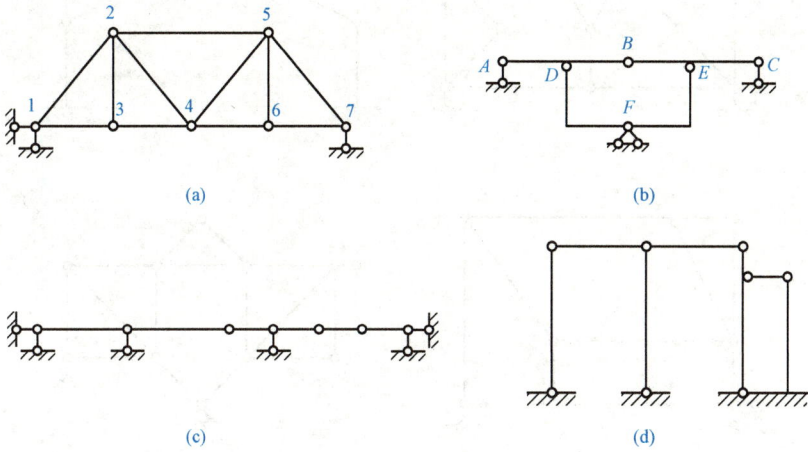

(a)　　　　　　　　　　(b)

(c)　　　　　　　　　　(d)

图 2-29　习题 2-3 图

2-4　试分析图 2-30 所示体系的几何组成。

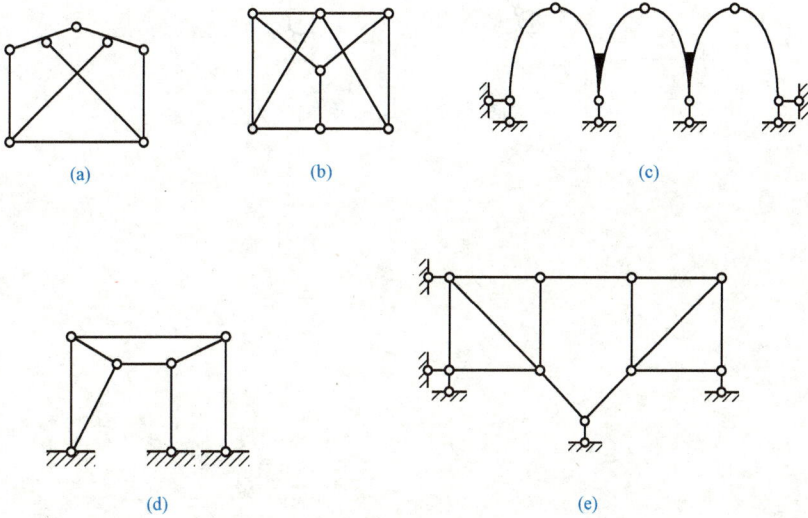

(a)　　　　(b)　　　　(c)

(d)　　　　(e)

图 2-30　习题 2-4 图

2-5　试分析图 2-31 所示体系的几何组成。

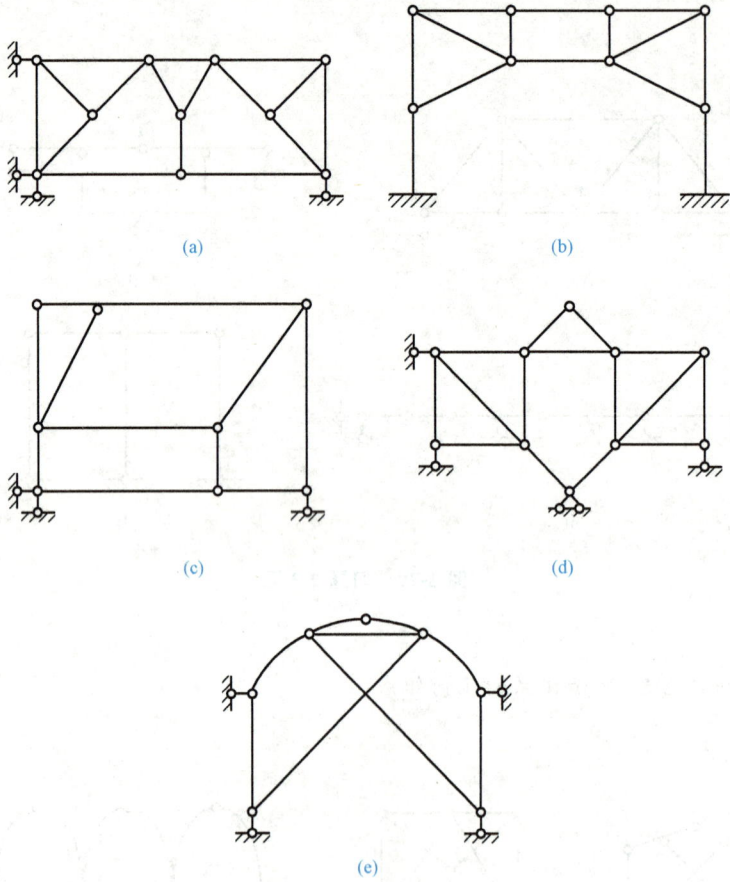

(a)

(b)

(c)

(d)

(e)

图 2-31　习题 2-5 图

第3章 静定结构的受力分析

武汉长江大桥

长江大桥是指中国境内横跨长江的多座桥梁,其中武汉长江大桥是其中一座。武汉长江大桥于1955年开始建设,于1957年竣工通车。这座大桥的建成对于连接中国南北、促进经济发展起到了重要的作用,是中国交通运输网络的重要枢纽之一。这座桥梁的设计和分析过程中使用了静定结构计算方法,以确保桥梁的稳定性、安全性和承载能力(彩图3)。

通过静定结构计算,工程师确定了武汉长江大桥的悬索链的形状和尺寸、桥塔和桥墩的结构形式,以及其他构件的设计要求。静定结构计算为工程师提供了关键的信息,确保了桥梁的各个构件在受到外力作用时能够保持平衡,并分担荷载。静定结构的分析还能够帮助工程师评估桥梁的支撑和连接方式,以确定桥梁各个部分的受力路径和受力状态,确保桥梁能够承受交通荷载、温度变化、风力等因素引起的变形和应力。

武汉长江大桥的建设是我国在经济发展和民生改善方面的一项重要工程。静定结构分析确保了桥梁的稳定和安全性,为经济交流和人员流动提供了可靠的通道,促进了国家的发展和民众的福祉。

静定结构分析是桥梁工程领域的重要技术,它要求工程师具备丰富的专业知识和创新能力。武汉长江大桥的静定结构分析既是技术上的挑战,也是国家自主研发和创新的机遇,推动了中国桥梁工程技术的发展。

静定结构分析可以帮助工程师优化桥梁设计,减少材料使用和能源消耗,降低环境影响。武汉长江大桥作为一项重要的基础设施工程,不仅具备交通功能,还承载着丰富的历史和文化内涵。静定结构分析保障了桥梁的稳定性和耐久性,确保大桥能够承载历史文化和人民群众的记忆,维护社会的稳定和文化的传承。

3.1 单跨静定梁

3.1.1 静定梁的基本形式

静定梁最为简单的形式有简支梁、伸臂梁和悬臂梁三种，如图 3-1 所示。在材料力学中已经对单杆件构成的静定梁内力计算作了详细的介绍。

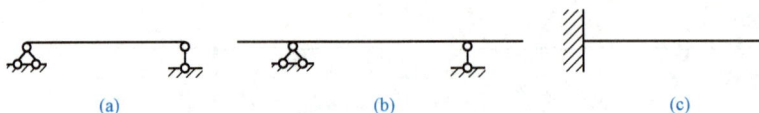

(a)　　　　　　　　　(b)　　　　　　　　　(c)

图 3-1　静定梁的基本形式

(a)简支梁；(b)伸臂梁；(c)悬臂梁

用上述单跨梁作为基本单元，可以构造出跨越几个相连跨度的静定梁，称为多跨静定梁，如图 3-2 所示。

图 3-2　多跨静定梁

3.1.2 梁的内力计算的一般方法

(1)截面内力分量及符号规定。在平面杆件的任一截面上，一般有三个内力分量：轴力 F_N、剪力 F_Q 和弯矩 M，如图 3-3 所示。

1)截面上内力沿杆轴切线方向的合力，称为轴力。轴力以拉力为正。

2)截面上内力沿杆轴法线方向的合力，称为剪力。以隔离体为对象，使隔离体顺时针转动的剪力为正。

图 3-3　截面上的内力

3)截面上内力对截面形心的力矩，称为弯矩。在水平杆件中，弯矩使杆件下缘受拉时为正。

注意：作轴力图和剪力图时必须注明正负号；作弯矩图时规定弯矩图画到受拉纤维一侧，不注明正负号，即弯矩图永远画在纤维受拉侧。

(2)截面法。截面法是将杆件在指定截面切开，取左边或右边作为隔离体，列出隔离体的静力平衡方程，确定该截面的三个内力分量的方法。

作隔离体的受力图时，必须注意以下几点：

1)隔离体与其周围的约束必须全部截断，代之以相应的约束力；

2)约束力要符合约束的性质；

3)受力图上只画隔离体本身受到的力，不画隔离体施加给周围的力；

4)受力图上应包括两个力：外界作用在隔离体上的荷载及截断处的约束力；

5)未知力一般先假设为正方向力，数值为代数值。

(3)荷载与内力之间的微分关系。由材料力学知，平面杆件截面的内力之间，以及内力

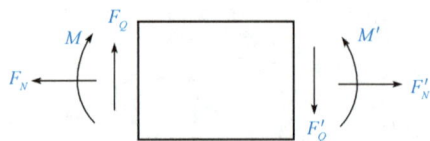

与荷载之间存在某些确定的关系。图 3-4 所示为荷载连续分布的平面杆件上截取的微段隔离体。微段上的分布荷载可视为均匀分布的，它在沿杆件轴线方向和垂直杆件轴线方向的分量分别记为 q_x 和 q_y。根据材料力学原理，可导出图示坐标系下杆件内力之间及内力和荷载集度之间的微分关系：

$$\begin{cases} \dfrac{\mathrm{d}F_N}{\mathrm{d}x} = -q_x \\[2mm] \dfrac{\mathrm{d}F_Q}{\mathrm{d}x} = -q_y \\[2mm] \dfrac{\mathrm{d}M}{\mathrm{d}x} = F_Q + m \end{cases} \quad (3\text{-}1)$$

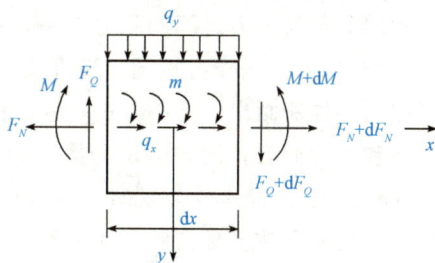

图 3-4　隔离体受力图

利用上述微分关系可以确定控制截面之间内力图的正确形状。结构力学中常见的微分关系结论见表 3-1。

表 3-1　结构力学中常用的微分关系

序号	荷载情况	剪力情况	弯矩情况
1	直杆段无横向外荷载作用	剪力为常数	弯矩图为直线（当剪力等于零时，弯矩为常数，即为平轴线）
2	集中力作用点处	左右剪力突变	弯矩图斜率发生变化
3	集中力偶作用点处	左右剪力不变	弯矩发生突变
4	铰结点附近（或自由端处）有外力偶作用	铰附近截面（或自由端处）弯矩等于外力偶值	
5	弯矩图与荷载方向关系	弯矩图凸向与荷载（集中力或均布荷载）方向一致。集中力作用时，弯矩图的"尖点"与集中力方向一致；均布荷载作用时，弯矩图的"凸点"与均布荷载方向一致	

(4)荷载与内力之间的积分关系。在直杆中取一段 AB（图 3-5），沿 x 和 y 方向有分布荷载 q_x 和 q_y 作用，直杆上存在分布力偶 m。由式(3-1)积分可得

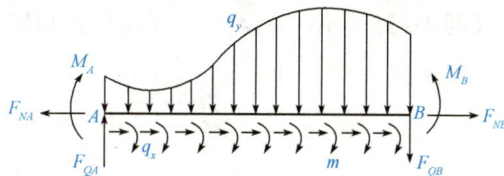

图 3-5　荷载与内力积分关系推导图

$$\begin{cases} F_{NB} = F_{NA} - \displaystyle\int_{x_A}^{x_B} q_x \,\mathrm{d}x \\[2mm] F_{QB} = F_{QA} - \displaystyle\int_{x_A}^{x_B} q_y \,\mathrm{d}x \\[2mm] M_B = M_A + \displaystyle\int_{x_A}^{x_B} (F_Q + m)\,\mathrm{d}x \end{cases} \quad (3\text{-}2)$$

积分关系的几何意思如下：

1)B 端的轴力等于 A 端的轴力减去此段分布荷载 q_x 图的面积；

2)B 端的剪力等于 A 端的剪力减去此段分布荷载 q_y 图的面积；

3)B 端的弯矩等于 A 端的弯矩加上此段剪力 F_Q 图和分布力偶 m 图的面积。

利用荷载与内力之间的积分关系，可以方便地绘制内力图。

（5）分段叠加法作弯矩图。当直线段某截面的弯矩已通过截面法求出时，此段内的弯矩图可按照叠加法画出。如图 3-6 所示，直线段内作用均布荷载，由于轴力不引起弯矩，因此对弯矩和剪力而言，图 3-6(b) 与图 3-6(a) 等效。将图 3-6(b) 所示简支梁的受力分解为图 3-6(c)、(d)、(e) 的简单受力，M_{AB}、M_{BA} 和 q 分别引起的弯矩图如图 3-6(c)、(d)、(e) 所示。将这三个弯矩图按坐标值的大小相加，就得到如图 3-6(f) 所示的弯矩图。

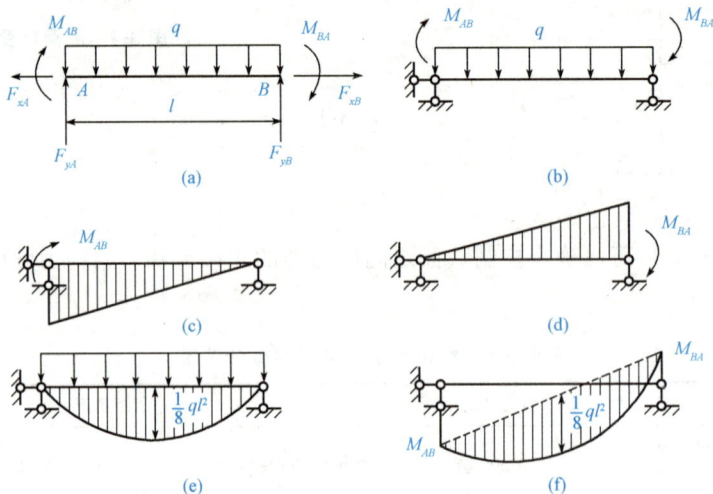

图 3-6　弯矩图的叠加

采用分段叠加法作弯矩图时，一般可按照下述步骤进行：

1）选择控制截面，一般选支座、集中力作用点、分布荷载的起止点、集中力偶作用点为控制截面；

2）利用截面法求出控制截面的弯矩；

3）然后由叠加法作弯矩图。

注意：求内力时，一般先绘制出弯矩图，再用微分关系绘制出剪力图。

【例 3-1】　作图 3-7(a) 所示结构的弯矩图。

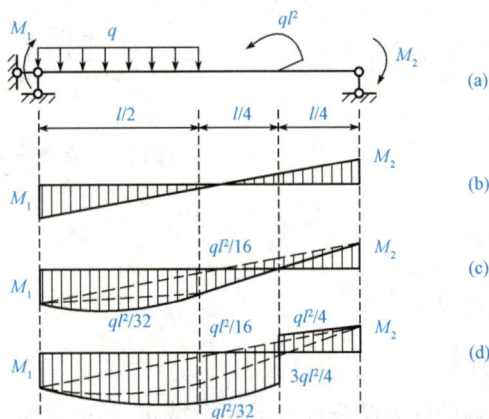

图 3-7　叠加法作弯矩图

(a)结构与荷载；(b)M_1 与 M_2 作用；(c)增加 q 的作用；(d)增加 ql^2 的作用

解：(1)首先确定只有杆端弯矩作用时的弯矩图。因为杆上无荷载，根据两端截面上的弯矩，由微分关系可知，弯矩图为直线，如图 3-7(b)所示。

(2)在直线弯矩图的基础上，叠加 q 荷载作用下引起的简支梁弯矩图，如图 3-7(c)所示。

(3)增加 ql^2 的作用，最终叠加结果如图 3-7(d)所示。

注意：叠加时是纵坐标 M 值的叠加，而不是矢量和。熟记静定梁在几种典型荷载作用下的弯矩图(图 3-8)非常有用。

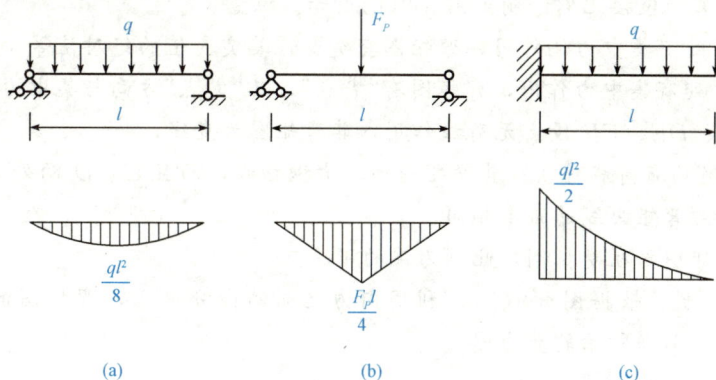

图 3-8　静定梁在典型荷载作用下的弯矩图

【例 3-2】　作图 3-9(a)所示结构的弯矩图和剪力图。

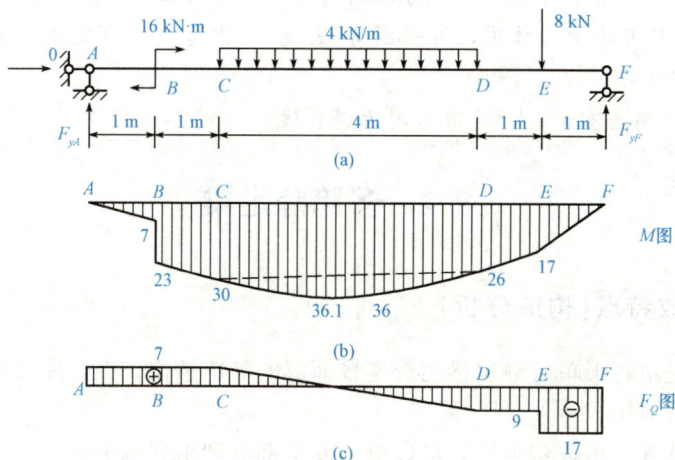

图 3-9　叠加法作弯矩图

解：(1)求支反力。由梁的整体平衡条件：

$$\sum M_A = 0, \quad F_{yF} \times 8 - 16 - 4 \times 4 \times 4 - 8 \times 7 = 0, \quad F_{yF} = 17 \text{ kN}$$

$$\sum F_y = 0, \quad F_{yA} + F_{yF} - 4 \times 4 - 8 = 0, \quad F_{yA} = 7 \text{ kN}$$

(2)求控制截面弯矩并绘制弯矩图。选择 A、$B_左$、$B_右$、C、D、E 和 F 为控制截面，并假设梁的下缘受拉为正。显然：

$$M_{EF} = F_{yF} \times 1 = 17 \times 1 = 17(\text{kN} \cdot \text{m})$$

取 DF 段为隔离体，由平衡方程 $\sum M_D = 0$ 得

$$M_{DE} + 8 \times 1 - F_{yF} \times 2 = 0$$

即 $\qquad M_{DE}+8\times 1-17\times 2=0,\ M_{DE}=26\ \text{kN}\cdot\text{m}$

取 AB 段并立方程，求得

$$M_{BA}=F_{yA}\times 1=7\ \text{kN}\cdot\text{m}$$

$$M_{BC}=M_{BA}+16=23\ \text{kN}\cdot\text{m}$$

最后由 AC 段平衡求得

$$M_{CB}=2\times F_{yA}+16=30\ \text{kN}\cdot\text{m}$$

控制截面的弯矩值按比例绘制如图 3-9(b)所示。注意：

1)在截面 B 处有集中力偶作用，弯矩图有突变，其突变值的绝对值等于集中力偶的值；

2)在截面 E 处有集中力作用，弯矩图有"尖点"，其"尖点"方向与集中力的指向相同；

3)AB、BC、DE、EF 段上无荷载作用，其弯矩图为直线；

4)CD 段上有均布荷载作用，其弯矩图为二次抛物线，而且 C、D 两处是均布荷载的起止点，此两点左右弯矩曲线的斜率相同；

5)所有的弯矩图画在受拉侧，此例为梁的下缘。

(3)剪力图绘制。根据图 3-9(b)，利用内力之间的微分关系，弯矩图的斜率即为剪力值，绘制出如图 3-9(c)所示的剪力图。

注意：

(1)剪力图必须标明正负，使隔离体顺时针转动剪力为正。

(2)在截面 B 处有集中力偶作用，弯矩图突变，但剪力图不变。

(3)在截面 E 处有集中力作用，弯矩图有"尖点"，但剪力图有突变。其剪力突变值的绝对值等于集中力的大小。

(4)CD 段上作用均布荷载，其剪力图为斜直线。

3.2 多跨静定梁

3.2.1 组成特点(构造分析)

多跨静定梁是由若干单跨静定梁用铰连接而成的静定结构。在木屋架的檩条、钢筋混凝土梁和桥梁中多有应用。

多跨静定梁从几何组成特点看，可以分为基本部分和附属部分。

如图 3-10(a)所示梁，其中 AC 部分不依赖于其他部分，独立地与大地组成一个几何不变部分，称它为基本部分；而 CE 部分就需要依靠基本部分 AC 才能保证它的几何不变性，相对于 AC 部分来说，CE 称为 AC 的附属部分。

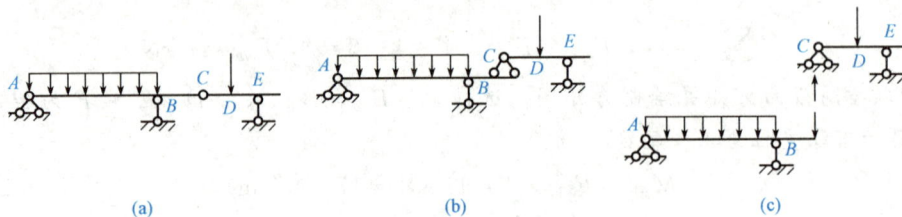

(a)　　　　　　　　(b)　　　　　　　　(c)

图 3-10　多跨静定梁的组成形式

(a)多跨静定梁；(b)层次构造图；(c)传力过程图

3.2.2 力的传递

由附属部分向基本部分传递，即当基本部分受荷载作用时，附属部分无内力产生[图 3-11(a)]；当附属部分受荷载作用时，基本部分有内力产生[图 3-11(b)]。

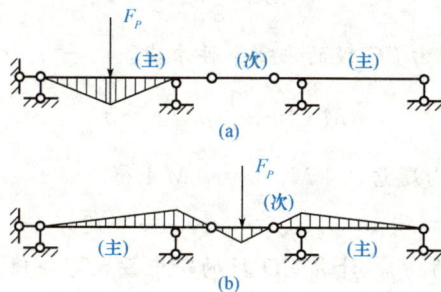

图 3-11 多跨静定梁力的传递

(a)力作用在基本部分；(b)力作用在附属部分

3.2.3 计算步骤

采用分层计算法，其关键是分清主次，先"附"后"基"（计算支反力和内力）。其步骤为：作层次图；计算支反力；绘内力图；叠加（注意铰处弯矩为零）；校核（利用微分关系）。

注意：从受力和变形方面看，基本部分上的荷载仅能在其自身上产生内力和弹性变形，而附属部分上的荷载可使其自身和基本部分均产生内力和弹性变形。因此，多跨静定梁的内力计算顺序可根据作用于结构上的荷载的传力路线来决定。

【例 3-3】 图 3-12(a)所示为两跨静定梁，承受均布荷载 q。试确定 C 铰的位置，使 B 点的弯矩与附属部分简支梁的跨中弯矩相等。

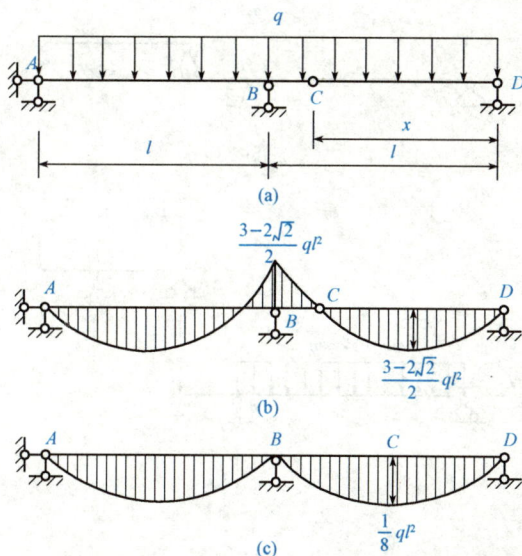

图 3-12 两跨静定梁

(a)原结构；(b)M 图；(c)同荷载下简支梁 M 图

解：（1）设铰结点 C 至 D 支座的距离为 x。在均布荷载作用下，AB 和 BD 两跨的弯矩图是对称的，如图 3-12(b) 所示。

（2）弯矩的具体表达式。附属部分 CD 段的跨中弯矩为

$$M = \frac{1}{8}qx^2$$

基本部分 B 点处的弯矩由 BC 段的平衡条件求出：

$$M_B = -\frac{1}{2}ql(l - x)$$

（3）确定 C 点的位置。由题意，$|M_B| = |M|$ 得

$$x^2 + 4lx - 4l^2 = 0, \quad x_C = 2(\sqrt{2} - 1)l$$

（4）结果比较。按求出的 x_C，计算 CD 段的跨中最大弯矩值：

$$M_{max} = \frac{1}{8}qx_C^2 = \frac{3 - 2\sqrt{2}}{2}ql^2$$

整个梁的弯矩分布如图 3-12(b) 所示。若采用两跨独立的简支梁，如图 3-12(c) 所示，在相同均布荷载作用下的弯矩图如图 3-12(c) 所示，其最大弯矩值为 $\frac{1}{8}ql^2$，比本例最大弯矩值大 1.45 倍。

【例 3-4】 试作图 3-13(a) 所示多跨静定梁的内力图。

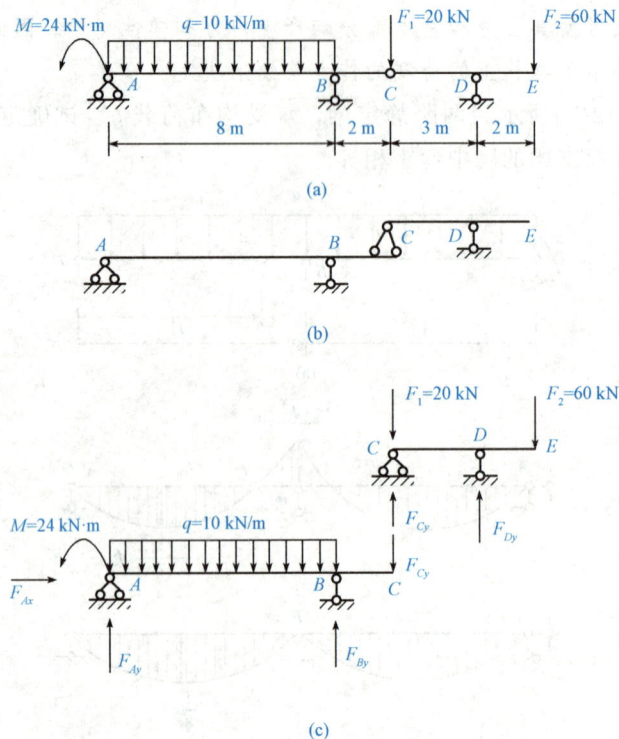

(a)

(b)

(c)

图 3-13 多跨静定梁求解过程及弯矩、剪力图

(a)原结构；(b)层次图；(c)求支座反力受力图；(d)剪力图

(d)

(e)

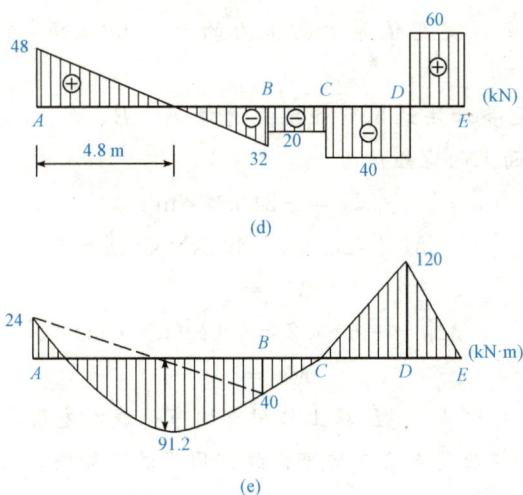

图 3-13　多跨静定梁求解过程及弯矩、剪力图(续)

(d)剪力图；(e)弯矩图

解：(1)绘层次图。梁 ABC 固定在基础上，是基本部分；梁 CDE 固定在梁 ABC 上，为附属部分，根据上述分析，绘出多跨静定梁的层次图，如图 3-13(b)所示。

(2)求支座反力。从层次图中可以看出，整个多跨静定梁由两个层次构成。在计算时，先计算梁 CDE，再计算梁 ABC。

取 CDE 为隔离体[图 3-13(c)]，由平衡方程求出梁 CDE 的支座反力为

$$F_{Cx}=0,\ F_{Cy}=-20\ \text{kN},\ F_{Dy}=100\ \text{kN}$$

将 F_{Cy} 的反作用力 F'_{Cy} 作为荷载加在 ABC 段的 C 处，取 ABC 为隔离体[图 3-13(c)]，由平衡方程求出梁 ABC 的支座反力为

$$F_{Ax}=0,\ F_{Ay}=48\ \text{kN},\ F_{By}=12\ \text{kN}$$

对作用于铰 C 上的荷载 F_1，取隔离体时可将其放在 CDE 段上，也可放在 ABC 段上，无论放在哪一段，对计算结果均无影响。

(3)绘内力图。

1)绘剪力图。由图 3-13(c)可知，绘梁 ABC 内力图时分 AB 和 BC 两段。在向上的支座反力 F_{Ay} 作用的横截面 A 上，剪力图向上突变，突变值等于 F_{Ay}(48 kN)。AB 段受向下均布荷载的作用，剪力为向右下倾斜的直线。支座 B 左侧横截面上的剪力为

$$F_{QB}^{\text{左}}=F_{Ay}-10\times 8=-32(\text{kN})$$

并由

$$\text{F}_{Ay}-10x=0$$

得到剪力为零的横截面位置 $x=4.8$ m。支座 B 横截面上受向上的反力 F_{By} 作用，剪力图向上突变，突变值等于 F_{By}(12 kN)。BC 段上无荷载作用，剪力图为水平线。横截面 C 上受向下的集中力作用，剪力图向下突变，突变值等于集中力的大小 20 kN。

由图 3-13(c)，绘梁 CDE 内力图时分 CD 和 DE 两段。横截面 C 上受向下的集中力作用，剪力图向下突变，突变值等于集中力的大小(20 kN)。CD 段上无荷载作用，剪力图为水平线。支座 D 横截面上受向上的反力 F_{Dy} 作用，剪力图向上突变，突变值等于 F_{Dy}(100 kN)。DE 段上无荷载作用，剪力图为水平线。横截面上 E 上受向下的集中

力作用，剪力图向下突变，突变值等于集中力的大小 60 kN。全梁的剪力图如图 3-13(d)所示。

2)绘弯矩图。用区段叠加法绘制弯矩图。选择 A、B、C、D、E 作为控制截面，由图 3-13(c)求出各控制截面上的弯矩值为

$$M_A = -24 \text{ kN} \cdot \text{m}$$
$$M_B = 20 \times 2 = 40 (\text{kN} \cdot \text{m})$$
$$M_C = 0$$
$$M_D = -60 \times 2 = -120 (\text{kN} \cdot \text{m})$$
$$M_E = 0$$

依次确定弯矩图上各控制点。AB 段上作用有均布荷载，先用虚直线连接两控制点，然后以虚直线为基线叠加上相应简支梁在均布荷载作用下的弯矩图。剪力为零的横截面上的弯矩值为

$$M = -24 + 48 \times 4.8 - 10 \times 4.8 \times 2.4 = 91.2 (\text{kN} \cdot \text{m})$$

BC、CD 和 DE 各段均无荷载作用，用直线连接相邻两控制点即可。全梁的弯矩图如图 3-13(e)所示。

【例 3-5】 试作图 3-14(a)所示多跨静定梁的内力图。

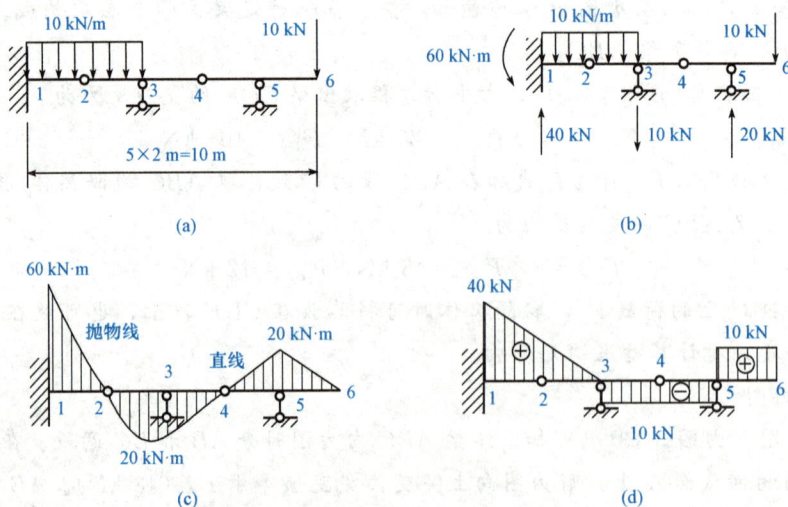

(a)

(b)

(c)

(d)

图 3-14 多跨静定梁求解过程及弯矩、剪力图

(a)结构及所受荷载；(b)"先附属、后基本"求反力；

(c)由控制弯矩和微分关系作弯矩图；(d)由控制剪力作剪力图

解：(1)图 3-14(a)所示结构的组成顺序为，首先 1—2 基本部分与地基组成几何不变体，接着是 2—3—4 附属部分与 1—2 和地基组成不变体，最后为 4—5—6 附属部分。求解将按照与此相反的顺序进行。

(2)先取 4—5—6 附属部分为隔离体，对 4 点取矩求 5 处支座反力 F_{5y}，由 $\sum M_4 = 0$ 有

$$F_{5y} \times 2 - 10 \times 4 = 0$$

整理后可得

$$F_{5y} = 20 \text{ kN}(\uparrow)$$

再取 2—3—4—5—6 部分为隔离体，对 2 点取矩求 3 处支座反力 F_{3y}，由 $\sum M_2 = 0$ 有

$$F_{3y} \times 2 - 10 \times 8 + 20 \times 6 - 10 \times 2 \times 1 = 0$$

整理后可得

$$F_{3y} = -10 \text{ kN}(\downarrow)$$

最后取整体作隔离体，对 1 点取矩求 1 处反力矩 M_1，由 $\sum M_1 = 0$ 有

$$M_1 - 10 \times 10 + 20 \times 8 - 10 \times 4 - 10 \times 4 \times 2 = 0$$

整理后可得

$$M_1 = 60 \text{ kN} \cdot \text{m}$$

列竖向投影方程 $\sum F_y = 0$ 可得

$$F_{1y} = 40 \text{ kN}(\uparrow)$$

支座反力如图 3-14(b)所示。

(3)按照组成顺序相反的顺序，由控制截面弯矩和微分关系以及区段叠加法作出各段的弯矩图。

5—6 杆为悬臂部分，从静力等效角度可将 5 结点视作固定端(注意：仅在计算 5—6 杆内力时才可如此)，这样 5—6 杆在作弯矩图时就可比照悬臂梁来作图(实际上，支座反力求出后，与支座相连的杆件都可以完全按照悬臂梁来作弯矩图，这种方法在刚架作弯矩图时也是有效的)。

铰 4 处弯矩为零，3—4 杆和 4—5 杆无荷载，因此剪力相等，弯矩图为一条直线，而 5 点弯矩已求出，由 4、5 点弯矩连线可以得到 3—4、4—5 杆件弯矩图。

2—3 杆的铰 2 弯矩为零，3 点弯矩已求，且 2—3 杆上有均布荷载，利用区段叠加法作出 2—3 杆弯矩图。

1—2 杆的 1、2 端弯矩已求，同样利用区段叠加法可作出 1—2 杆段的弯矩图[图 3-14(c)]。

(4)剪力图可根据已求得的支座反力和荷载，自左向右应用微分关系作出，如图 3-14(d)所示。

也可以由弯矩图，取直杆段为隔离体，利用力矩平衡条件可以求出直杆段两端剪力，由控制截面剪力和微分关系作出各直杆段剪力图(这种方法在作刚架剪力图时常用)。

3.3 静定刚架

刚架也称框架，是工程中最常见的结构形式之一。刚架一般是超静定结构，但也有如图 3-15(a)所示的小型厂房框架是静定的，其计算简图如图 3-15(b)所示。平面刚架由梁和柱组成，结构中具有刚结点是其特点。

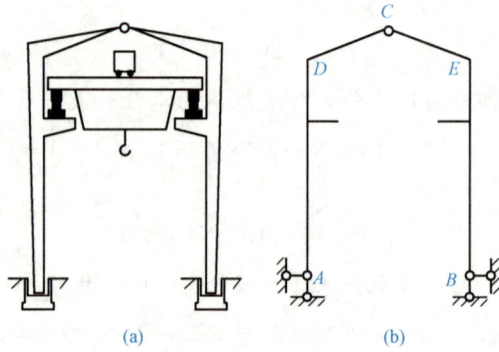

图 3-15　某厂房框架及其计算简图

3.3.1　静定刚架的基本形式

按几何组成规律，平面静定刚架可分为简支刚架、悬臂刚架、三铰刚架和组合刚架，如图 3-16 所示。

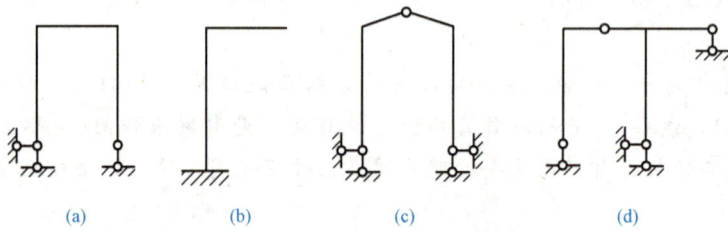

图 3-16　静定刚架按几何组成规律分类

(a)简支刚架；(b)悬臂刚架；(c)三铰刚架；(d)组合刚架

除按几何组成规律分类外也可以分为单体刚架、三铰刚架和具有基本-附属关系的基附型刚架，如图 3-17 所示。

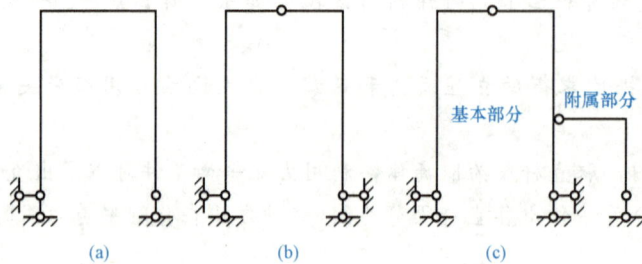

图 3-17　静定刚架的另一种分类

(a)两刚片单体刚架；(b)三刚片三铰刚架；(c)基附型刚架

3.3.2　静定刚架的受力分析

(1)单体刚架。静定单体刚架的分析计算过程与静定梁类似。在计算过程中，需要注意以下几点：

1)对悬臂刚架，只要取悬臂端部分作受力图，用力平衡方程求出控制截面弯矩即可；

2）对其他类型的刚架，如简支刚架、三铰刚架和组合刚架，一般需要首先求出支座反力，再求控制截面的弯矩，此时的控制截面一般选取杆端；

3）在控制截面弯矩求出后，利用叠加法作弯矩图，进而绘制出剪力图和轴力图。

【例 3-6】 试绘制出如图 3-18（a）所示刚架的内力图。

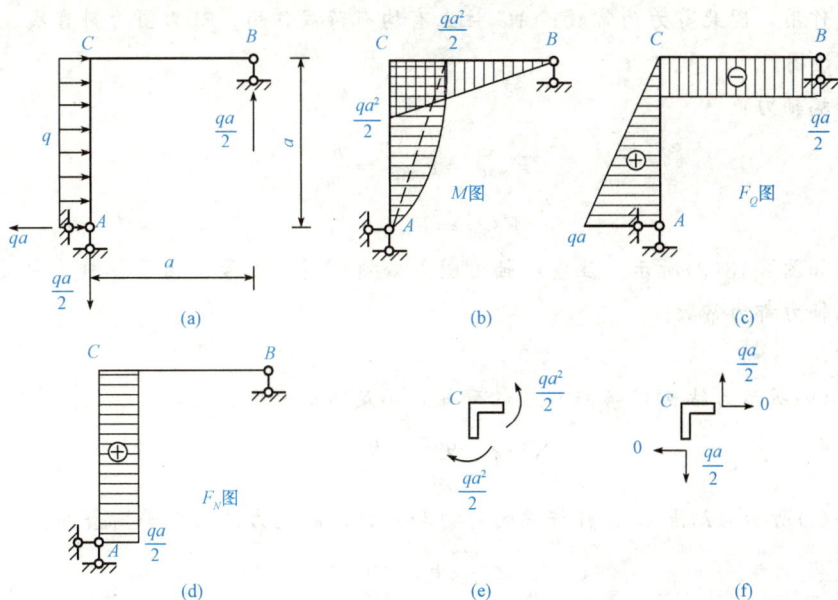

图 3-18　例 3-6 图

解：1）求支座反力：

$$\sum F_x = 0, \quad F_{xA} = -qa \,(\leftarrow)$$

$$\sum M_A = 0, \quad F_{yB} = \frac{qa}{2} \,(\uparrow)$$

$$\sum F_y = 0, \quad F_{yA} = -\frac{qa}{2} \,(\downarrow)$$

2）作 M 图。

截面法求出各杆的杆端弯矩：

$$M_{AC} = 0, \quad M_{CA} = qa \times a - \frac{a}{2} \times qa = \frac{qa^2}{2}$$

$$M_{BC} = 0, \quad M_{CB} = M_{CA} = \frac{qa^2}{2}$$

注意：CB 梁下缘受拉，CA 柱右侧受拉。

CB 梁上没有荷载作用，将杆端弯矩连以直线即为弯矩图。

CA 柱上有均布荷载作用，将杆端弯矩连以直线后再叠加简支梁的弯矩图，即为此柱的弯矩图。叠加后的弯矩图如图 3-18（b）所示。

3）作 F_Q 图。

先求各杆件的杆端剪力：

$$F_{QAC} = qa$$

$$F_{QCA} = 0$$

$$F_{QBC} = F_{QCB} = -\frac{qa}{2}$$

利用杆端剪力可作出剪力图，如图 3-18(c)所示。注意：剪力图上必须标明正负号，BC 梁上无荷载作用，因此剪力为常数；AC 柱上有均布荷载作用，剪力图为斜直线。

4)作 F_N 图。

先求杆端轴力：

$$F_{NAC} = F_{NCA} = \frac{qa}{2}$$

$$F_{NBC} = F_{NCB} = 0$$

轴力图如图 3-18(d)所示。注意：轴力图上必须标明正负号，由于各杆上都无切向荷载作用，因此轴力都为常数。

5)校核。

图 3-18(e)所示为结点 C 各杆杆端的弯矩，满足力矩平衡条件：

$$\sum M = \frac{qa^2}{2} - \frac{qa^2}{2} = 0$$

图 3-18(f)所示为结点 C 各杆杆端的剪力和轴力，满足力的两个平衡条件：

$$\sum F_x = 0$$

$$\sum F_y = \frac{qa}{2} - \frac{qa}{2} = 0$$

从刚结点处两边的弯矩图我们可以得出如下重要结论：

刚结点处，在没有外力偶作用的前提下，刚结点两边（即柱和梁）的弯矩存在：

①大小相等；

②方向相反；

③画在同侧（即柱画内侧，梁也画内侧，反之亦然）。

【例 3-7】 试绘制出如图 3-19(a)所示刚架的内力图。

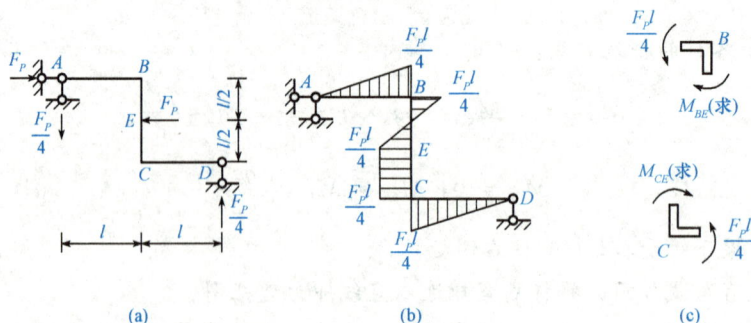

图 3-19 例 3-7 题图

(a)原结构；(b)M 图；(c)B 和 C 刚结点受力图

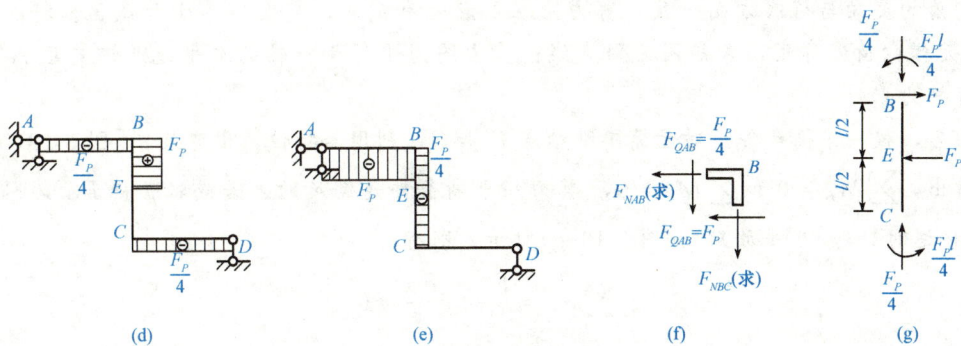

(d) F_Q 图；(e) F_N 图；(f) B 刚结点受力图；(g) 杆 BC 隔离体

图 3-19　例 3-7 题图(续)

解：1) 求支座反力。由刚架整体平衡条件求出支反力，直接标注于图 3-19(a) 中。

2) 求作 M 图 [图 3-19(b)]。

杆 AB：①求控制弯矩，$M_{AB}=0$，$M_{BA}=F_p l/4$ (上边受拉)；②引直线相连。也可视 AB 段为 A 端自由(该处支反力当做外力)、B 端为固定端的悬臂梁直接绘出 M 图。

杆 CD：①求控制弯矩，$M_{CD}=F_p l/4$ (下边受拉)，$M_{DC}=0$；②引直线相连。也可视 CD 段为 D 端自由(该处支反力当做外力)、C 端为固定端的悬臂梁直接绘出 M 图。

杆 BC：①求控制弯矩，$M_{BE}=F_p l/4$ (右边受拉)，$M_E=F_p l/4$ (左边受拉)，$M_{CE}=F_p l/4$ (左边受拉)；②引直线相连。

注意：

为求简单刚结点 B 和 C 处杆端弯矩 M_{BE} 和 M_{CE}，也可取相应结点 B 和 C 为隔离体，分别由 $\sum M_B=0$ 和 $\sum M_C=0$ 求出 [图 3-19(c)]：

$$M_{BE}=M_{BA}=\frac{F_p l}{4}, \ M_{CE}=M_{CD}=\frac{F_p l}{4}$$

由以上结果可以验证：简单刚结点处，汇交于该处两杆的杆端弯矩应绘在结点的同一侧(此例为外侧)，且数值相等。

3) 求作 F_Q 图 [图 3-19(d)]。杆 AB、BE 和 CD 的 M 图均为斜直线图形；EC 部分 M 图为常数，无 F_Q。相应的 F_Q 图可很方便地绘出。

4) 求作 F_N 图 [图 3-19(e)]。本例杆件及荷载情况均较简单(各杆段 F_N 为常量)，可用截面法直接求作各杆 F_N 图。若改用取结点 B 为隔离体 [图 3-19(f)]，将 F_Q 图中的已知值 $F_{QAB}=-F_P/4$ 和 $F_{QBC}=F_P$ 正确标注(剪力以绕隔离体顺时针旋转者为正)，并将欲求的两杆轴力按拉力为正的方向标出，则由两投影方程 $\sum F_x=0$ 和 $\sum F_y=0$，即可分别求出 F_{NAB} 和 F_{NBC}：

$$F_{NAB}=-F_P\text{(压力)}, \ F_{NBC}=-\frac{F_P}{4}\text{(压力)}$$

5) 内力图校核。

首先，校核内力图的形状特征。杆 BC 中点 E 有集中荷载作用，其弯矩图在该点有尖角，尖角的突向与荷载方向一致；剪力图在该点处有突变，突变值等于荷载值。杆 AB 和 CD 上无横向荷载作用，弯矩图为斜直线；剪力图为平行于杆轴的水平线。铰支座 A 和 D 处，弯矩为零。

然后，校核平衡条件。对于简单刚结点 B 和 C，利用其特性，由弯矩图[图 3-19(b)]可直接看出，$\sum M_B = 0$ 和 $\sum M_C = 0$，其力矩平衡条件是满足的。若截取竖杆 BC 为隔离体（将该杆逆时针转 $90°$ 平放），如图 3-19(g) 所示，则有

$$\sum F_x = \frac{F_P}{4} - \frac{F_P}{4} = 0$$

$$\sum F_y = F_P - F_P = 0$$

$$\sum M_B = \frac{F_P l}{4} + \frac{F_P l}{4} - F_P \frac{l}{2} = 0$$

显然，此杆件静力平衡条件无误。

(2)三铰刚架。三铰刚架是由两个无多余约束刚结直杆部分（刚片）组成，像三铰拱一样用三个铰组成的静定结构。计算内力时需要注意以下几点：

1)对于等高三铰刚架，首先以整体为隔离体，对底铰取矩；再以部分结构（一个刚片）为隔离体，对顶铰取矩。这样就可以求出支座反力；

2)对不等高的三铰刚架，则应采用截面法两次求解。

【例 3-8】 试绘制出如图 3-20(a)所示刚架的内力图。

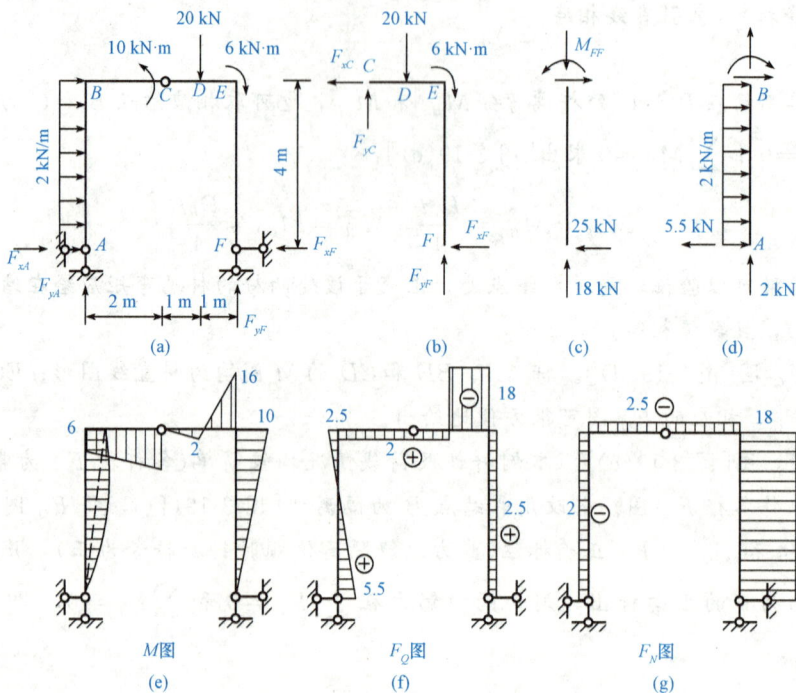

图 3-20　例 3-8 图

解：1）求支反力。取整体为研究对象，由 $\sum M_A = 0$ 知：

$$F_{yF} \times 4 - 6 - 20 \times 3 + 10 - \frac{1}{2} \times 2 \times 4^2 = 0, \ F_{yF} = 18 \ \text{kN}(\uparrow)$$

$$\sum F_y = 0, \ F_{yA} + F_{yF} - 20 = 0, \ F_{yA} = 2 \ \text{kN}(\uparrow)$$

$$\sum F_x = 0, \ F_{xA} + F_{xF} - 2 \times 4 = 0$$

$$F_{xA} + F_{xF} = 8 \tag{a}$$

取局部 CEF 为隔离体，如图 3-20(b)所示。由 $\sum M_C = 0$ 得

$$F_{yF} \times 2 - F_{xF} \times 4 - 20 \times 1 - 6 = 0$$

$$18 \times 2 - F_{xF} \times 4 - 20 - 6 = 0$$

$$F_{xF} = 2.5 \ \text{kN}(\leftarrow) \tag{b}$$

将式(b)代入式(a)，得到 $F_{xA} = 5.5 \ \text{kN}(\leftarrow)$。

2）弯矩图。取图 3-20(a)中的 A、B、C、D、E、F 点对应的控制截面，把结构分成 AB、BC、CD、DE 和 EF 区段。各控制截面弯矩计算如下：

EF：由图 3-20(c)，$\sum M_E = 0$ 得

$$M_{EF} - 2.5 \times 4 = 0, \ M_{EF} = 10 \ \text{kN} \cdot \text{m}(右侧受拉)$$

E 点：$M_{ED} - 2.5 \times 4 - 6 = 0, \ M_{ED} = 16 \ \text{kN} \cdot \text{m}(上缘受拉)$

C 点：为铰结点，右端弯矩为零，左端等于外力偶矩。

AB：由图 3-20(d)，$\sum M_B = 0$ 得：

$$M_{BA} - \frac{1}{2} \times 2 \times 4^2 + 5.5 \times 4 = 0$$

$$M_{BA} = -6 \ \text{kN} \cdot \text{m}$$

注意：M_{BC} 与 M_{BA} 由于在刚结点 B 处，没有外力偶作用，则两者数值相等，方向相反，弯矩图画在同侧。

对 AB 段，先按虚线连接控制截面的弯矩，然后再以此为基线叠加弯矩。

对 CE 段，中点 D 承受集中力，类似地可用虚线连接 C 和 E 截面的弯矩，再叠加上简支梁承受跨中集中力 20 kN 作用下的弯矩图。

整个控制截面的弯矩图如图 3-20(e)所示。

3）剪力图。

计算控制截面的剪力

EF：$F_{QEF} = F_{QFE} = F_{xF} = 2.5 \ \text{kN}$

DE：$F_{QDE} = F_{QED} = -18 \ \text{kN}$

BD：$F_{QBD} = F_{QDB} = 2 \ \text{kN}$

BA：$F_{QBA} = -F_{xF} = -2.5 \ \text{kN}, \ F_{QAB} = F_{xA} = 5.5 \ \text{kN}$

最后的剪力图如图 3-20(f)所示。

4)轴力图。根据支反力平衡，有：

$$F_{NAB}=-F_{xF}=-2\text{ kN},\ F_{NEF}=-F_{yF}=-18\text{ kN},\ F_{NBE}=-F_{xF}=-2.5\text{ kN}$$

作出的轴力图如图 3-20(g)所示。

【例 3-9】 试绘制出如图 3-21(a)所示刚架的内力图。

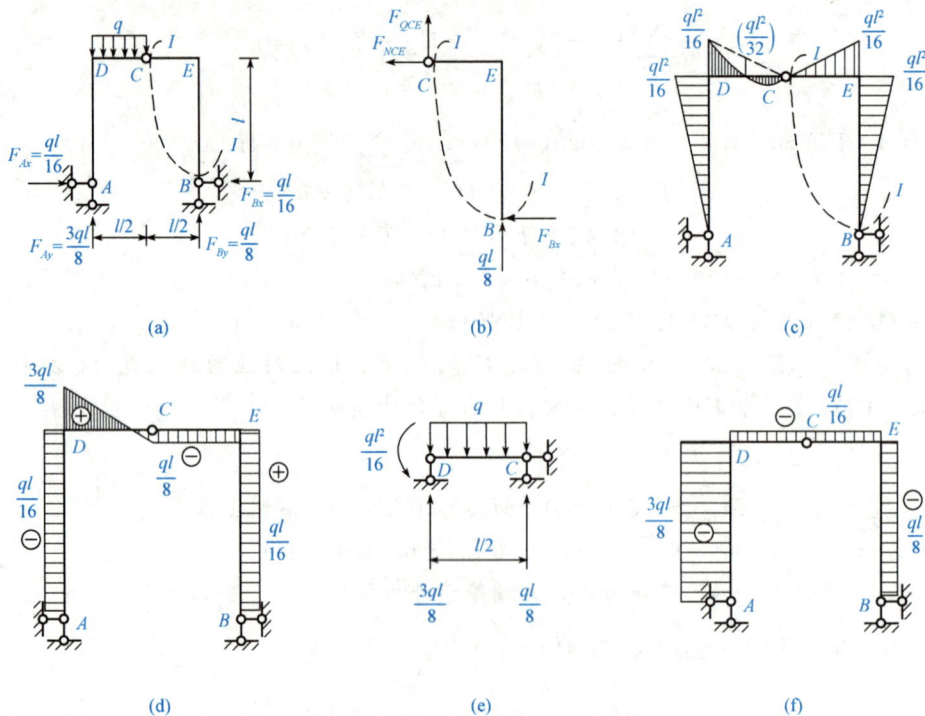

图 3-21 例 3-9 三铰刚架题图

(a)原结构；(b)IEB 隔离体受力图；(c)M 图；(d)F_Q 图；(e)DE 隔离体受力图；(f)F_N 图

解： 1)求支反力。该静定三铰刚架有四根支杆，因此，欲求其全部支反力，除了利用平面一般力系的三个静力平衡方程外，还需根据结构中某截面已知的内力条件(如铰 C 处的弯矩为零)，建立一个补充静力平衡方程，方能求解。具体计算如下：

①由刚架整体平衡条件，建立三个静力平衡方程，即

$$\sum M_B=0,\ F_{Ay}=\frac{3ql}{8}(\uparrow)$$

$$\sum F_y=0,\ F_{By}=\frac{ql}{8}(\uparrow)$$

$$\sum F_x=0,\ F_{Ax}=F_{Bx}$$

②取刚架右半部分 CEB 为隔离体[图 3-21(b)]，补充 $\sum M_C=0$，即

$$F_{Bx}l-\frac{ql}{8}\times\frac{l}{2}=0$$

由此得

$$F_{Bx}=\frac{ql}{16}(\leftarrow)$$

于是有

$$F_{Ax} = \frac{ql}{16}(\rightarrow)$$

2）求作 M 图［图 3-21(c)］。可先易后难，按两竖柱 AD 和 BE、右横梁 CE、左横梁 DC 的顺序，逐杆绘制弯矩图。对于杆 DC，先求控制弯矩，$M_{DC} = \frac{ql^2}{16}$（上侧受拉，由简单刚结点的特性判定），$M_C = 0$（铰处弯矩为零）；再引直线相连（虚线）；最后叠加简支弯矩，该杆中点所叠加的弯矩值为 $q(l/2)^2/8 = ql^2/32$。

3）求作 F_Q 图［图 3-21(d)］。除杆 DC 段外，各杆的弯矩图均为斜直线，据此，可简捷地绘出剪力图。对于杆 DC，弯矩图为二次抛物线，只需按照"先求两端剪力，再引直线相连"的步骤，即可绘出剪力图。为求两端剪力，既可直接利用截面法求解，也可取该杆为隔离体，化为等效的简支梁［图 3-21(e)］，根据杆端已知弯矩及跨间荷载，利用平衡方程求杆端竖向反力，即为杆端剪力。

4）求作 F_N 图［图 3-21(f)］。各杆轴力可直接利用截面法很方便地求得。

（3）悬臂刚架。静定悬臂刚架弯矩图绘制，不需要求支反力。

【例 3-10】 作图 3-22(a)所示刚架的弯矩图。

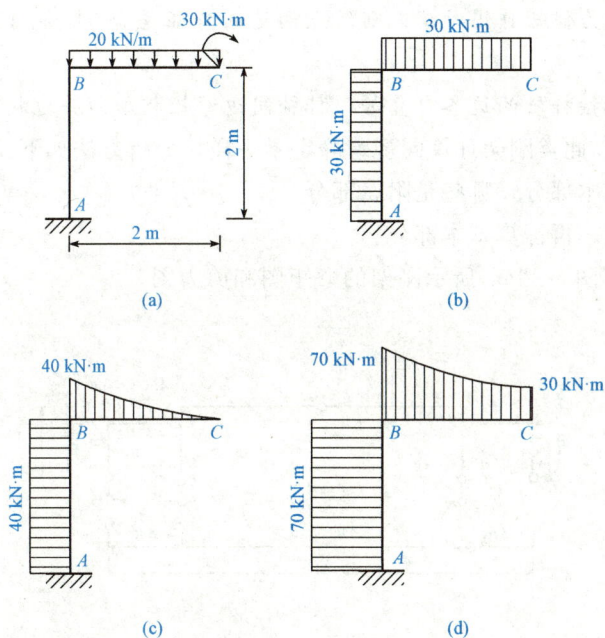

图 3-22　悬臂刚架

解：1)计算在力偶矩单独作用下的弯矩图。

①由于刚架上的梁 BC 端点上作用有力偶矩，单独作用下梁 BC 上的弯矩相同且画在受拉侧(上缘)；

②刚结点 B 处无外力偶作用，则利用规则，B 结点两侧弯矩"大小相等，方向相反，画在同侧"，对于柱 BA 则画在外侧；

③对于支座 A，显然弯矩值为力偶矩的大小，且画在外侧。

此力偶矩作用下的弯矩图如图 3-22(b)所示。

2)计算均布荷载单独作用下的弯矩图。

①均布荷载作用在 BC 杆上，相当于 B 处为固定支承，则 B 处杆端弯矩为 $\frac{1}{2} \times 20 \times 2^2 = 40(\mathrm{kN \cdot m})$，且画在上缘；

②柱 BA 中 B 端的杆端弯矩，利用"大小相等，方向相反，画在同侧"的规则，也为 40 kN·m，且画在外侧。

此均布荷载单独作用下的弯矩图如图 3-22(c)所示。

3)叠加弯矩。按杆轴两边各自叠加，其弯矩图为如图 3-22(d)所示。

注意：

①静定悬臂刚架作弯矩图，不需要求支反力；

②刚结点处无外力偶矩作用时，则刚结点两边的弯矩适合"大小相等，方向相反，画在同侧"规则；

③弯矩叠加必须按杆轴两边各自叠加，杆轴同边弯矩相加，异边相减。

(4)基附型刚架。此类刚架计算同多跨静定梁一样，分析方法如下：

1)找出哪些是基本部分，哪些是附属部分；

2)先计算附属部，再计算基本部分。

【例 3-11】 试作图 3-23(a)所示刚架的弯矩图和剪力图。

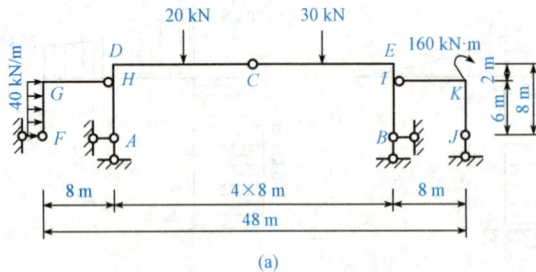

(a)

图 3-23 基附型刚架

(a)结构与荷载

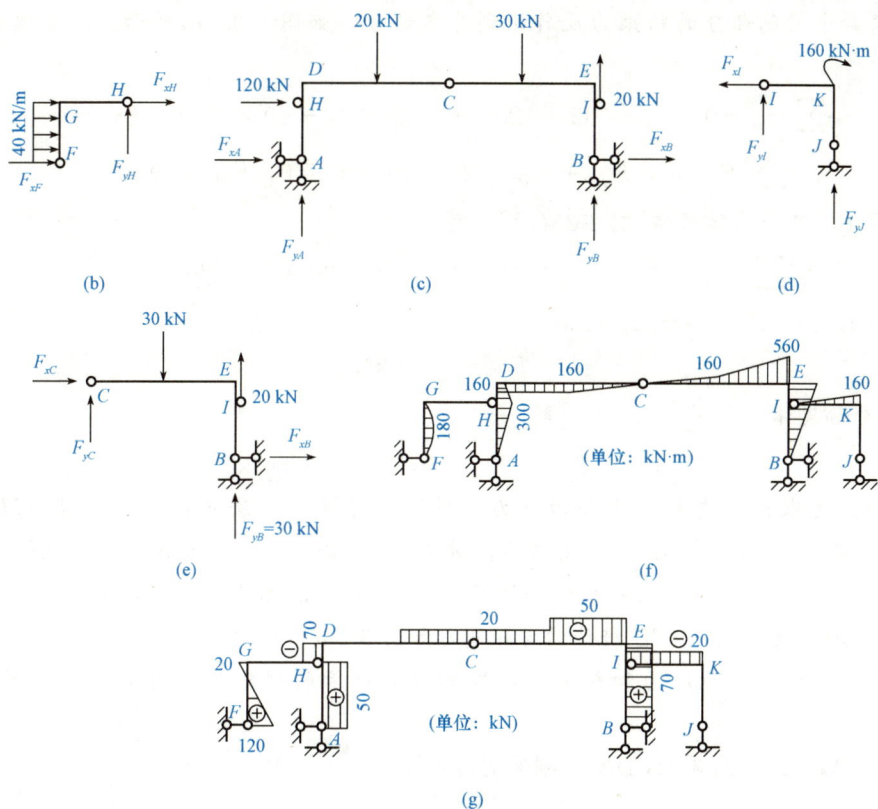

图 3-23　基附型刚架(续)

(b)附属部分隔离体(一)；(c)基本部分隔离体；(d)附属部分隔离体(二)；

(e)附属部分隔离体(三)；(f)弯矩图；(g)剪力图

解：此刚架为基附型刚架，FGH、IKJ 为附属部分，$ADCEB$ 为基本部分。先求解两个附属部分，求出附属部分的约束力，再求解基本部分。基本部分为三铰刚架，是按照三刚片规则组成的，需要取两次隔离体，列出两个力矩平衡方程并联合求解，得出支座反力。

(1)取附属部分 FGH〔图 3-23(b)〕。

由 $\sum F_y=0$ 得 $F_{yH}=0$；

$$\sum M_F=0,\ F_{xH}\times 6+40\times 6\times 3=0,$$

则 $F_{xH}=-120$ kN

$$\sum F_x=0,\ F_{xF}+40\times 6+F_{xH}=0,$$

则 $F_{xF}=-120$ kN

(2)取附属部分 IKJ〔图 3-23(d)〕。

由 $\sum F_x=0$ 得 $F_{xI}=0$；

$$\sum M_I=0,\ 160-F_{yH}\times 8=0$$

则 $F_{yJ}=20$ kN

由 $\sum F_y=0$ 得 $F_{yI}=-20$ kN。

（3）将两个附属部分的约束力反作用到基本部分，如图 3-23（c）所示。以整体为研究对象，有

$$\sum M_B = 0, \quad F_{yA} \times 32 + 120 \times 6 - 20 \times 24 - 30 \times 8 = 0, \quad F_{yA} = 0$$

$$\sum F_y = 0, \quad F_{yA} + F_{yB} + 20 - 20 - 30 = 0, \quad F_{yB} = 30 \text{ kN}$$

（4）取 BC 部分为隔离体［图 3-23（e）］，有

$$\sum M_C = 0, \quad -F_{yB} \times 16 - F_{xB} \times 8 - 20 \times 16 + 30 \times 8 = 0$$

则 $-30 \times 16 - F_{xB} \times 8 - 320 + 240 = 0$

$$F_{xB} = -70 \text{ kN}$$

由基本部分隔离体，取 $\sum F_x = 0$，则

$$120 + F_{xA} + F_{xB} = 0, \quad F_{xA} = -50 \text{ kN}$$

（5）由上述求出的支座反力和约束力，利用悬臂梁的方法可以作出 GH、JK、AH、BE 杆件的弯矩图，取 AD 杆件为隔离体，对 D 点列出力矩平衡方程，求出 AD 杆件的 D 截面弯矩；分别利用刚结点力矩平衡条件求 G、D、K、E 结点所连接的杆端弯矩，利用叠加法作出 GF、DC、IK、CE 杆件的弯矩图，如图 3-23（f）所示。

（6）上述求出的支座反力和约束力，根据剪力符号的规定作出剪力图，如图 3-23（g）所示。

【例 3-12】 试作图 3-24（a）所示刚架的弯矩图。

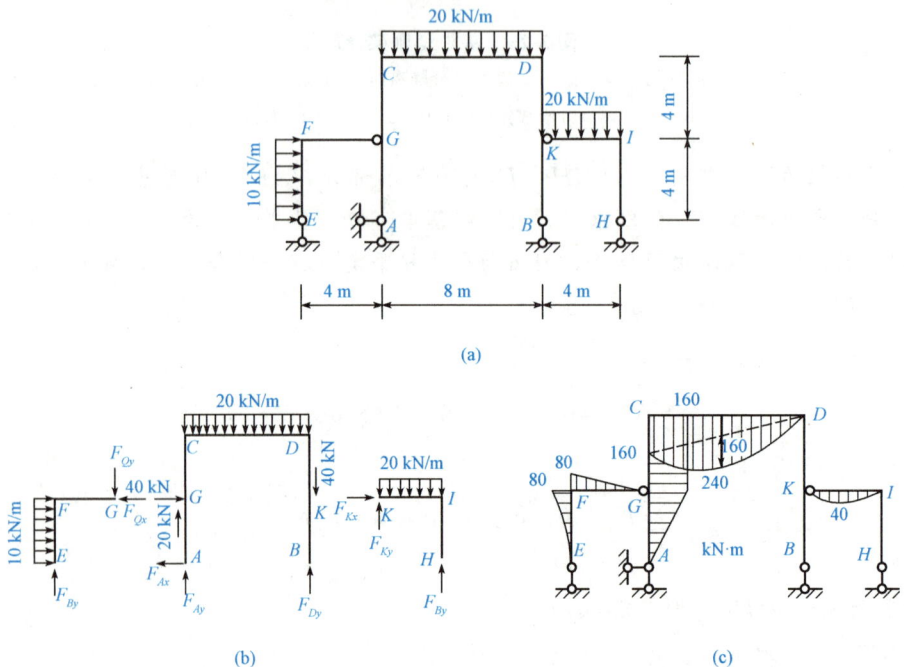

(a)

(b)

(c)

图 3-24 例 3-12 图

(a)原结构；(b)隔离体受力图；(c)M 图

解：此刚架为三跨静定刚架，由基本部分 $ACDB$ 和附属部分 EFG 及 KIH 组成。将刚架在铰 G 和 K 处 $\sum F_x = 0$ 拆开，分别画出附属部分和基本部分隔离体受力图，如图 3-24 (b)所示。

(1)取 EFG 为隔离体：由 $\sum F_x = 0$，可得 $F_{Gx} = 10 \times 4 = 40$ kN(←)；由 $\sum M_E = 0$，可得 $F_{Gy} = \{[40 \times 4 - (10 \times 4^2)/2]/4\} = 20$ kN(↓)。

(2)取 KIH 为隔离体：由 $\sum F_x = 0$，可得 $F_{Kx} = 10 \times 4 = 40$ kN(←)；由 $\sum M_H = 0$，可得 $F_{Ky} = \{[(20 \times 4^2)/2]/4\} = 40$ kN(↑)。

(3)将 F_{Gx}、F_{Gy} 和 F_{Ky} 反向分别加在基本部分 $ACDB$ 的 G 和 K 处。取 $ACDB$ 为隔离体，由 $\sum F_x = 0$，可得 $F_{Ax} = 40$ kN(←)。

刚架弯矩图如图 3-24(c)所示。

3.4　静定桁架

3.4.1　概述

桁架是工程中应用最为广泛的一种结构，是由若干直杆构成，且所有杆件的两端均用铰接连接，杆件主要承受轴力的结构。

如工业与民用房屋的屋架(图 3-25)、格构式电视塔、输电塔和起重机塔架(图 3-26)，铁路和公路的桁桥(图 3-27)等均为桁架。若上述为铰接体系且没有多余约束存在，则称为静定桁架；有多余约束时称为超静定桁架。当桁架各杆的轴线及外力的作用线都在同一平面内时，称为平面桁架；不在同一平面内时，称为空间桁架。

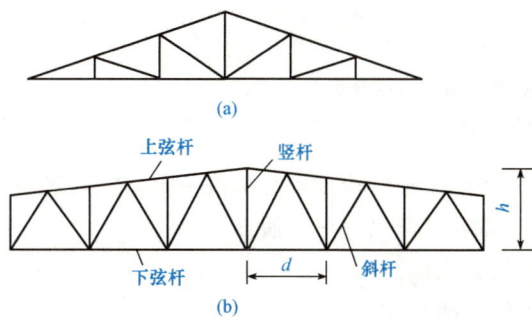

(a)

上弦杆　竖杆

下弦杆　斜杆

(b)

图 3-25　屋架

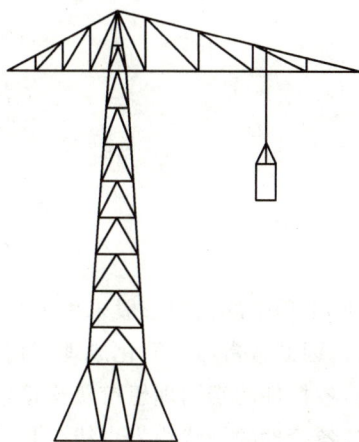

图 3-26　起重机塔架

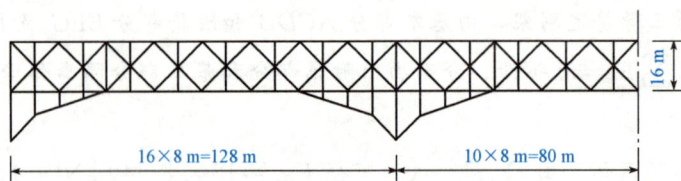

图 3-27 桁桥结构

桁架的杆件按其位置不同，可分为弦杆和腹杆两大类。弦杆是组成水平桁架上、下边缘的杆件，分为上弦杆和下弦杆；腹杆是上、下弦杆之间的联系杆件，包括斜杆和竖杆（图 3-25）。弦杆上相邻结点之间的水平距离 d 称为结点长度，两支座间的水平距离称为跨度，上、下弦杆结点之间的最大竖向距离 h 称为桁高。

按结构组成的特点，理想平面桁架可以分为以下几类：

(1)**简单桁架**。简单桁架是由一个基本杆件或基础依次增加二元体组成的桁架，如图 3-28(a)所示。

(2)**联合桁架**。联合桁架是由简单桁架按二、三刚片组成规则构造组成的桁架，如图 3-28(b)所示。

(3)**复杂桁架**。复杂桁架是除前面两类以外的其他桁架，如图 3-28(c)所示。

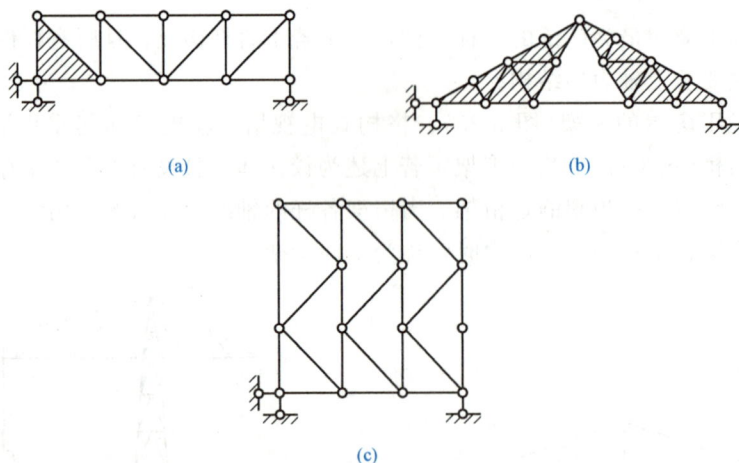

(a)

(b)

(c)

图 3-28 桁架按结构组成分类
(a)简单桁架；(b)联合桁架；(c)复杂桁架

实际工程中的桁架一般采用钢结构、钢筋混凝土结构或木结构按一定方式构建而成，受力复杂，因此常常需要简化成理想桁架，它需要符合以下三个假设：

(1)各杆件两端用理想铰接连接，光滑而无摩擦；

(2)各杆件的轴线均为直线，且通过铰结点的几何中心；

(3)截面和支座反力均作用在结点上。

因此，理想桁架的各杆件只承受轴力，常称为二力杆。

3.4.2 结点法

以桁架结点为研究对象，结点承受汇交力系作用。如果对简单桁架依照"组成相反顺序"

的求解思路，依次建立各结点的平衡方程，则桁架各结点未知内力数一定不超过独立平衡方程数。这种以结点为对象建立平衡方程，求杆件轴力的方法，称为结点法。

【例 3-13】　试求如图 3-29 所示简单桁架的各杆轴力。

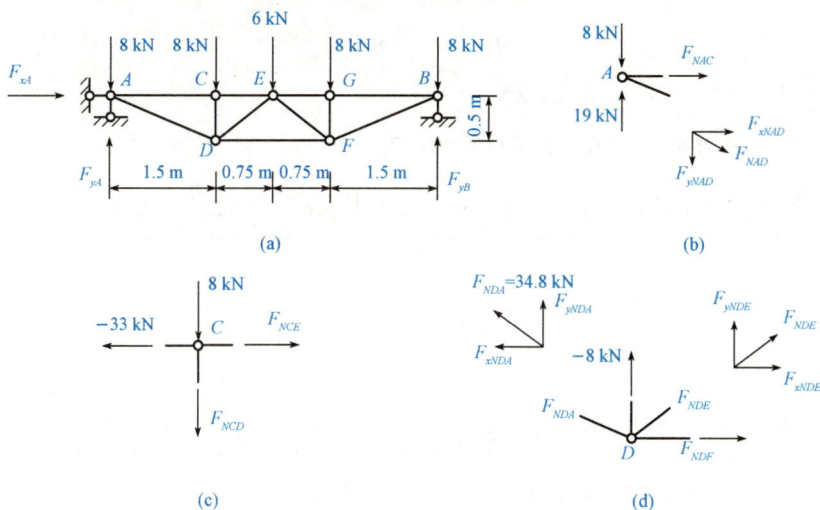

图 3-29　结点法求简单桁架杆件轴力

(a)计算简图；(b)A 结点受力图；(c)C 结点受力图；(d)D 结点受力图

解：(1)该简单桁架的几何组成顺序可看作：在刚片 BGF 上依次加二元体得 E、D、C、A 结点，因此选取结点的顺序为 A、C、D、……

(2)该桁架的支座约束只有 3 个，可取整体作为对象，利用平衡条件就可求出全部支座反力。对支座结点 B 取矩，列 $\sum M_B = 0$ 得

$$F_{yA} \times 4.5 - 8 \times 4.5 - 8 \times 3 - 6 \times 2.25 - 8 \times 1.5 = 0$$

$$F_{yA} = 19 \text{ kN}$$

同理，由 $\sum F_y = 0$ 得

$$F_{yA} + F_{yB} - 8 - 8 - 6 - 8 - 8 = 0$$

$$F_{yB} = 19 \text{ kN}$$

同理，由 $\sum F_x = 0$ 得

$$F_{xA} = 0$$

实际上此桁架是左右对称的，且作用于桁架上的竖向力也是对称的，所以支座水平反力显然为零，两支座承担竖向外荷载的一半。此分析与上述计算结果相同。

(3)按照求解顺序，取结点 A 为对象，如图 3-29(b)所示，有

$$\sum F_y = 0, \ F_{NAD} \times \frac{0.5}{\sqrt{0.5^2 + 1.5^2}} - 19 + 8 = 0, \ 得$$

$$F_{NAD} = 34.8 \text{ kN}$$

同理有

$$\sum F_x = 0, \ F_{NAC} = -F_{NAD} \times \frac{1.5}{\sqrt{0.5^2 + 1.5^2}} = -33 \text{ kN}$$

（4）再取结点 C 为对象，如图 3-29(c)所示，有

$$\sum F_y = 0, \quad F_{NCD} + 8 = 0$$

得到：

$$F_{NCD} = -8 \text{ kN}$$

同理，$\sum F_x = 0, \quad F_{NCE} = -33 \text{ kN}$

（5）取结点 D 为对象，如图 3-29(d)所示，有

$$\sum F_y = 0, \quad F_{NDE} \times \frac{0.5}{\sqrt{0.5^2 + 0.75^2}} + F_{NDA} \times \frac{0.5}{\sqrt{0.5^2 + 1.5^2}} - 8 = 0$$

得到

$$F_{NDE} = -5.4 \text{ kN}$$

同理，有

$$\sum F_x = 0, \quad F_{NDF} = F_{NDA} \times \frac{1.5}{\sqrt{0.5^2 + 1.5^2}} - F_{NDE} \times \frac{0.75}{\sqrt{0.5^2 + 0.75^2}} = 37.5 \text{ kN}$$

用类似方法可求得其他杆件的内力，此处不再赘述。

有必要指出，结点法的原理极其浅显，但计算技巧十分重要。

(1)利用力三角形与长度三角形对应边成比例的关系简化计算。在静定平面桁架中，总是包含着若干斜杆。为了便于计算，一般不宜直接计算斜杆的轴力 F_N，而是将其分解为水平分力 F_x 和竖向分力 F_y 来计算。

观察如图 3-30 所示的长度三角形与 F_N 及其二分力所组成的力三角形，它们各相应边相互平行，所以是相似的，因而有下列关系：

$$\frac{F_N}{l} = \frac{F_x}{l_x} = \frac{F_y}{l_y} \tag{3-3}$$

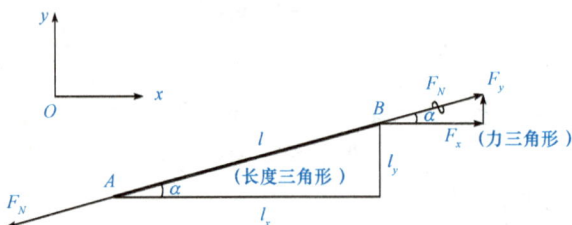

图 3-30　力三角形与长度三角形相应边成比例

利用这个比例关系，就可以很简单地由其中一个力推算其他两个力，而不需要使用三角函数进行计算。例如，在图 3-30 中，如果 $l_x = 2$ m，$l_y = 1$ m，$l = \sqrt{5}$ m，并已知竖向分力 $F_y = 20$ kN，则利用式(3-3)，即可得出

$$F_N = \frac{\sqrt{5}}{1} \times 20 \text{ kN} = 44.72 \text{ kN}, \quad F_x = \frac{2}{1} \times 20 \text{ kN} = 40 \text{ kN}$$

【例 3-14】　试求如图 3-31(a)所示简单桁架的各杆轴力。

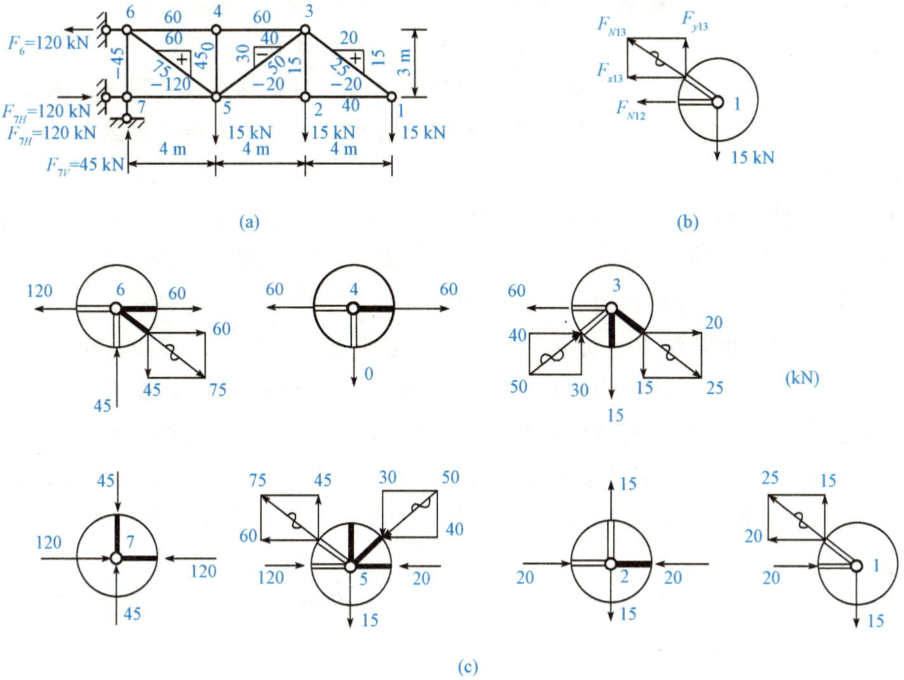

图 3-31　结点法计算静定平面桁架内力

(a)原结构；(b)结点 1 受力图；(c)其他结点受力图

解： 首先，可由桁架的整体平衡条件，求出支座反力，标注于图 3-31(a)中。然后，可截取各结点求出杆件内力。按增加二元体组成桁架的相反顺序可知，最初遇到只包含两个未知力的结点有结点 1 和结点 7 两个。现在选择从结点 1 开始，其隔离体如图 3-31(b)所示。通常假定杆件内力为正，即为拉力，若计算结果为负，则表明为压力。为了计算方便，用斜杆内力 F_{N13} 的水平分力和竖向分力 F_{x13} 和 F_{y13} 作为未知数。由 $\sum F_y = 0$，可得

$$F_{y13} = 15 \text{ kN}$$

于是，可由比例关系求得

$$F_{x13} = \frac{4}{3} \times 15 = 20 (\text{kN})$$

以及杆 13 的轴力：

$$F_{N13} = \frac{5}{3} \times 15 = 25 (\text{kN})$$

再由 $\sum F_x = 0$，可得杆 12 的轴力：

$$\sum F_{N12} = -F_{x13} = -20 \text{ kN}$$

以下，依次取结点 2、3、4、5 计算，每次都只有两个未知力，故不难求解。到结点 6 只剩下一个未知力 F_{N67}，而最后到结点 7 时，各力都已求出。故可用结点 6 和结点 7 两点的平衡条件是否满足作为平衡条件来校核计算是否正确。

在图 3-31(c)中，标明了按结点 1，2，…，7 依次计算各结点相关杆件轴力的详细过程。

各结点隔离体图中，用粗实线表示已知轴力杆，用双线表示未知轴力杆。在计算斜杆轴力时，所算出的第一个分力，加上矩形框，以突出它在计算过程中的作用。

当计算比较熟练时，可不必绘出各结点的隔离体图，而直接在桁架图上逐点推算，并将杆件内力及其分力用小直角三角形标注在各杆旁，其中的正负号表示轴力是拉力或压力，如图 3-31(a)所示。

(2)利用对称性来简化计算。杆件轴线对某轴对称，结构支座也对此轴对称的结构，称为对称结构。值得注意的是，对称结构在对称或反对称荷载作用下，结构的内力必然是对称或反对称。所以当计算对称结构内力时，只要计算一半结构即可，详见第 5.5 节。

(3)去除零力杆。取某结点为对象，且结点连接的全部杆件内力未知，对于仅用一个平衡方程就可求出内力的杆件，称为结点单杆。而利用结点单杆概念，根据荷载情况可方便地判断此杆内力是否为零。我们把杆件内力为零的杆称为零力杆。零力杆一般有如下情形：

1)如图 3-32(a)所示，结点连接两杆件且结点上无荷载作用，两杆都是零力杆；

2)如图 3-32(b)所示，结点连接三个杆件且结点上无荷载作用，其中两个杆件轴线重合，则非共线的单杆为零力杆；

3)如图 3-32(c)所示，结点连接两个杆件且有荷载作用，荷载作用线与其中一个杆件轴线重合，则另一个杆件则为零力杆。

熟练掌握特殊受力的结点，快速判断出零力杆，可以大大简化计算。

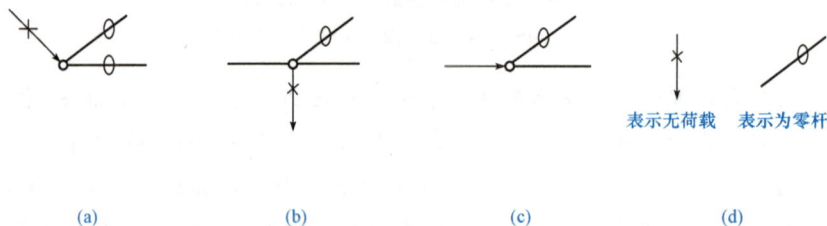

表示无荷载　表示为零杆

(a)　　　　　　(b)　　　　　　(c)　　　　　　(d)

图 3-32　零力杆情形

(a)两杆结点无载荷；(b)有单杆结点无荷载；(c)单杆为零力杆；(d)符号说明

【例 3-15】　试判断如图 3-33 所示桁架的零力杆。

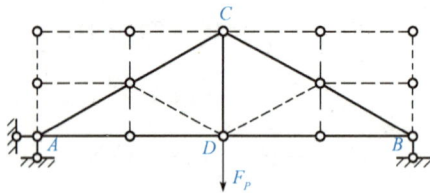

图 3-33　零力杆判断举例图

解：除实线杆件有轴力外，虚线杆件均为零力杆。

先通过二元体结点上无荷载作用[图 3-32(a)]可判断三角形 ABC 以外的杆件都是零力杆，然后由三杆结点中两杆共线，另一杆为零力杆则可知三角形 ADC 和三角形 DBC 内部杆件为零力杆。再利用对称性，就确定了该桁架的全部零力杆。

3.4.3　截面法

结点法对简单桁架按照组成顺序相反的步骤求解结点平衡方程，进而求出杆件轴力，而对于联合桁架和复杂桁架就必须列出联立方程。实际计算中，不需要求出所有杆件的轴力，所以只求某个杆件轴力时，一般不用结点法，而是采用截面法。

截面法就是科学选取包含需求杆件轴力的截面，以桁架的部分为隔离体，由平衡方程求出未知杆件轴力的方法。

为简化轴力计算，在采用截面法计算静定桁架时应注意以下两点：

(1)选择合理的截面、平衡方程，尽量避免或减少方程的联合求解；

(2)充分利用理论力学中力可沿其作用线移动的特点，按照解题需要将杆件的未知轴力移至适当的位置进行分解，以简化计算。

如图 3-34(b)所示的隔离体，若采用 $\sum F_x = 0$，$\sum F_y = 0$，$\sum M = 0$ 三个平衡方程，一般需要联合求解三杆的未知轴力。但如果分别对其中两杆延长线的交点取力矩平衡方程，则每一个方程中只包含一个未知轴力，可以方便地得到解。

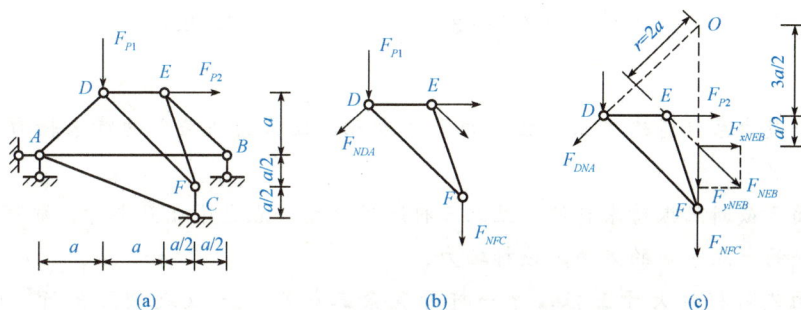

图 3-34　截面法求解未知轴力的方法

在计算 BE 杆的轴力时，可以对 AD、CF 两杆延长线交点 O 取矩，如图 3-34(c)所示。可得

$$F_{P1} \times \frac{3}{2}a + F_{P2} \times \frac{3}{2}a + F_{xNEB} \times 2a = 0, \quad F_{xNEB} = -\frac{3}{4}(F_{P1} + F_{P2})$$

然后根据几何关系求得

$$F_{NEB} = -\frac{3\sqrt{2}}{4}(F_{P1} + F_{P2})$$

【例 3-16】　采用截面法求如图 3-35 所示桁架指定杆 a、b 和 c 三杆的轴力。

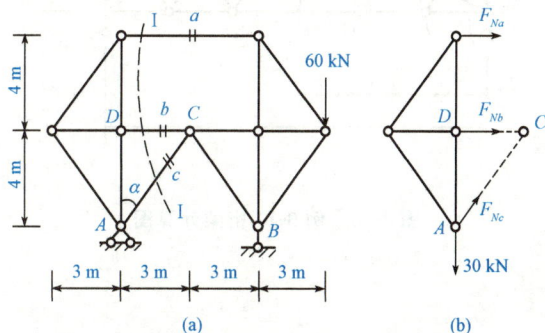

图 3-35　例 3-16 桁架计算图

解：(1)求支反力。取整体为对象(隔离体)，由 $\sum M_A = 0$，得

$$F_{yB} \times 6 - 60 \times 9 = 0, \quad F_{yB} = 90 \text{ kN}(\uparrow)$$

由 $\sum F_y = 0$ 得

$$F_{yA} + F_{yB} - 60 = 0, \quad F_{yA} = -30 \text{ kN}(\downarrow)$$

显然，由 $\sum F_x = 0$ 知 $F_{xA} = 0$。

(2)求轴力。图 3-35(a)中取截面 Ⅰ—Ⅰ 以左边部分为隔离体，如图 3-35(b)所示。有

$$\sum M_C = 0, \quad F_{Na} \times 4 - 30 \times 3 = 0$$

$$F_{Na} = 22.5 \text{ kN}(拉)$$

$$\sum F_y = 0, \quad F_{Nc} \cos \alpha - 30 = 0$$

$$F_{Nc} = 30 \times \frac{5}{4} = 37.5 \text{ kN}(拉)$$

$$\sum F_x = 0, \quad F_{Na} + F_{Nb} + F_{Nc} \sin \alpha = 0$$

$$F_{Nb} = -22.5 - 37.5 \times \frac{3}{5} = -45 \text{ kN}(压)$$

注意：

①平面一般力系只能建立三个独立的平衡方程，故截面法截断的待求轴力杆件最多是三根；

②当截面只截断三根待求杆件，且此三杆既不交于一点也不相互平行，则可利用其中一杆对另外两杆的交点求矩的方法求该杆轴力；

③当截面截断杆件大于三根，除一杆外其余三杆交于一点或相互平行，则该杆轴力可求；

④截面的形状是任意的，可以是平面、曲面、闭合截面等。

【例 3-17】 求图 3-36(a)所示桁架中 CD 杆、HC 杆的内力。

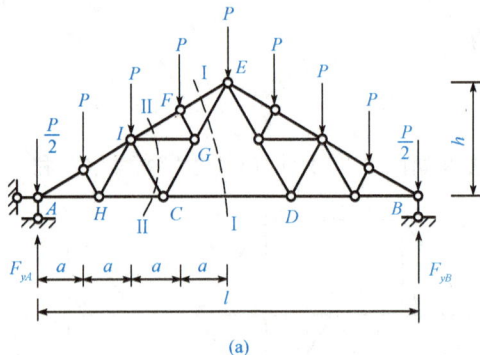

(a)

图 3-36 例 3-17 桁架计算图

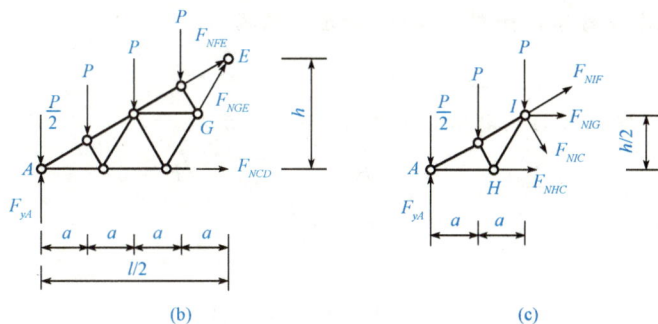

图 3-36　例 3-17 桁架计算图(续)

解：(1)求支座反力。对称结构，对称外荷载作用，则支座反力也对称，得

$$F_{yA} = F_{yB} = 4P(\uparrow)$$

(2)求 CD 杆的内力。

作 Ⅰ—Ⅰ 截面，如图 3-36(a)所示，取左半跨为隔离体如图 3-36(b)所示，利用力矩方程计算：

$$\sum M_E = 0, \quad F_{NCD} \times h + Pa + 2Pa + 3Pa + \frac{1}{2}P \times 4a - 4P \times 4a = 0$$

$$F_{NCD} = 8Pa/h(\text{拉})$$

(3)求 HC 杆的内力。

作 Ⅱ—Ⅱ 截面，如图 3-36(a)所示，取左半跨为隔离体如图 3-36(c)所示，可见共有四个未知力，但除所求 HC 杆外，其余三杆同交于一点，因此可以利用力矩方程计算：

$$\sum M_I = 0, \quad F_{NHC} \times \frac{1}{2}h + Pa + \frac{1}{2}P \times 2a - 4P \times 2a = 0$$

$$F_{NHC} = 12Pa/h(\text{拉})$$

3.4.4　联合法

结点法可以很快判断桁架的部分杆件的轴力，截面法能通过截面的灵活选取获得桁架中指定杆件的轴力。有时可以通过这两种方法的联合应用，使计算轴力更为简单快捷。

联合法适用情况：只求某几个杆的轴力；联合桁架或复杂桁架的计算。

【例 3-18】 求图 3-37(a)所示桁架中 a、b 杆的内力。

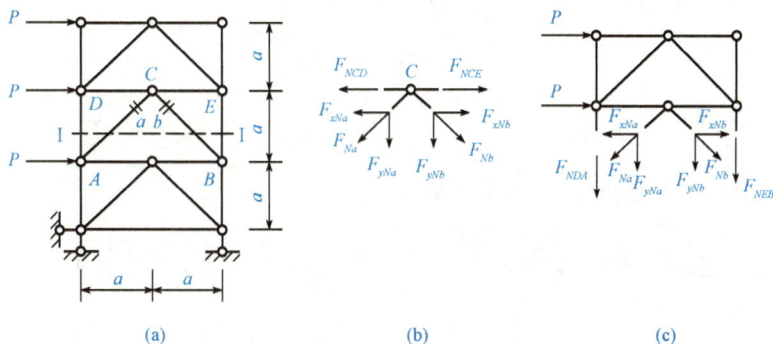

图 3-37　例 3-18 桁架计算图

解：先取 C 点为隔离体，如图 3-37(b)所示，根据：

$$\sum F_y = 0, \ F_{yNa} + F_{yNb} = 0$$

作 Ⅰ—Ⅰ截面，取上部为隔离体，如图 3-37(c)所示：

$$\sum F_x = 0, \ -F_{xNa} + F_{xNb} + 2P = 0$$

由比例关系可知：$F_{yNa} = F_{xNa}$，$F_{yNb} = F_{xNb}$

可以解得：

$$F_{Na} = \sqrt{2}\,P, \ F_{Nb} = -\sqrt{2}\,P$$

【**例 3-19**】 求图 3-38(a)所示桁架中各杆的内力。

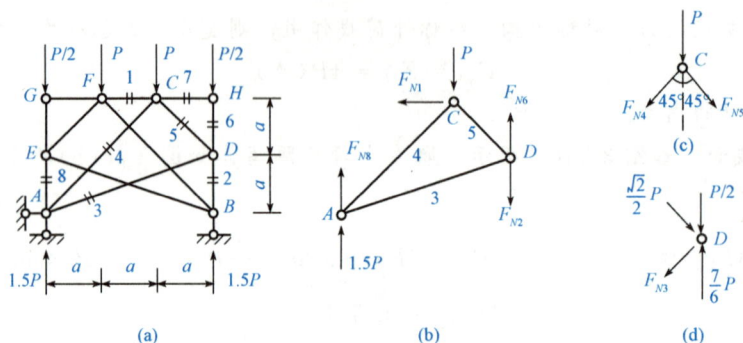

图 3-38 例 3-19 桁架计算图

解：(1)求支反力。由对称性知：

$$F_{yA} = F_{yB} = 1.5P(\uparrow), \ F_{xA} = 0$$

(2)内力计算。由对称性，只计算 1 到 7 杆内力即可。由结点 H 平衡可知：

$$F_{N6} = -\frac{P}{2}, \ F_{N7} = 0$$

切开 1、2、6、7 和 8 杆，取 $\triangle ADC$ 为隔离体，如图 3-38(b)所示，有

$$\sum F_x = 0, \ F_{N1} = 0$$

$$\sum M_A = 0, \ P \times 2a + F_{N2} \times 3a + \frac{P}{2} \times 3a = 0, \ F_{N2} = -\frac{7}{6}P$$

取结点 C 为研究对象[图 3-38(c)]，有

$$\sum F_x = 0, \ F_{N4} = F_{N5}$$

$$\sum F_y = 0, \ 2F_{N4} \times \cos 45° + P = 0, \ F_{N4} = F_{N5} = -\frac{\sqrt{2}}{2}P$$

由图 3-38(d)所示取结点 D 为研究对象，有

$$\sum F_x = 0, \ \frac{\sqrt{2}}{2}P \times \frac{\sqrt{2}}{2} - F_{N3} \times \frac{3}{\sqrt{10}} = 0, \ F_{N3} = \frac{\sqrt{10}}{6}P$$

对结点 D 竖向力平衡进行检验，有

$$\sum F_y = \frac{P}{2} + \frac{\sqrt{2}}{2}P \times \frac{\sqrt{2}}{2} - \frac{7}{6}P + \frac{\sqrt{10}}{6}P \times \frac{1}{\sqrt{10}} = 0$$

计算结果正确。

3.5　组合结构

组合结构是指由若干链杆和刚架杆件联合组成的结构，其中链杆只承受轴力，为二力杆；刚架杆件则一般受到弯矩、剪力和轴力的共同作用。在组合结构中，首先应判断哪些是链杆，哪些是刚架杆件，如图 3-39(a)所示，AD 和 DB 杆为刚架杆件，其余为链杆。但对于图 3-39(b)所示，仅仅荷载不同，则无受弯杆件。因为二力杆仅受轴向力，弯曲杆件有弯矩、剪力和轴力，所以取隔离体时受力图是不一样的，计算中一般先计算链杆的轴力，再计算刚架杆件的其他内力。

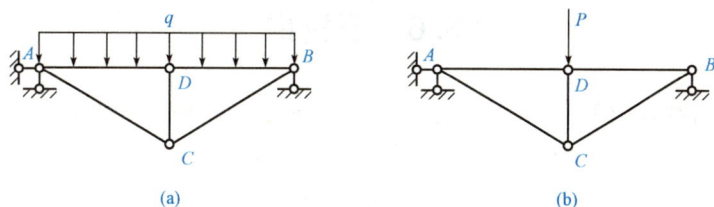

图 3-39　组合结构

【例 3-20】　求图 3-40(a)所示桁架中各杆的内力。

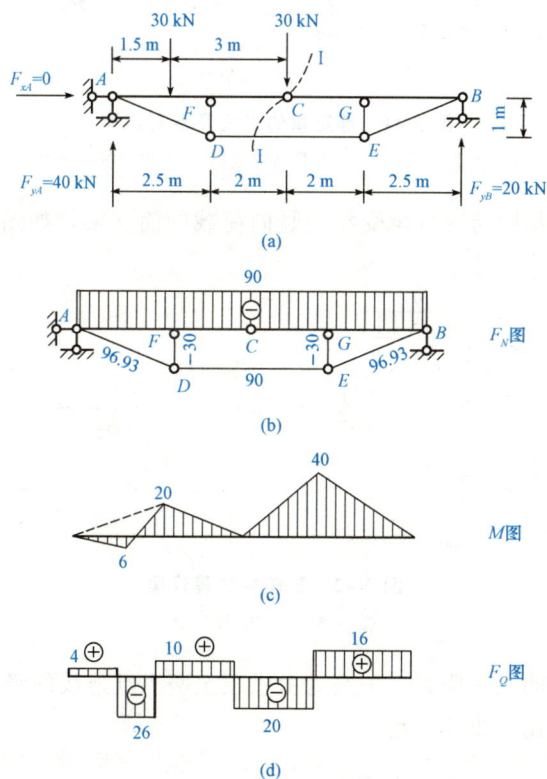

图 3-40　例 3-20 组合结构图

解：(1)整体为对象，有

$$F_{xA} = 0, \quad F_{yA} = 40 \text{ kN}(\uparrow), \quad F_{yB} = 20 \text{ kN}(\uparrow)$$

(2)作截面 Ⅰ—Ⅰ，取右部为隔离体，有：

$$\sum M_C = 0, \quad 20 \times 4.5 - F_{NDE} \times 1 = 0, \quad F_{NDE} = 90 \text{ kN}(拉)$$

(3)以 D 和 E 分别为结点对象，列平衡方程，求得其余链杆的轴力，如图 3-40(b)所示。

(4)求刚架杆件 AC 和 BC 内力。因 DE 杆通过链杆 DF 和 EG 与受弯杆件相连，且链杆 DF 和 EG 又与之垂直，可判断受弯杆件 DE 杆的轴向压力为 90 kN；受弯杆上 F、G 点处的弯矩分别为

$$M_F = F_{yA} \times 2.5 - F_{NDE} \times 1 - 30 \times 1 = -20 \text{ kN} \cdot \text{m}$$

$$M_C = F_{yB} \times 2.5 - F_{NDE} \times 1 = -40 \text{ kN} \cdot \text{m}$$

(5)根据力学基本概念，绘出各杆内力图如图 3-40(c)、(d)所示。

3.6 三铰拱

拱是在竖向荷载作用下，能在支座处产生水平推力的结构。拱的轴线一般为曲线，不同形式拱的专有名词如图 3-41 所示。

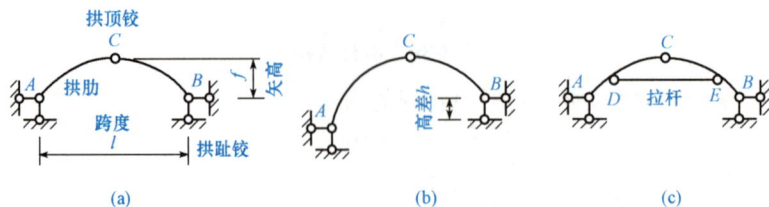

图 3-41 静定拱的形式及专有名词

(a)等高三铰拱；(b)不等高三铰拱；(c)带拉杆三铰拱

等代梁是具有与拱相同跨度且承受相同竖向荷载的简支梁，如图 3-42(b)所示，一般经常用等代梁与拱进行计算比较。

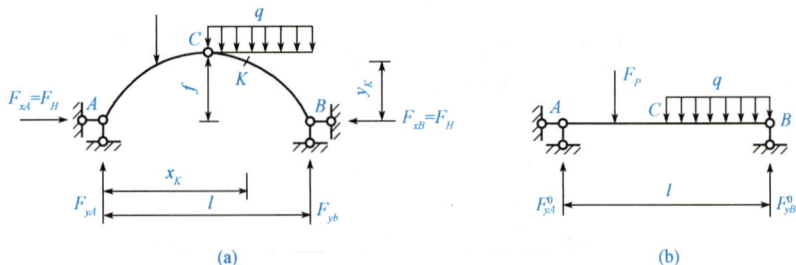

图 3-42 三铰拱和等代梁

(a)三铰拱；(b)等代梁

跨度为两拱趾之间的水平距离。矢高为由拱顶至两拱趾连线的竖向距离，也称拱高。高跨比是指拱高与跨度之比，也称矢跨比。

在实际工程中，拱的高跨比通常为 $1 \sim \dfrac{1}{10}$。

3.6.1　三铰拱的内力计算

以等高三铰拱为例介绍三铰拱的受力分析，并与相应的等代梁作比较。如图 3-42 所示。其计算步骤如下：

(1)求出三铰拱的支座反力。三铰拱有四个支座反力，加上顶部铰结点处的弯矩为零条件，即可解得全部支反力。

$$\sum F_x = 0, \quad F_{xA} = F_{xB} = F_H$$

式中：F_H 表示支座水平推力。

两拱趾位于同一水平线上，支座水平推力沿支座连线作用。于是利用整体平衡方程 $\sum M_B = 0$ 和 $\sum M_A = 0$ 即可求解得两支座的竖向反力 F_{yA} 和 F_{yB}。显然 F_{yA} 和 F_{yB} 与等代梁的竖向反力 F_{yA}^0 和 F_{yB}^0 完全相同。即

$$F_{yA} = F_{yA}^0, \quad F_{yB} = F_{yB}^0$$

注意：上标"0"表示等代梁的值，如图 3-42(b)所示等代梁 C 截面的弯矩表示为 M_C^0，不再赘述。

由 $\sum M_C = 0$ 得

$$M_C^0 - F_H f = 0, \quad F_H = \frac{M_C^0}{f}$$

值得注意的是：

1)给定荷载，三铰拱的支座反力仅与铰结点的位置有关，与拱轴的形状无关；

2)在竖向荷载作用下，三铰拱的支座竖向反力与等代梁的反力相同。而水平推力 F_H 与拱高 f 成反比，拱的高跨比 $\frac{f}{l}$ 越大，则水平推力 F_H 越小。

(2)求出三铰拱的内力。拱一般受压，所以拱的轴力以受压为正，而弯矩是以使拱体的内侧受拉为正。另外在作拱结构的内力图时，为方便起见，一般取拱的水平投影线为基线进行绘制。

求拱内力的隔离体，如图 3-43 所示。

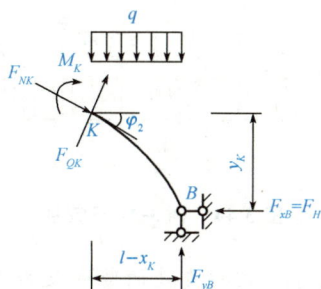

图 3-43　求拱内力的隔离体

由图 3-43 容易推导得到：

$$M_K = M_K^0 - F_H y_K$$

【例 3-21】 绘制图 3-44(a)所示三铰拱的内力图。拱轴在图示坐标系下的方程为

$$y = \frac{4f}{l^2}x(l-x)$$

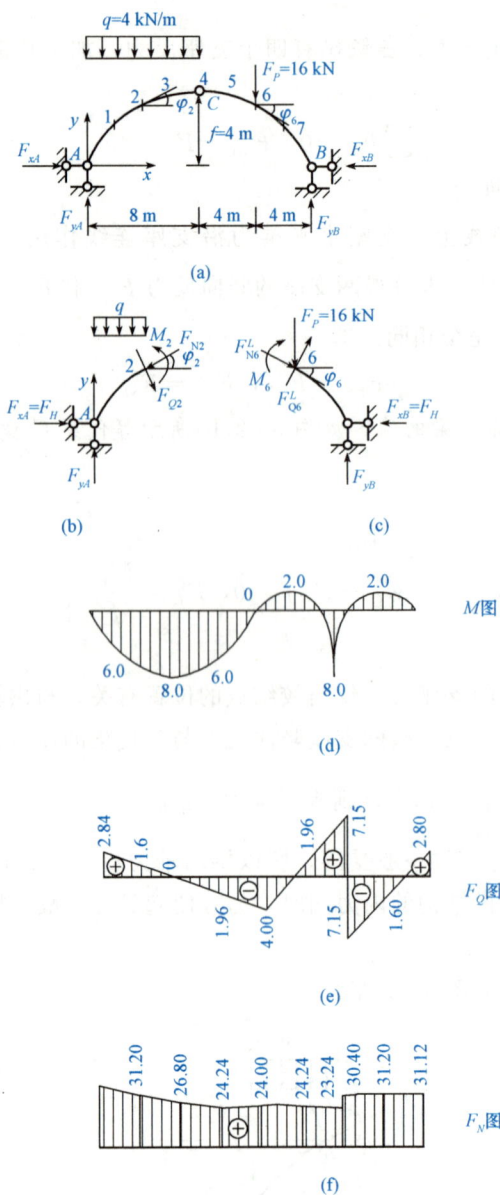

(a)

(b)　　　　(c)

*M*图 (d)

F_Q图 (e)

F_N图 (f)

图 3-44　例 3-21 三铰拱

解：(1)求支座竖向反力。由于三铰拱支座的竖向反力与等代梁相同，即

$$F_{yA} = F_{yA}^0 = 28 \text{ kN}, \quad F_{yB} = F_{yB}^0 = 20 \text{ kN}$$

由公式可以得到：

$$F_H = \frac{M_C^0}{f} = 24 \text{ kN}$$

（2）求拱内力。把拱跨沿水平方向分成八等份，下面以控制截面 2、6 截面为例，说明内力的计算方法。

2、6 截面的横坐标分别为 $x_2=4$，$x_6=12$，由拱方程：

$$y_2=\frac{4f}{l^2}x_2(l-x_2)=3$$

$$\tan\varphi_2=\frac{dy}{dx}\Big|_{x=x_2}=\frac{4f}{l^2}(l-2x_2)=0.5$$

$$y_6=\frac{4f}{l^2}x_6(l-x_6)=3$$

$$\tan\varphi_6=\frac{dy}{dx}\Big|_{x=x_6}=\frac{4f}{l^2}(l-2x_6)=-0.5$$

可以得到：

$$\varphi_2=26°34',\quad \varphi_6=-26°34'$$

2、6 截面上的内力采用隔离体［图 3-44(b)、(c)］进行计算：

$$M_2=M_2^0-F_Hy_2=80-24\times3=8(kN\cdot m)$$

$$F_{Q2}=(F_{yA}-qx_2)\cos\varphi_2-F_H\sin\varphi_2$$
$$=(28-4\times4)\times0.894-24\times0.447=0(kN)$$

$$F_{N2}=(F_{yA}-qx_2)\sin\varphi_2+F_H\cos\varphi_2$$
$$=(28-4\times4)\times0.447+24\times0.894=26.8(kN)$$

6 截面上作用有集中力，其 6 截面左边和右边的剪力和轴力一定存在突变，因此需要分别计算之。而上标"L"和"R"分别表示截面左边和右边。

$$M_6=M_6^0-F_Hy_6=80-24\times3=8(kN\cdot m)$$

$$F_{Q6}^L=(F_P-F_{yB})\cos\varphi_6-F_H\sin\varphi_6$$
$$=(16-20)\times0.894-24\times(-0.447)=7.15(kN)$$

$$F_{Q6}^R=-F_{yB}\cos\varphi_6-F_H\sin\varphi_6$$
$$=-20\times0.894-24\times(-0.447)=-7.15(kN)$$

$$F_{N6}^L=(F_P-F_{yB})\sin\varphi_6+F_H\cos\varphi_6$$
$$=(16-20)\times(-0.447)+24\times0.894=23.24(kN)$$

$$F_{N6}^R=-F_{yB}\sin\varphi_6+F_H\cos\varphi_6$$
$$=-20\times(-0.447)+24\times0.894=30.40(kN)$$

其他分点截面的内力计算方法相同，其结果呈现的内力图如图 3-44(d)、(e)、(f)所示。

3.6.2　合理拱轴线

给定荷载作用下，能使拱体所有截面上的弯矩为零的拱轴线即为合理拱轴线。

竖向荷载作用下，有：

$$M_K=M_K^0-F_Hy_K$$

则按照合理拱轴线的定义，可知：

$M=M^0-F_Hy=0$，因此合理拱轴线的方程为

$$y = \frac{M^0}{F_H} \tag{3-4}$$

说明：对于竖向荷载作用下的三铰拱，合理拱轴线的竖标 y 应等于相应等代梁弯矩 M^0 与支座推力 F_H 的比值。

【例 3-22】 试求如图 3-45(a)所示对称三铰拱在竖向均布荷载作用下的合理拱轴线。

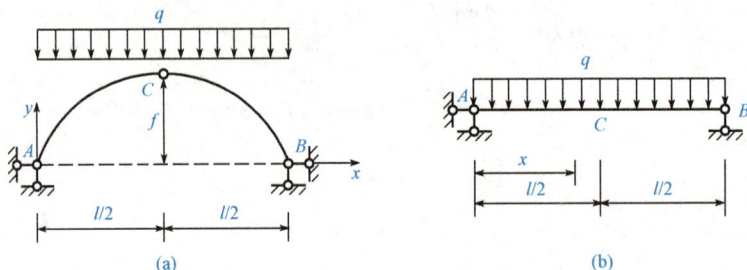

图 3-45 例 3-22 对称三铰拱

解：(1)等代梁的弯矩方程。如图 3-45(b)为等代梁，其弯矩方程为

$$M^0 = \frac{1}{2} q x (l - x)$$

(2)水平推力。

$$F_H = \frac{M_C^0}{f} = \frac{q l^2}{8 f}$$

(3)三铰拱的合理拱轴线方程。由式(3-4)得

$$y = \frac{M^0}{F_H} = \frac{4f}{l^2} x (l - x)$$

由此可见，三铰拱在竖向荷载作用下，其合理拱轴线为一条二次抛物线。

3.7 静定结构的特性

静定结构是几何不变且无多余约束的体系，这是它的几何特征。第 3.1～3.6 节所介绍的各类静定结构，因其在几何组成上的共性，使得它们具有一些相同的受力特性。掌握这些特性，有利于加深对静定结构的认识，也有助于正确、快速地进行其内力分析。

3.7.1 静力解答的唯一性

静定结构的全部支反力和内力均可由静力平衡条件求得，且其解答是唯一的确定值。据此可知，在静定结构中，能够满足平衡条件的内力解答，就是真正的解答，并可确信，除此以外再无其他任何解答存在。这一特性，是静定结构的基本静力特性。由静定结构的几何特征和基本静力特性，派生出以下特性。

3.7.2 静定结构无自内力

自内力是指超静定结构在非荷载因素作用下自身所产生的内力。由于静定结构不存在多余约束，因此可能发生的温度改变、支座移动、制造误差和材料胀缩等非荷载因素，虽会导致结构产生位移，但不会引起内力。这是由静力解答的唯一性决定的。

例如，图 3-46(a)所示三铰刚架，当支座 B 下沉时，整个刚架将随之发生如双点画线所示刚体运动，由静力平衡方程可知，其支反力和内力为零。又如图 3-46(b)所示三铰拱，当温度改变时，将会变形到如双点画线所示位置，但因仍无荷载作用，故其支反力和内力为零。

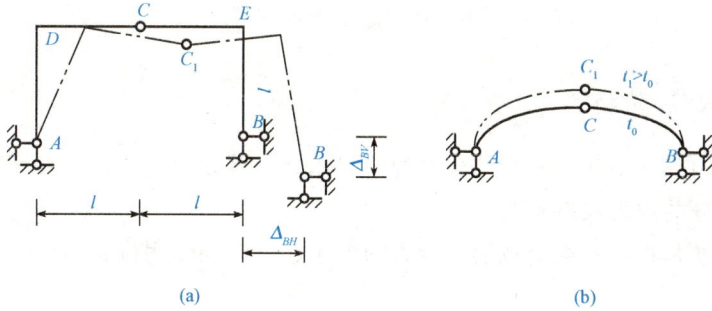

图 3-46　静定结构无自内力

(a)支座移动时的三铰刚架；(b)温度改变时的三铰刚架

3.7.3　局部平衡特性

在荷载作用下，如仅有静定结构的某个局部(一般本身为几何不变部分)就可与荷载保持平衡，则其余部分内力为零。由此，还可推论出，作用于静定多跨结构基本部分上的荷载在附属部分不产生内力。

例如，图 3-47(a)所示静定结构，有平衡力系作用于本身为几何不变部分 AB 上，其支座 D 处支反力均为零。由此可知，除 AB 部分外，其余部分的内力均为零。又如图 3-47(b)所示，有平衡力系作用在本身几何不变的部分 ABCD 上，同上分析可知，除 ABCD 部分外，其余部分均不受力。再如，图 3-47(c)所示多跨静定梁，AB 梁上的荷载与支座 A 的支反力已构成平衡力系，因此，其附属部分 BC 和 CD 梁无内力。

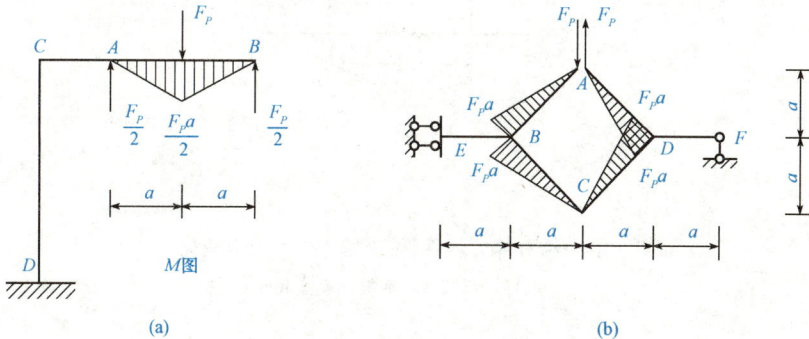

图 3-47　局部平衡特性(仅部分受力)

(c)

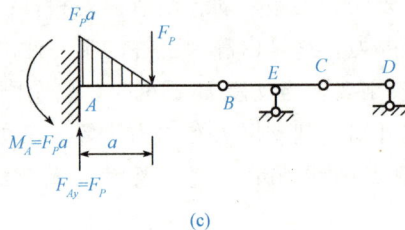

图 3-47 局部平衡特性(仅部分受力)(续)

3.7.4 荷载等效特性

当静定结构内部某一几何不变部分上的荷载作静力等效变换时,只有该部分的内力发生变化,而其余部分的内力保持不变。

荷载等效变换是指将一组荷载换成合力的大小、方向和作用位置均不改变的另一组荷载(即等效荷载)。

例如,将图 3-48(a)所示荷载,在本身几何不变部分 CD 的范围内,作等效变换,而成为图 3-48(b)的情况时,除 CD 段外,其余部分(AC 段和 DB 段)的内力均不改变。这一结论可用局部平衡特性来证明。图 3-48(a)所示受力情况,可表示为图 3-48(b)和图 3-48(c)两种情况的叠加(即原荷载等于其等效代换荷载与局部平衡荷载的代数和)。但在图 3-48(c)中,只有受到局部平衡力系作用的 CD 段产生内力,其余部分内力为零。因此,当荷载 F_P 在 CD 段作等效变换时,内力只在该区段发生变化。

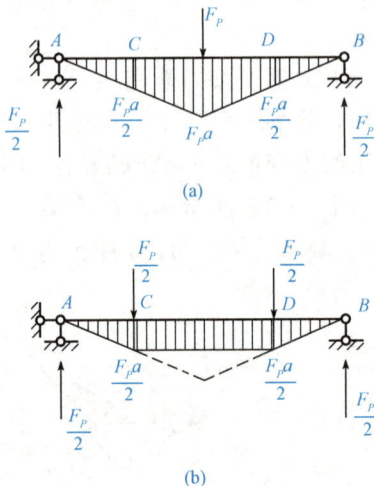

(a)

(b)

图 3-48 荷载等效特性(仅影响 CD 段内力变化)

(a)原荷载;(b)等效代换荷载

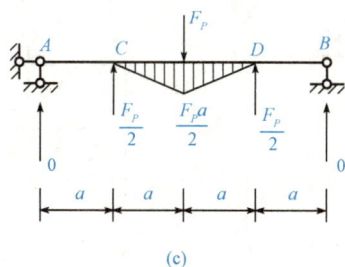

图 3-48　荷载等效特性(仅影响 *CD* 段内力变化)(续)

(c)局部平衡荷载

利用这一特性，可得到在非结点荷载作用下桁架的计算方法(图 3-49)：首先，计算桁架在非结点荷载的等效结点荷载作用下的各杆内力(主内力)，如图 3-49(b)所示；然后，按简支梁计算 *AB* 杆在局部平衡荷载作用下产生的内力(次内力)，如图 3-49(c)所示；最后，将以上两项计算结果叠加即可。

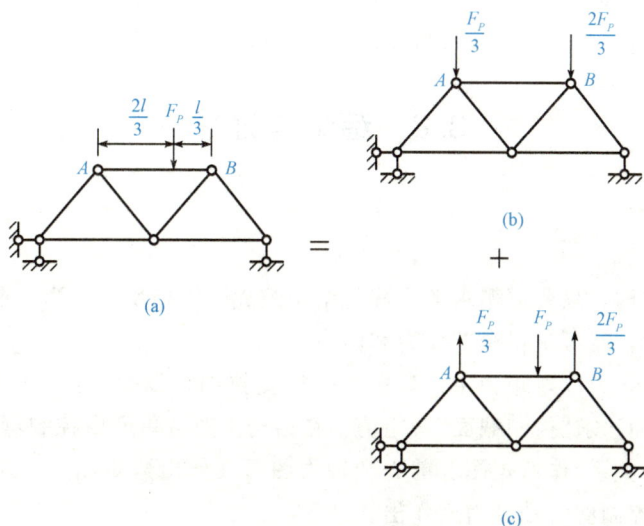

图 3-49　荷载等效特性的利用

3.7.5　构造变换特性

当静定结构内部某一几何不变部分作等效构造变换时，仅被替换部分的内力发生变化，而其余部分内力保持不变。

所谓局部构造等效变换，是指将一几何不变的局部作几何组成的改变，但不改变该部分与其余部分之间的约束性质。例如，将图 3-50(a)所示结构的 *AB* 杆等效变换为图 3-50(b)所示平行弦桁架时，除 *AB* 段的内力发生变化外，左柱和右柱内力不变。这种构造变换在结构设计中有重要作用。如图 3-50(a)中梁 *AB* 的跨度不能太大，而改用桁架后则可跨越大空间，且梁主要受弯，而桁架中的桁杆仅受拉或受压，因此，被替换部分内力发生变化。

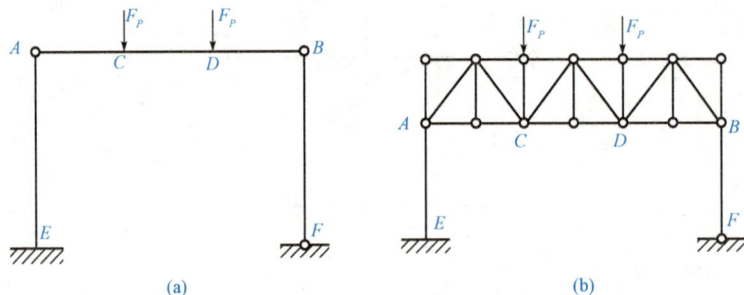

图 3-50　构造变换特性
(a)原结构；(b)等效结构

3.7.6　静定结构的内力与刚度无关

静定结构的内力仅由静力平衡方程唯一确定，而不涉及结构的材料性质（包括拉压弹性模量 E 和剪切弹性模量 G）以及构件的截面尺寸（包括面积 A 和惯性矩 I）。因此，静定结构的内力与结构杆件的抗弯、抗剪和抗拉压的刚度 EI、GA 和 EA 无关。

3.8　结论与讨论

3.8.1　结论

(1)对于静定结构，只要遵循求解步骤与结构组成顺序相反，适当选取隔离体（结点或部分），利用平衡条件，就可求得全部反力和内力。

(2)受弯结构的内力以弯矩为主。弯矩图作于受拉侧，步骤为：一般先求反力，然后分单元（杆段），用截面法求"控制截面"弯矩值，在结构上对各单元由控制弯矩和单元荷载用区段叠加法（注意微分关系）作弯矩图。剪力和轴力图可在作出弯矩图后以单元、结点为对象，用平衡条件在求得控制剪力和轴力后作出。

(3)通过判断单杆、零杆，利用对称性，以及适当地选取截面（这要在练习过程中归纳、总结来积累），可使桁架分析过程大为简化。

(4)各种结构形式都有自身特点，桁架杆只受轴力，根据主要荷载设计的拱（具有对应此荷载的合理拱轴）主要承压，这两种情形下材料都能充分发挥作用。对于梁结构和刚架结构，虽然弯曲正应力在截面中性轴处很小，材料不能充分发挥作用，但梁结构简单、刚架结构的可用空间大，设计时也要综合考虑这些因素，以便合理地确定结构"选型"。

(5)对称的结构，一般利用对称性可使分析得到简化；荷载不对称时，可将其分成对称荷载和反对称荷载，分别分析计算后叠加。也可利用对称性取一半结构进行分析。

(6)静定结构满足平衡条件的解答是唯一的。掌握由这一基本性质所导出的性质，可提高分析速度和能力。

3.8.2 讨论

(1)复杂直杆铰接体系的组成分析，当不符合三角形基本规则而计算自由度又等于零时，可以利用静定结构解答唯一性进行分析。如果无荷载作用其反力和各杆轴力均等于零能满足全部平衡条件，体系一定是静定的(无多余约束几何不变)。如果在无荷载作用的情形下，体系具有能自相平衡的"自内力"，则体系中一定存在约束配置不合理，因而肯定是几何可变的。这种分析体系可变性的方法，称为零载法。零载法是否仅适用于铰接体系？是否也适用于超静定结构？除零载法外，是否还能有其他方法确定复杂体系的可变性？

(2)一些拱形桥梁结构，为了便于行车，需填土使桥梁顶面水平。请读者考虑，对这种受回填土压力作用(荷载集度与拱轴方程有关)的拱，应该如何确定合理拱轴？它的合理拱轴是什么曲线？

本章只介绍了静定平面结构的受力分析，在此基础上应如何将求桁架内力的结点法、截面法等引申到空间静定桁架？如何把受弯结构区段叠加法引申到简单的空间刚架受力分析？

习题

3-1 用区段叠加法作图 3-51 所示单跨静定梁的弯矩图。

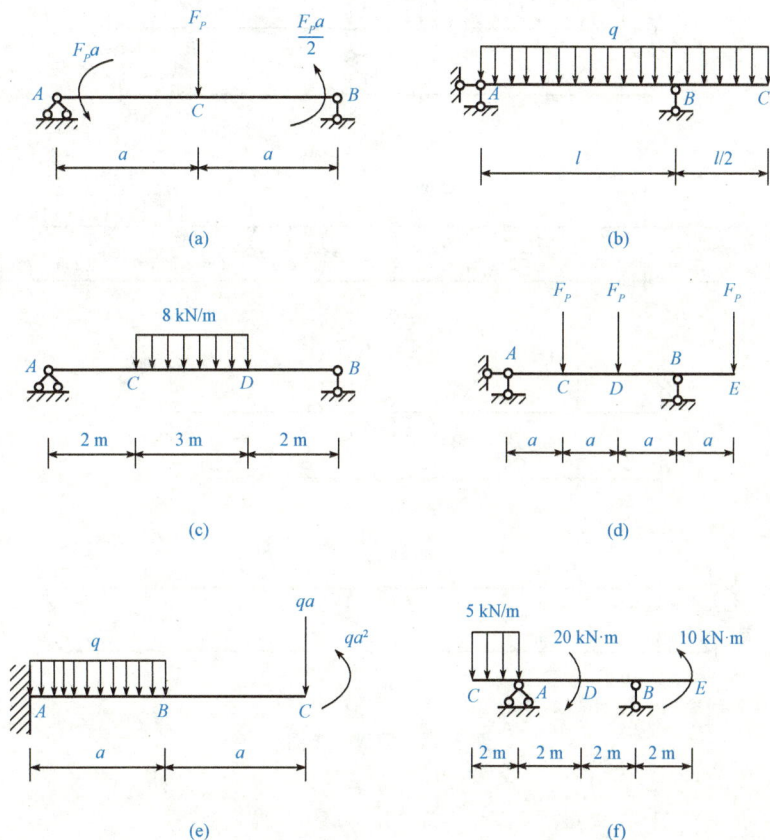

图 3-51 习题 3-1 图

3-2 作图 3-52 所示单跨静定梁的内力图。

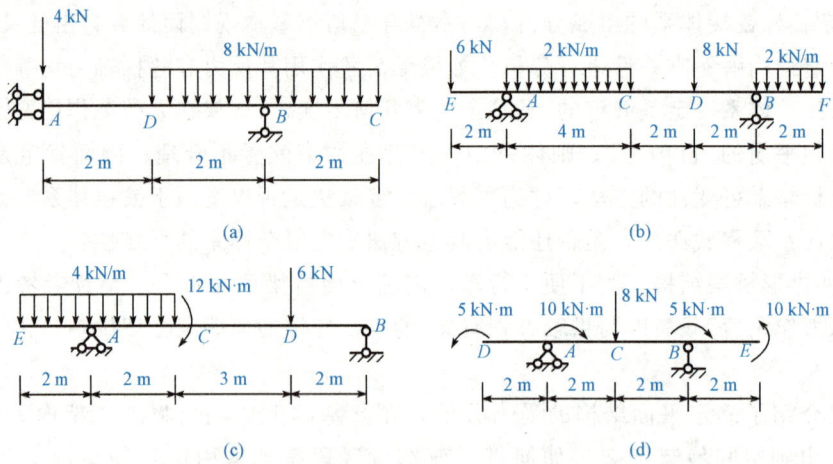

(a)

(b)

(c)

(d)

图 3-52 习题 3-2 图

3-3 作图 3-53 所示多跨静定梁的内力图。

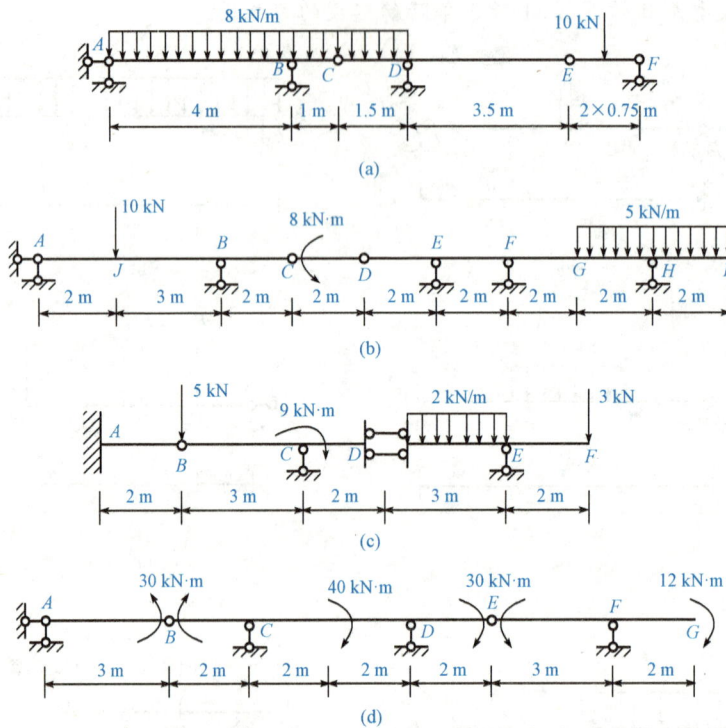

(a)

(b)

(c)

(d)

图 3-53 习题 3-3 图

3-4　选择铰结点的位置，使中间跨的跨中截面弯矩与支座弯矩相等（图 3-54）。

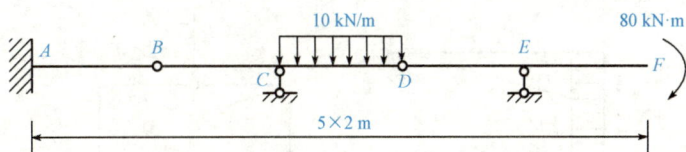

图 3-54　习题 3-4 图

3-5　选择铰结点的位置，使中间跨的跨中截面弯矩与支座弯矩相等（图 3-55）。

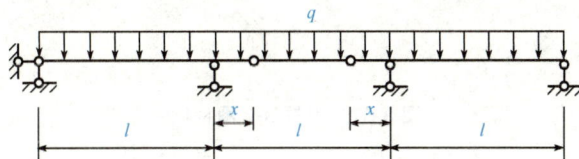

图 3-55　习题 3-5 图

3-6　作图 3-56 所示梁的内力图。

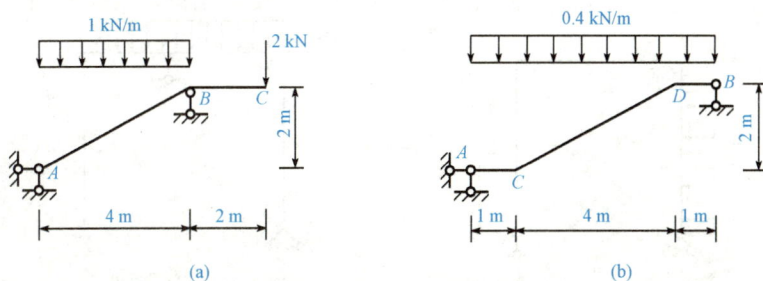

图 3-56　习题 3-6 图

3-7　指出图 3-57 所示各弯矩图形状的错误，并加以改正。

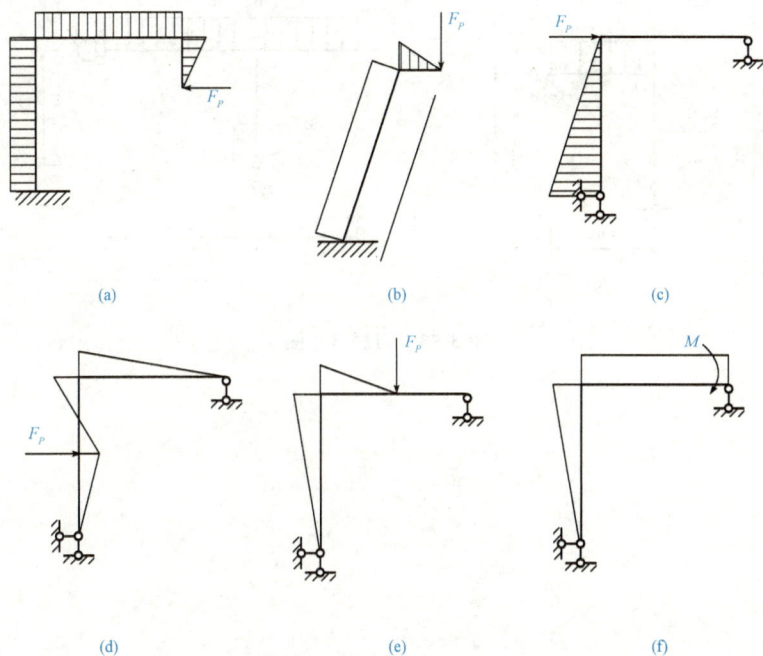

图 3-57　习题 3-7 图

(g)　　　　　　　　(h)

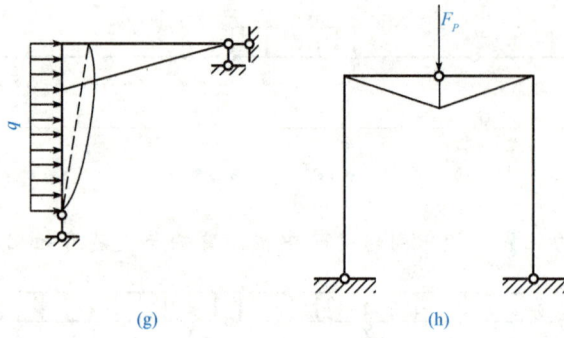

图 3-57　习题 3-7 图(续)

3-8　作图 3-58 所示简支刚架的内力图。

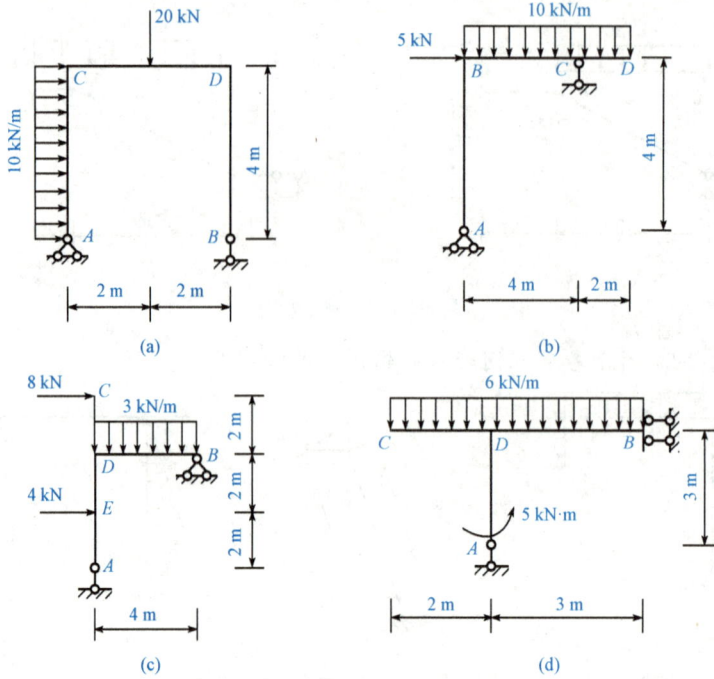

(a)　　　　　　　　(b)

(c)　　　　　　　　(d)

图 3-58　习题 3-8 图

3-9 快速作图 3-59 所示刚架的弯矩图。

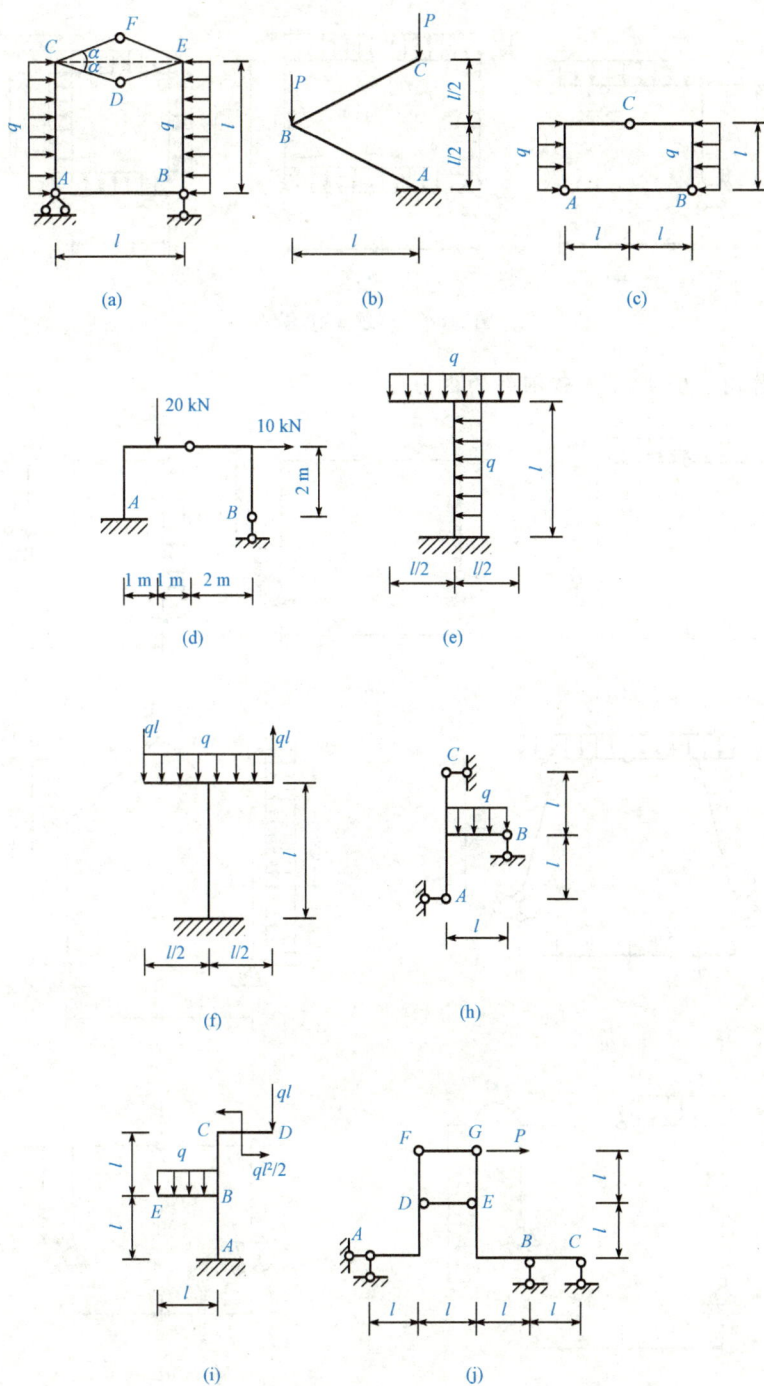

(a)

(b)

(c)

(d)

(e)

(f)

(h)

(i)

(j)

图 3-59 习题 3-9 图

3-10 试作图 3-60 所示刚架的内力图。

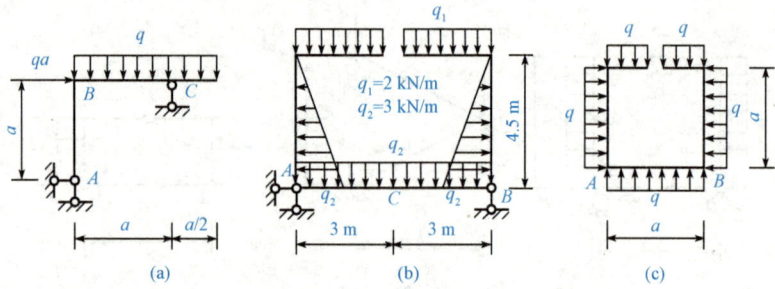

图 3-60 习题 3-10 图

3-11 试作图 3-61 所示三铰刚架的内力图。

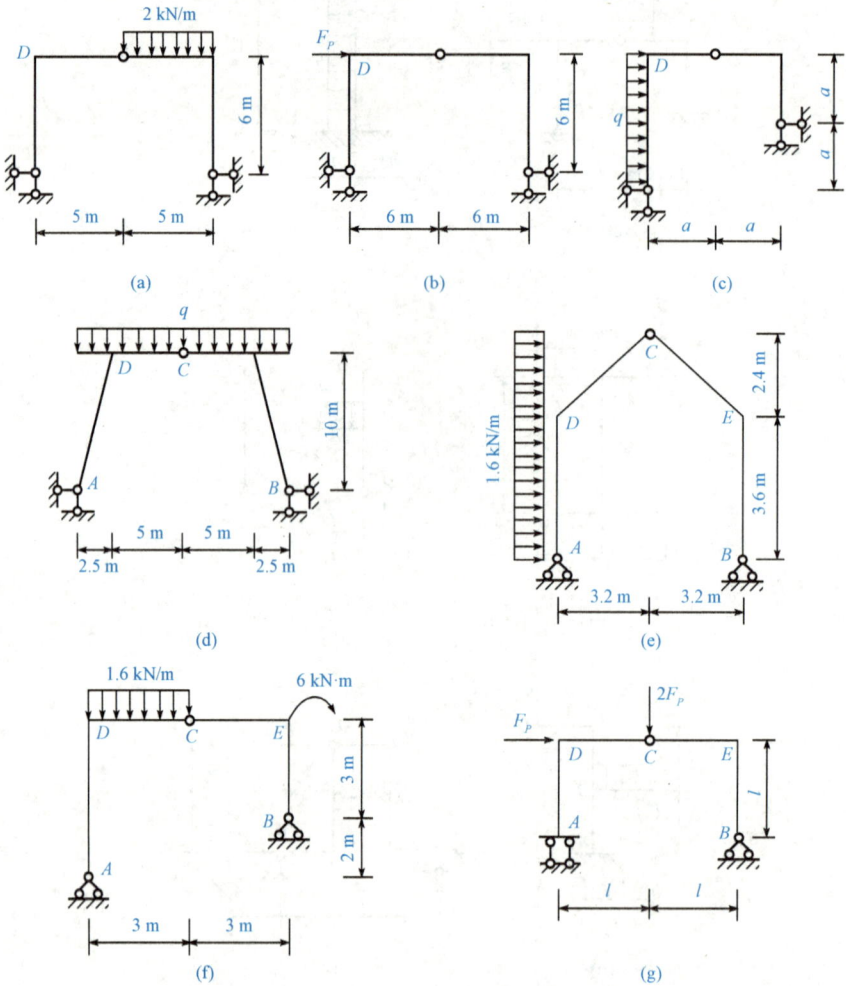

图 3-61 习题 3-11 图

3-12 试作图 3-62 所示结构的弯矩图。

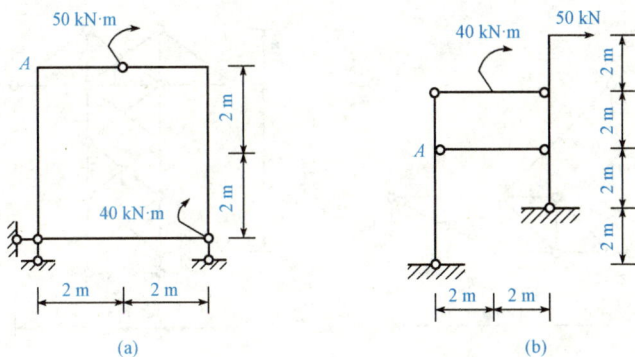

图 3-62 习题 3-12 图

3-13 判断图 3-63 所示桁架中的零力杆。

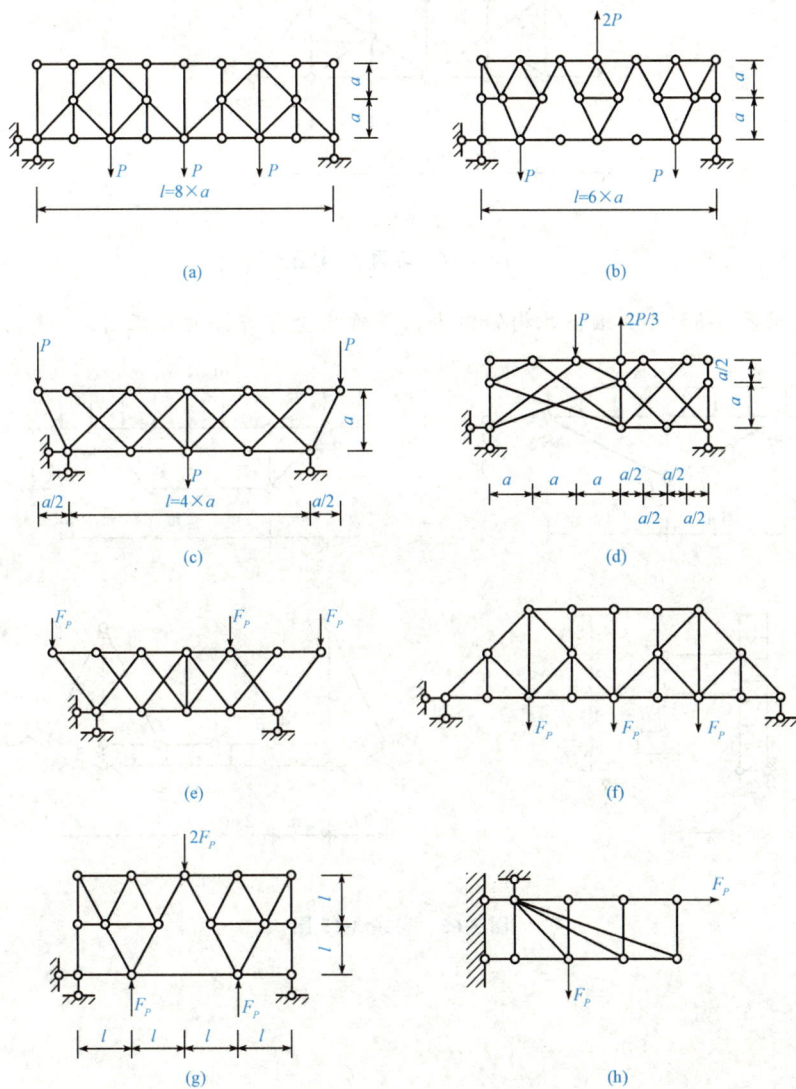

图 3-63 习题 3-13 图

3-14 试求图 3-64 所示桁架各指定杆件的内力。

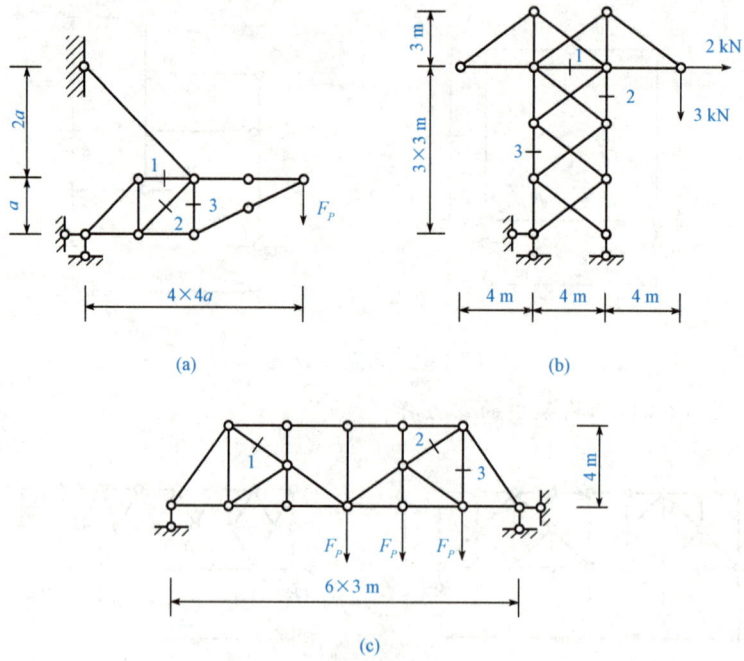

(a)

(b)

(c)

图 3-64 习题 3-14 图

3-15 试求图 3-65 所示组合结构的内力，并作出受弯杆件的弯矩图。

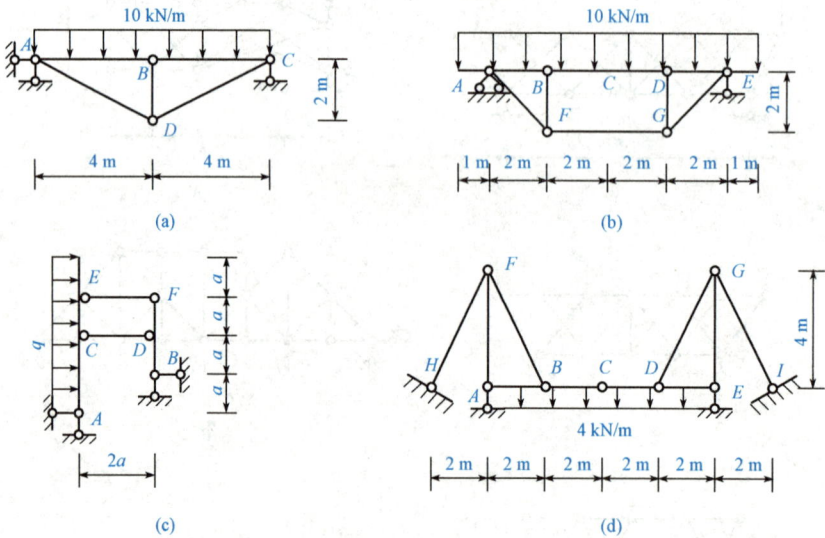

(a)

(b)

(c)

(d)

图 3-65 习题 3-15 图

3-16　图 3-66 所示三铰拱的拱轴线方程为 $y = \dfrac{4f}{l^2} x(l-x)$。试求截面 D 的内力 M_D、F_{QD}、F_{ND} 和 E 点左、右截面的剪力 F_{QE}^L、F_{QE}^R 和轴力 F_{NE}^L、F_{NE}^R。

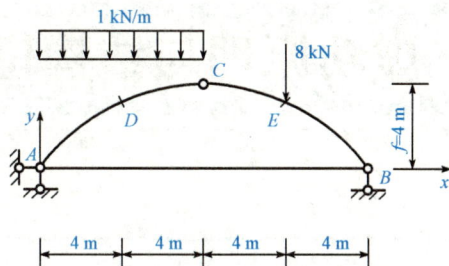

图 3-66　习题 3-16 图

3-17　试求图 3-67 所示分布荷载作用下，三铰拱的合理拱轴线方程。

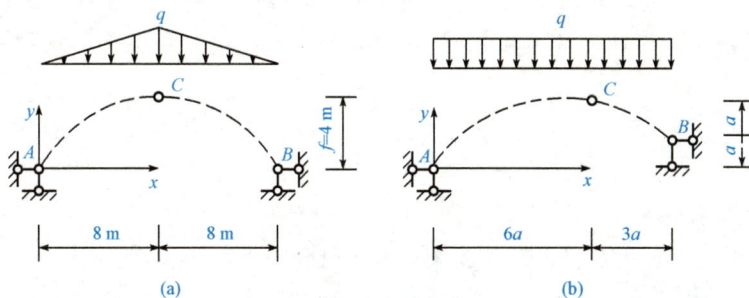

图 3-67　习题 3-17 图

第 4 章 虚功原理与结构位移计算

案例导入

中国古代建筑在结构设计方面杰出代表——北京故宫太和殿

北京故宫太和殿具有以下一些显著的结构设计方面的特点：

(1)结构稳定性：太和殿是故宫中的重要建筑之一，采用了传统的木结构建筑技术。它的重要特点是采用了完美的对称结构设计，使得建筑具备优异的稳定性和抗震性能。

(2)斗拱结构：太和殿采用了大量的斗拱结构，其中包括双檐式斗拱和大型的檐座斗拱。斗拱被用于支撑整个建筑，分散了荷载并增强了建筑的稳定性。斗拱的设计使建筑能够有效地抵御地震和风力等外力，如彩图 4(a)、(b)所示。

(3)榫卯连接：太和殿中采用了大量的榫卯连接技术。这种连接技术使用凸榫嵌入凹卯，既牢固又便于拆卸和维修。它让建筑更加稳固，并能适应建筑在漫长年月里的自然状况变化，如彩图 4(c)所示。

(4)结构平衡性：太和殿的设计注重平衡原则，通过对称布局和精确的比例配合，使建筑在视觉上给人一种稳定、和谐的感觉。这个平衡感也体现在结构上，确保了建筑在受力时的均衡分布，增强了整体结构的稳定性。

太和殿作为中国古代典型建筑之一，在其结构设计方面展现出了优秀的特点。它不仅代表了古代工艺和技术的精华，同时也体现了中国古代建筑在结构稳定性和抗灾能力方面的高超水平。

4.1 概述

结构在荷载作用、温度改变、支座移动等外界因素影响下，都会发生变形，因而会引起结构上各点的位移。

图 4-1 所示曲杆在荷载作用下，其变形曲线如图 4-1 中点画线表示，其中 B 点移动到 B'，它的水平位移分量用 Δ_{xB} 表示，竖直位移分量用 Δ_{yB} 表示，而 B 点截面由垂直截面偏转了 θ_B 位移(角位移)。

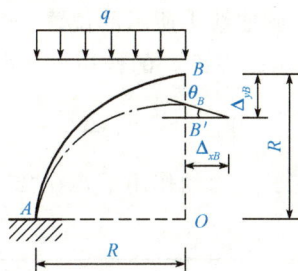

图 4-1　结构在外荷载作用下产生位移

在材料力学(轴向拉伸和压缩部分)中曾讨论过单个杆件的位移计算,是用胡克定律(力和位移之间的关系)计算拉压杆的位移,在弯曲变形中用积分方法计算梁的挠度和转角等。用此方法来计算杆件结构(多杆件体系)的位移是很不方便的。本章将从虚功原理出发,导出计算杆件结构位移的一般方法——单位荷载法。

工程结构中大量采用超静定结构,在材料力学中已给出求解此类超静定问题的一般原则:力平衡、协调和材料的物性关系。这些知识对于求解结构力学中超静定结构位移问题同样适用。

4.1.1　实功与虚功

如图 4-2(a)所示,梁上作用一集中荷载 F_{P1},虚线表示变形后梁的挠曲线。F_{P1} 的作用点产生位移 Δ_{11},Δ_{11} 的第一个脚标"1"表示位移的地点和方向,即此位移是 F_{P1} 作用点沿 F_{P1} 方向的位移;第二个脚标"1"表示产生位移的原因,即此位移是由 F_{P1} 引起的。

由于 F_{P1} 是静力荷载,其值是由零逐渐增加到最终值 F_{P1},与之相对应,F_{P1} 作用点处的位移也由零增加到最终值 Δ_{11}。由材料力学知识,F_P 与 Δ 之间呈线性关系,如图 4-2(b)所示。因此加载过程中 F_{P1} 所做的总功 W_{11} 为

$$W_{11} = \frac{1}{2} F_{P1} \Delta_{11}$$

也即 $\triangle OAB$ 的面积。

注意:位移 Δ_{11} 是由力引起的。W_{11} 是力 F_{P1} 在本身引起的位移 Δ_{11} 上所做的功,称为实功。由于在产生位移过程中力 F_{P1} 是变力,是由零增加到 F_{P1} 的,所以功的计算式前有"$\frac{1}{2}$"。

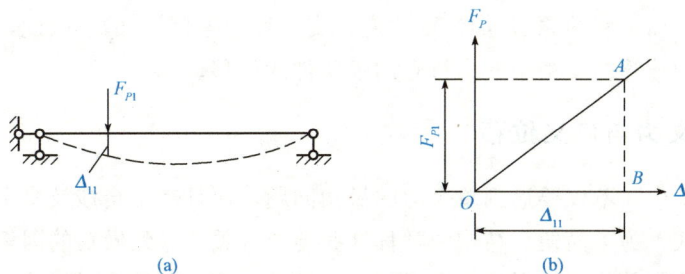

图 4-2　实功

现设在 F_{P1} 加载结束后，梁达到曲线 I 所示的位置，然后再加载力 F_{P2}，梁又继续变形到曲线 II 位置并平衡，如图 4-3 所示。在 F_{P2} 的作用点产生位移 Δ_{22}，力 F_{P2} 所做的功为

$$W_{22} = \frac{1}{2} F_{P2} \Delta_{22}$$

W_{22} 也是实功。因为 W_{22} 是在 F_{P2} 力的作用下，在"2"位置上产生的功。

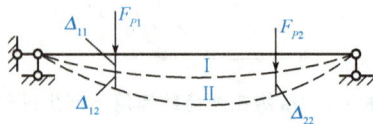

图 4-3 实功与虚功

由于加载 F_{P2} 过程中，F_{P1} 作用点沿"1"方向也"伴随"产生新的位移，即附加位移 Δ_{12}，第一个脚标"1"表示此位移是 F_{P1} 作用点沿 F_{P1} 方向的位移，第二个脚标"2"表示此位移是由 F_{P2} 引起的。因此 F_{P1} 在加载 F_{P2} 过程中也做了功，但是在此做功时，F_{P1} 保持数值不变，F_{P1} 在位移 Δ_{12} 上所做的功为

$$W_{12} = F_{P1} \Delta_{12}$$

注意： 位移 Δ_{12} 不是由 F_{P1} 引起，而是由 F_{P2} 引起的，所以 Δ_{12} 是力 F_{P1} 在其他原因引起的位移上所做的功，称为虚功。所谓"虚"就是表示位移与做功的力无关。在做虚功时，力不随位移而变化，是常力，在计算时没有系数"$\frac{1}{2}$"。

F_{P1} 在 F_{P2} 引起的位移 Δ_{12} 上所做虚功，往往不绘制在图 4-3 中，而把虚功的力 F_{P1} 和虚位移 Δ_{12} 分别绘制在两个图上，并称为同一结构的两个状态，如图 4-4 所示。

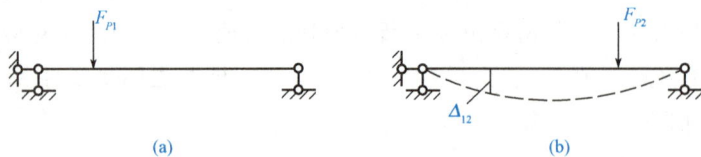

(a)   (b)

图 4-4 同一结构的两个状态

(a)状态 1；(b)状态 2

其中图 4-4(a)代表力状态，称为"状态 1"，图 4-4(b)代表位移状态，称为"状态 2"。如此，将力 F_{P1} 在虚位移 Δ_{12} 上所做的虚功称为"状态 1"上的力在"状态 2"的位移上所做的虚功，并以 W_{12} 表示。

"状态 1"上的力也可以不是一个力，而是一组力。"状态 2"上的虚位移可以不是一个力或一组力引起的，而是别的原因（如温度改变、支座移动等）引起的。因此，虚位移可以理解为结构可能发生的连续的、微小的、符合约束条件的位移。

4.1.2 广义力与广义位移

结构位移计算中，不仅要遇到单个力的做功问题，而且经常会涉及多个力、力偶等外荷载组合作用的形式，为了简便，结构力学称这些与力有关并导致做功的因素为"广义力"。这些广义力将在相应有关位移的因素上做虚功。在这些因素作用下所产生的位移称为与"广义力"相对应的"广义位移"。因此，广义力 S 与广义位移 Δ 的乘积为"虚功"，即

$$W = S\Delta$$

当广义力 S 与广义位移 Δ 方向一致时，虚功 W 为正。

4.1.3　线位移与角位移

广义位移包括线位移和角位移。如图 4-1 所示，Δ_{xB}、Δ_{yB} 为 B 点截面的水平和竖向位移，θ_B 为 B 点截面的角位移。如图 4-5 所示，广义力若是一个力偶，则广义位移是它所作用截面的转角 θ。

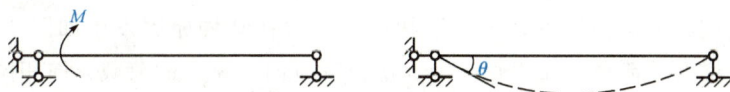

图 4-5　广义力与广义位移

4.1.4　绝对位移与相对位移

如有大小相等、方向相反的一对力 F_P 作用于图 4-6(a)所示结构的 A、B 两点，则沿力 F_P 方向产生位移 Δ_{xA}、Δ_{xB}，如图 4-6(b)所示，因此此力做的虚功为

$$W = F_P \Delta_{xA} + F_P \Delta_{xB} = F_P (\Delta_{xA} + \Delta_{xB}) = F_P \Delta_{AB}$$

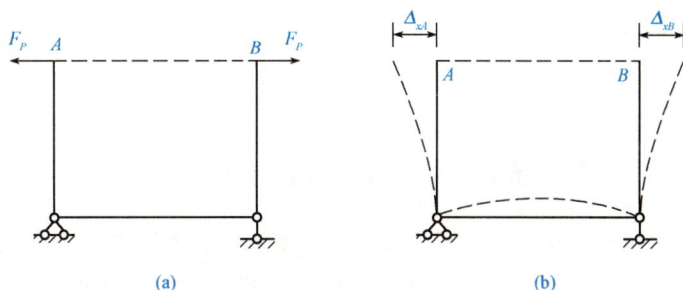

(a)　　　　　　　　　　　　(b)

图 4-6　绝对线位移与相对线位移

Δ_{AB} 为 A、B 两点沿力 F_P 方向的相对位移，即 A、B 两点间距的改变量。而图 4-1 中的 Δ_{xB}、Δ_{yB} 称为绝对位移。再如图 4-7 所示，有一对力偶 M 作用于简支梁两端，在端点产生转角 θ_A、θ_B，则在此位移上这对力偶所做的功为

$$W = M\theta_A + M\theta_B = M(\theta_A + \theta_B) = M\theta_{AB}$$

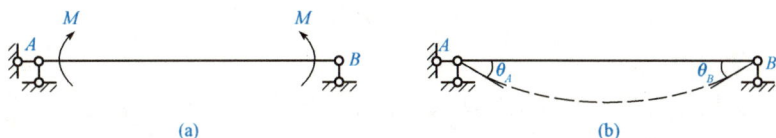

(a)　　　　　　　　　　　　(b)

图 4-7　绝对角位移与相对角位移

其中 θ_{AB} 为 A、B 两截面发生的相对角位移，这里一对力偶是广义力，θ_{AB} 是与之对应的相对广义位移。而图 4-7(b)中的 θ_A 和 θ_B 是绝对角位移。

所以：

(1)位移。位移是指某一截面相对于初始状态位置的变化，包括截面移动和截面转动，即线位移和角位移。位移是矢量，有大小、方向。

（2）绝对位移和相对位移。绝对位移是指一个截面相对自身初始位置的位移，包括线位移和角位移。相对位移指一个截面相对另一个截面的位移，包括相对线位移和相对角位移。

4.2 变形体的虚功原理

理论力学中对刚体的虚功原理是这样描述的：对刚体，在平衡位置附近发生虚位移时，外力对刚体所做的总虚功等于零。而对于变形体而言，外力所做的总虚功一般不为零。如图 4-8(a)所示的梁在荷载作用下处于平衡状态，当梁在某种原因发生如图 4-8(b)所示的虚位移时，作用于梁上的荷载将做虚功。因为虚位移方向与相应的荷载方向相同，外荷载的总虚功不等于零。

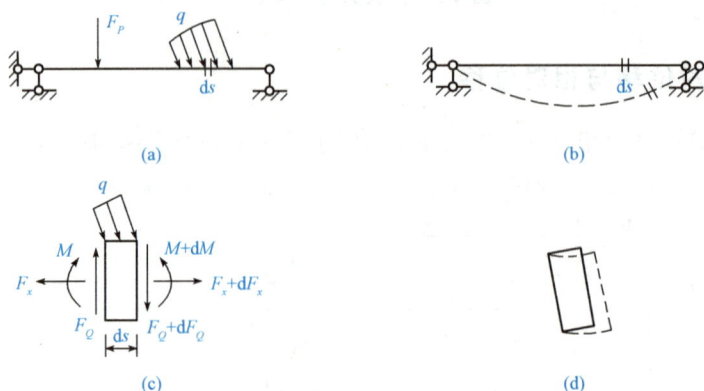

图 4-8　梁在外荷载作用下产生虚功

截取如图 4-8(c)所示的微段，微段上作用有荷载及两侧截面的内力，对于微段而言此内力看作外力。当发生如图 4-8(b)所示的虚位移时，可以分解为刚体虚位移和变形体虚位移，如图 4-8(d)中所示实线和虚线。把微段两侧截面上的内力在上述变形体虚位移上所作的虚功，称为微段所接受的虚变形功，则整个结构所接受的虚变形功为杆件所有微段上的虚变形功之和。

变形体的虚功原理可表述为：变形体处于平衡，在任何微小的虚位移下，外力所做虚功之和等于变形体所接受的虚变形功。即

$$\delta W_e = \delta W_i \tag{4-1}$$

式中　　δW_e——外力虚功；

　　　　δW_i——变形体所接受的虚变形功。

运用虚功原理时，必须注意：

（1）虚功原理中的平衡状态与虚位移状态是相互独立的，不存在因果关系，即虚位移并非是由原平衡状态的内、外力引起，而是由其他任何原因引起的可能位移。

（2）虚位移在变形体内是连续的，在边界上满足几何约束条件。

由式(4-1)可知，对于刚体而言，由于不存在变形虚功，因而 $\delta W_i = 0$，即对于刚体，外力在虚位移上所做的虚功之和等于零。因此，刚体的虚功原理只是变形体虚功原理的一个特例。

下面讨论微段虚功的计算。

对于平面杆件结构来说，杆件上任一微段的变形虚位移如图 4-9 所示。分解为轴向虚变形 $\delta\varepsilon\,\mathrm{d}s$、平均剪切虚变形 $\delta\gamma_0\,\mathrm{d}s$ 和弯曲虚变形 $\delta\kappa\,\mathrm{d}s$。在略去高阶微量之后，作用于微段两侧截面上的内力合力如图 4-8(c)所示，在微段变形虚位移上所作的虚功为

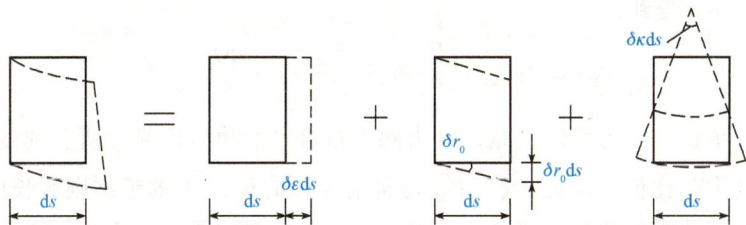

图 4-9　微段虚功推导图

$$\mathrm{d}\delta W_i = F_N\delta\varepsilon\,\mathrm{d}s + F_Q\delta\gamma_0\,\mathrm{d}s + M\delta\kappa\,\mathrm{d}s$$

式中　$\delta\varepsilon$、$\delta\gamma_0$ 和 $\delta\kappa$——微段因虚变形引起的轴向虚应变、平均虚剪切角和虚曲率。

杆件的虚变形功可以通过沿杆长的积分求得，整个结构所接受的总虚变形功应为各杆虚变形功之和，即有

$$\delta W_i = \sum\int (F_N\delta\varepsilon + F_Q\delta\gamma_0 + M\delta\kappa)\,\mathrm{d}s \tag{4-2}$$

由式(4-1)可知：

$$\delta W_e = \sum\int (F_N\delta\varepsilon + F_Q\delta\gamma_0 + M\delta\kappa)\,\mathrm{d}s \tag{4-3}$$

这就是平面杆系结构的虚功方程。

4.3　单位荷载法

如图 4-10 所示，如果平衡力状态是对应于待求广义位移的一个单位广义力（记作 $X=1$）状态，则单位广义力沿产生的虚位移上所做的总虚功就等于待求的广义位移值，这样就能通过虚变形功的计算直接求得待求的位移值。

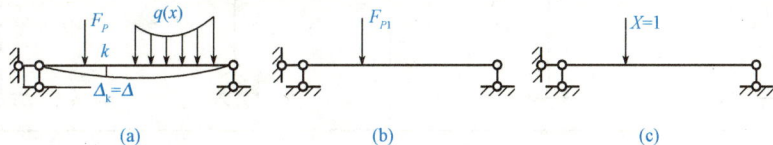

图 4-10　单位荷载法示意图

基于此思路，若将待求广义位移设为 Δ，由虚功原理（即虚功方程），有

$$1\times\Delta = \sum\int (\overline{F}_N\delta\varepsilon + \overline{F}_Q\delta\gamma_0 + \overline{M}\delta\kappa)\,\mathrm{d}s \tag{4-4}$$

式中　$\overline{F}_N$、$\overline{F}_Q$、$\overline{M}$——单位广义力状态中的轴力、剪力和弯矩。

这种通过建立平衡的单位广义力状态，利用虚功方程求位移的方法，称为单位荷载法。式(4-4)适用于任何材料、任何广义荷载外因的杆系结构，是杆系结构位移计算的一般性公式。

讨论：

如果对图 4-10(a)、(b)所示结构状态利用虚功原理，根据虚功方程[式(4-3)]为

$$F_P \times \Delta = \sum \int (F_N \delta\varepsilon + F_Q \delta\gamma_0 + M\delta\kappa) \, \mathrm{d}s$$

两边同除以 F_P 得到：

$$1 \times \Delta = \sum \int \left(\frac{F_N}{F_P}\delta\varepsilon + \frac{F_Q}{F_P}\delta\gamma_0 + \frac{M}{F_P}\delta\kappa \right) \mathrm{d}s$$

由此可见，单位广义力实际上是广义力除以自身，而单位广义力所引起的 $\overline{F}_N$、$\overline{F}_Q$、$\overline{M}$ 则是内力与广义力的比值。因此 $\overline{F}_N$、$\overline{F}_Q$ 是量纲为 1 的量，$\overline{M}$ 的量纲则为长度。

应用单位荷载法求位移时，正确地选择单位力是非常重要的。表 4-1 列举了几种重要的广义位移与广义力之间的对应关系。

表 4-1　广义位移与相应的单位广义力对应关系

待求的广义位移	虚设的单位广义力
结点 C 的转角 	结点 C 处的一个单位力偶
A、B 两点的竖向相对位移 $\Delta_{AB}=\Delta_A+\Delta_B$ 	A、B 两点处一对方向相反的竖向单位力
C 左右两侧截面的相对转角 $\theta_C=\theta_C^{左}+\theta_C^{右}$ 	C 左右两侧一对方向相反的单位力偶

续表

待求的广义位移	虚设的单位广义力
BC 杆的转角 $\theta_{BC} = \dfrac{\theta_B + \theta_C}{d}$	BC 杆上的单位力偶
A、B 两点的水平距离	A、B 两点处一对方向相反的水平单位力

4.4　静定结构在荷载作用下的位移计算

由式(4-4)可知，当只有荷载作用时，位移计算的公式可简化为

$$\Delta = \sum \int (\overline{F}_N \delta\varepsilon + \overline{F}_Q \delta\gamma_0 + \overline{M}\delta\kappa)\,\mathrm{d}s \tag{4-5}$$

设 F_{NP}、F_{QP}、M_P 表示实际状态中杆件的内力，假设直杆在线弹性范围内，由材料力学知：

$$\delta\varepsilon = \frac{F_{NP}}{EA}，\quad \delta\gamma_0 = k\frac{F_{QP}}{GA}，\quad \delta\kappa = \frac{M_P}{EI} \tag{4-6}$$

式中　E、G——材料的弹性模量和切变模量；

　　　A、I——杆件横截面的面积和惯性矩；

　　　k——因切应力沿截面分布不均匀而引起的与截面形状有关的函数；

　　　EA、GA 和 EI——杆件横截面的轴向拉压刚度、剪切刚度和弯曲刚度。

截面系数 k 的计算公式为

$$k = \frac{A}{I^2} \int_A \frac{S^2}{b^2}\,\mathrm{d}A$$

式中　b——切应力取值点处的截面宽度；

　　　S——切应力取值点以下(或以上)面积对截面中性轴的静矩。

矩形截面 $k = 1.2$；圆形截面 $k = 10/9$；工字形截面 $k = \dfrac{A}{A_1}$（A_1 为腹板面积）。

把式(4-6)代入式(4-5)得

$$\Delta = \sum \int \frac{\overline{F}_N F_{NP}}{EA} \mathrm{d}s + \sum \int k \frac{\overline{F}_Q F_{QP}}{GA} \mathrm{d}s + \sum \int \frac{\overline{M} M_P}{EI} \mathrm{d}s \tag{4-7}$$

利用式(4-7)计算荷载作用下产生位移的步骤如下：

(1)确定与所求位移相对应的单位广义力状态，并分析建立单位内力方程或作出单位内力图；

(2)建立荷载作用下的内力方程或作出荷载内力图；

(3)将两个内力方程代入式(4-7)并积分，即可获得需求的位移。

由式(4-7)可知，等号右边三项分别为轴向变形、剪切变形和弯曲变形对结构位移的贡献。在实际计算中，根据结构杆件的受力性质及三种变形对结构位移影响的大小，常常只需考虑其中的某一项或者两项。下面分别讨论：

(1)**梁和刚架**。在梁和刚架中，位移主要是由弯曲变形引起的，轴向变形和剪切变形的影响一般很小，可以忽略不计，式(4-7)简化为

$$\Delta = \sum \int \frac{\overline{M} M_P}{EI} \mathrm{d}s \tag{4-8}$$

(2)**桁架**。在桁架中，各杆只承受轴力。且每一杆件的截面积形状、尺寸和所受轴力一般沿杆长是不变的，因此式(4-7)简化为

$$\Delta = \sum \frac{\overline{F}_N F_{NP} l}{EA} \tag{4-9}$$

(3)**组合结构**。在组合结构中，有刚架式和只承受轴力链杆两种不同性质的杆件。对于刚架式链杆，一般需计入弯曲变形的影响，而对于链杆式则应考虑其轴向变形的影响。此时式(4-7)简化为

$$\Delta = \sum \frac{\overline{F}_N F_{NP} l}{EA} + \sum \int \frac{\overline{M} M_P}{EI} \mathrm{d}s \tag{4-10}$$

(4)**拱**。对于拱，当忽略拱轴曲率影响时，其位移仍可按式(4-7)计算，当计算扁平拱 $\left(\frac{f}{l} < \frac{1}{5}\right)$ 中的水平位移时，则需考虑轴向变形的影响，即有

$$\Delta = \sum \int \frac{\overline{F}_N F_{NP}}{EA} \mathrm{d}s + \sum \int \frac{\overline{M} M_P}{EI} \mathrm{d}s \tag{4-11}$$

注意：以上计算不仅适用于静定结构，也适用于超静定结构。

【例 4-1】 试求图 4-11 所示简支梁中点 C 的竖向位移 Δ_{yC} 和转角 θ_C，并比较剪切变形和弯曲变形对位移的影响。设梁的横截面为矩形，截面的宽度为 b、高度为 h，材料的切变模量 $G = 0.4E$。

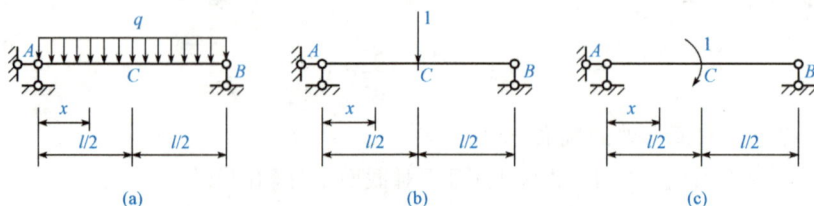

图 4-11 例 4-1 图

解： 需求 C 点的竖向位移，则取如图 4-11(b)所示的虚拟状态。由于结构对称，外荷载也对称，则荷载作用下的实际状态和单位虚拟力作用下的虚拟状态下梁的内力方程分别为

$$M_P = \frac{1}{2}qlx - \frac{1}{2}qx^2 , \quad F_{QP} = \frac{1}{2}ql - qx$$

$$\overline{M} = \frac{1}{2}x , \quad \overline{F}_Q = \frac{1}{2}$$

代入式(4-7)，有

$$
\begin{aligned}
\Delta_{yC} &= 2\left[\int_0^{\frac{l}{2}} \frac{\overline{M}M_P}{EI}\mathrm{d}x + \int_0^{\frac{l}{2}} k\frac{\overline{F}_Q F_{QP}}{GA}\mathrm{d}x\right] \\
&= 2\left[\frac{1}{EI}\int_0^{\frac{l}{2}} \frac{x}{2}\left(\frac{1}{2}qlx - \frac{1}{2}qx^2\right)\mathrm{d}x + \frac{k}{GA}\int_0^{\frac{l}{2}} \frac{1}{2}\left(\frac{1}{2}ql - qx\right)\mathrm{d}x\right] \\
&= \frac{5ql^4}{384EI} + \frac{kql^2}{8GA}(\downarrow)
\end{aligned}
$$

其中，第一项为弯曲变形对 C 点竖向位移的贡献，第二项则为剪切变形的贡献。

将 $A = bh$，$I = \frac{1}{12}bh^3$，$k = 1.2$，$G = 0.4E$ 代入上述表达式，得

$$\Delta_{yC} = \frac{5ql^4}{384EI}\left[1 + 2.4\left(\frac{h}{l}\right)^2\right](\downarrow)$$

计算表明，剪切变形对位移的影响随梁的高跨比 $\frac{h}{l}$ 的增大而加大。当梁的高跨比 $\frac{h}{l} = \frac{1}{10}$ 时，剪切变形的影响为弯曲变形的 2.4%。因此，对于截面高度远小于跨度的一般工程梁，可以忽略剪切变形对位移的影响；但对于高跨比较大的深梁，剪切变形的影响通常不容忽视。

C 截面的转角：由于 C 处于梁中，在对称结构上，作用有对称荷载，其弯曲挠曲线也是对称的，因此截面 C 的转角 $\theta_C = 0$。

【例 4-2】 试求图 4-12(a)所示简支刚架点 D 的水平位移 Δ_{DH}（已知 EI ＝常数）。

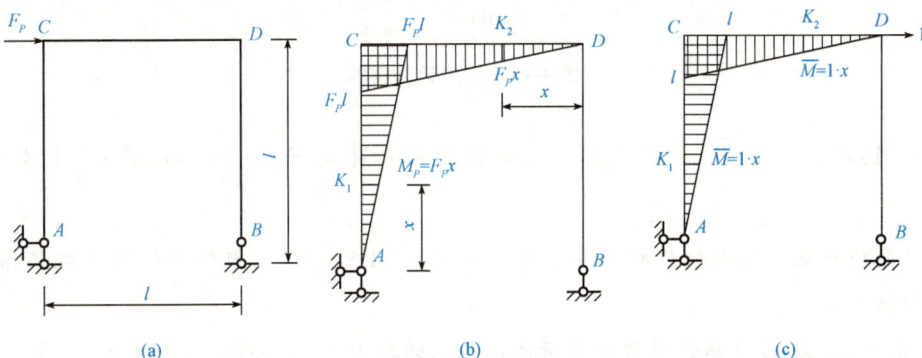

图 4-12　例 4-2 图

(a)原结构；(b)M_P 图；(c)$\overline{M}$ 图

解：(1)列写在实际荷载作用下的 M_P 的表达式。作出实际荷载作用下的 M_P 图，并列写各杆的 M_P 的表达式，如图 4-12(b)所示。AC 和 CD 两杆的 M_P 式相同。

(2)列写在虚单位荷载作用下的 $\overline{M}$ 的表达式。根据拟求 Δ_{DH}，在点 D 加一水平单位荷载，作为虚拟状态。作出单位荷载作用下的 $\overline{M}$ 图，并列写各杆的 $\overline{M}$ 的表达式，如图 4-12(c)所示。

(3)计算位移值。

$$\Delta_{DH} = \sum \int_0^l \frac{\overline{M}M_P}{EI}dx = \frac{2}{EI}\int_0^l (x)(F_P x) = \frac{2F_P l^3}{3EI}(\rightarrow)$$

【例 4-3】 如图 4-13(a)所示为一屋架，屋架的上弦杆和其他压杆采用钢筋混凝土杆，下弦杆和其他拉杆采用钢杆。图 4-13(b)所示为屋架的计算简图，设屋架承受均布荷载 q 作用。试求顶点 C 的竖向位移。

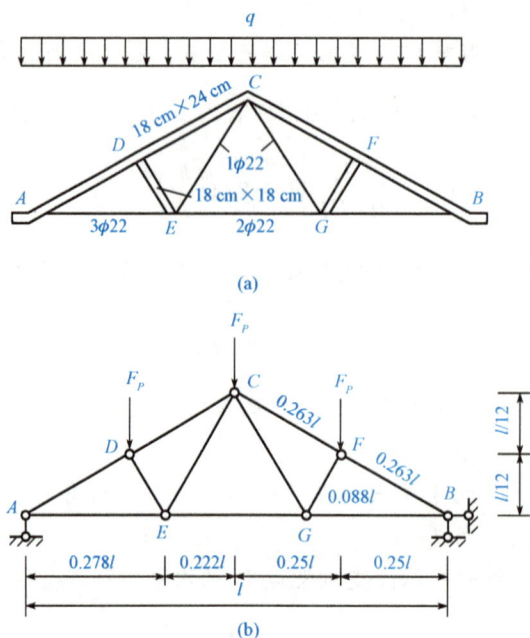

图 4-13 桁架计算例图

解：(1)求 F_{NP}、$\overline{F}_N$。将均布荷载简化为结点荷载 $F_P = \dfrac{ql}{4}$，再求结点荷载作用下的 F_{NP}。

为了简便计算，结点荷载取为单位值，如图 4-14 所示，图中给出的内力数值乘以 F_P 后，即为轴力 F_{NP}。

(2)求 $\overline{F}_N$。在 C 点虚设单位竖向荷载，相应的轴力 $\overline{F}_N$，如图 4-15 所示。

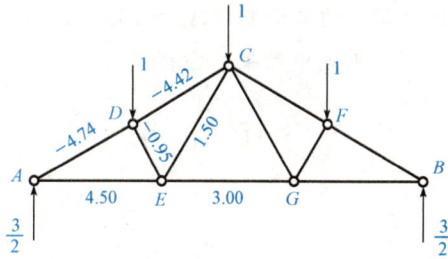

图 4-14　取结点荷载为单位值

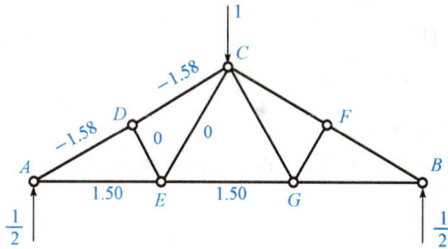

图 4-15　轴力 $\overline{F}_N$

（3）求 Δ_C。根据桁架位移计算式(4-9)，得

$$\Delta_C = \sum \frac{\overline{F}_N F_{NP} l}{EA}$$

具体计算过程见表 4-2，由于对称性，计算总和时，在表中只计算了半个桁架。杆 EG 的长度只取一半。

表 4-2　求位移 Δ_C 的列表计算过程

材料	杆件	F_{NP}	l	A	$\overline{F}_N$	$\dfrac{\overline{F}_N F_{NP} l}{EA}$
钢筋混凝土	AD	$-4.74F_P$	$0.263l$	A_h	-1.58	$1.97\dfrac{F_P l}{E_h A_h}$
	DC	$-4.42F_P$	$0.263l$	A_h	-1.58	$1.84\dfrac{F_P l}{E_h A_h}$
	DE	$-0.95F_P$	$0.088l$	$0.75A_h$	0	0
	$\sum$			$\dfrac{3.81F_P l}{E_h A_h}$		
钢筋	CE	$1.50F_P$	$0.278l$	A_h	0	0
	AE	$4.50F_P$	$0.278l$	$3A_h$	1.50	$0.63\dfrac{F_P l}{E_g A_g}$
	EG	$3.00F_P$	$0.278l$	$2A_h$	1.50	$0.5\dfrac{F_P l}{E_g A_g}$
	$\sum$			$\dfrac{1.13F_P l}{E_g A_g}$		

表中的 A_h 是钢筋混凝土上弦杆的截面积：$A_h = 18 \times 24 = 432 (\mathrm{cm}^2)$。表中的 A_g 是 $\phi 22$ 钢筋的截面积：$A_g = 3.8 \mathrm{~cm}^2$。根据表中结果，即得

$$\Delta_C = 2 F_P l \left(\frac{3.81}{E_h A_h} + \frac{1.13}{E_g A_g} \right)$$

设原始数据给定如下：

跨度 $l = 12 \mathrm{~m}$

荷载 $q = 13\,000 \mathrm{~N/m}$，$F_P = \dfrac{ql}{4} = 39\,000 \mathrm{~N}$

混凝土 $E_h = 3.0 \times 10^4 \mathrm{~MPa}$

钢筋 $E_g = 2.0 \times 10^5 \mathrm{~MPa}$

代入即得：$\Delta_C = 1.66 \mathrm{~cm}(\downarrow)$

【例 4-4】 试求图 4-16(a)所示桁架结点 A 的水平位移 Δ_{AH} 及垂直位移 Δ_{AV}。

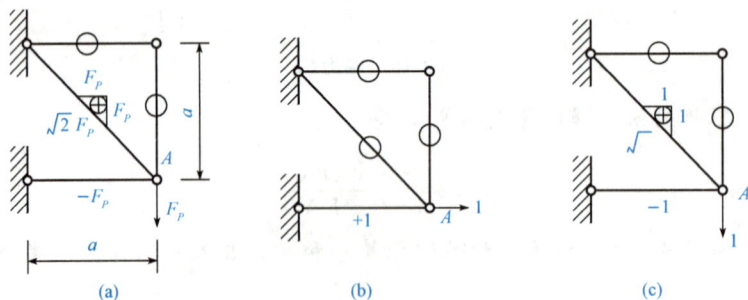

图 4-16 例 4-4 图

(a)F_{NP} 图；(b)$\overline{F}_{N1}$ 图；(c)$\overline{F}_{N2}$ 图

解：(1)计算在实际荷载作用下各杆的轴力 F_{NP}，如图 4-16(a)所示。

(2)在点 A 加水平单位荷载，求各杆的轴力 $\overline{F}_{N1}$，如图 4-16(b)所示。

(3)在点 A 加竖向单位荷载，求各杆的轴力 $\overline{F}_{N2}$，如图 4-16(c)所示。

(4)计算位移值。

$$\Delta_{AH} = \sum \frac{\overline{F}_{N1} F_{NP} l}{EA} = \frac{1}{EA} \left[(+1) \times (-F_P) \times a \right] = -\frac{F_P a}{EA}(\leftarrow)$$

$$\Delta_{AV} = \sum \frac{\overline{F}_{N2} F_{NP} l}{EA} = \frac{1}{EA} \left[\sqrt{2} \times \sqrt{2} F_P \times \sqrt{2} a + (-1) \times (-F_P) \times a \right]$$

$$= \frac{(1 + 2\sqrt{2}) F_P a}{EA}$$

$$= \frac{3.828 F_P a}{EA}(\downarrow)$$

【例 4-5】 如图 4-17 所示，曲杆 AB 为一等截面圆弧形，横截面为矩形，圆弧 AB 的圆心角为 α，半径为 R。设均布竖向荷载 q 沿水平线作用。试求 B 点的竖向位移。

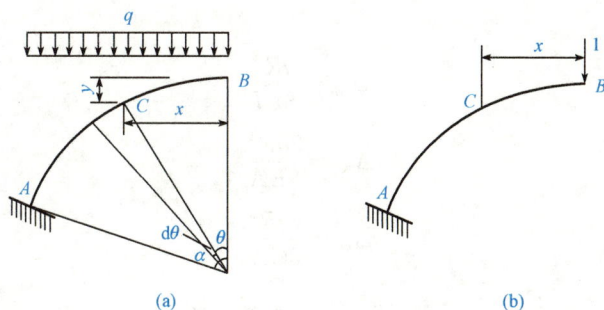

图 4-17　例 4-5 图

解：(1)虚拟单位荷载。需求 B 点的竖向位移，则须在 B 点的竖向方向加载一单位力，如图 4-17(b)所示。

(2)求出单位荷载作用下和外荷载作用下的弯矩方程。取 B 点作为坐标起点，任一点 C 的坐标为 x，y，圆心角为 θ。外荷载与虚设单位荷载见表 4-3。

表 4-3　外荷载与虚设单位荷载

外荷载	虚设单位荷载
$M_P = -\dfrac{1}{2}qx^2$	$\overline{M} = -x$
$F_{NP} = -qx\sin\theta$	$\overline{F}_N = -\sin\theta$
$F_{QP} = qx\cos\theta$	$\overline{F}_Q = \cos\theta$

(3)位移公式。由于是曲杆，则轴力和剪力不能忽略，即

$$\Delta = \int \frac{\overline{F}_N F_{NP}}{EA}\mathrm{d}s + \int k\,\frac{\overline{F}_Q F_{QP}}{GA}\mathrm{d}s + \int \frac{\overline{M}M_P}{EI}\mathrm{d}s$$

用 Δ_M、Δ_N、Δ_Q 分别表示 M、F_N、F_Q 所引起的位移，有

$$\Delta_M = \int_B^A \frac{\overline{M}M_P}{EI}\mathrm{d}s = \frac{q}{2EI}\int_B^A x^3\,\mathrm{d}s$$

$$\Delta_N = \int_B^A \frac{\overline{F}_N F_{NP}}{EA}\mathrm{d}s = \frac{q}{EA}\int_B^A x\sin^2\theta\,\mathrm{d}s$$

$$\Delta_Q = \int_B^A k\,\frac{\overline{F}_Q F_{QP}}{GA}\mathrm{d}s = \frac{kq}{GA}\int_B^A x\cos^2\theta\,\mathrm{d}s$$

由平面几何关系知：

$$x = R\sin\theta,\ \ y = R(1-\cos\theta),\ \ \mathrm{d}s = R\,\mathrm{d}\theta$$

则

$$\Delta_M = \frac{qR^4}{2EI}\int_0^\alpha \sin^3\theta\,\mathrm{d}\theta = \frac{qR^4}{2EI}\left(\frac{2}{3} - \cos\alpha + \frac{1}{3}\cos^3\alpha\right)$$

$$\Delta_N = \frac{qR^2}{EA}\int_0^\alpha \sin^3\alpha\,\mathrm{d}\theta = \frac{qR^2}{EA}\left(\frac{2}{3} - \cos\alpha + \frac{1}{3}\cos^3\alpha\right)$$

$$\Delta_Q = \frac{kqR^2}{GA}\int_0^\alpha \cos^2\theta\sin\theta\,\mathrm{d}\theta = \frac{kqR^2}{GA}\times\frac{1}{3}(1-\cos^3\alpha)$$

如果 $\alpha = 90°$，则

$$\Delta_M = \frac{qR^4}{3EI}$$

$$\Delta_N = \frac{2qR^2}{3EA}$$

$$\Delta_Q = \frac{kqR^2}{3GA}$$

设 $\alpha = 90°$，$\frac{h}{R} = \frac{1}{10}$，$\frac{E}{G} = \frac{8}{3}$，$\frac{I}{A} = \frac{h^2}{12}$，$k = 1.2$，则

$$\frac{\Delta_N}{\Delta_M} = \frac{2I}{R^2 A} = \frac{1}{6} \frac{h^2}{R^2} = \frac{1}{600}$$

$$\frac{\Delta_Q}{\Delta_M} = \frac{kEI}{R^2 GA} = \frac{k}{12} \frac{E}{G} \frac{h^2}{R^2} = \frac{1}{375}$$

计算结果表明，在给定条件下，轴力和剪力所引起的位移可以忽略不计。

4.5 图乘法

4.5.1 图乘法及其应用条件

在计算梁和刚架在荷载作用下的位移时，常需求积分：

$$\int \frac{\overline{M} M_P}{EI} \mathrm{d}s \tag{4-12}$$

由 4.4 节例题可以看到，当结构杆件数量较多及荷载较为复杂时，上述积分非常艰难。实际工程结构一般多为等截面直杆，此时可以采用图乘法来代替积分计算，大大简化计算工作。

构件为直杆时，假设结构在虚拟状态中由单位荷载引起的弯矩图形是由直线段组成的。如图 4-18 所示，取一杆段 AB，若 AB 段内杆件截面的弯曲刚度 EI 为常数，则对于图示坐标系有

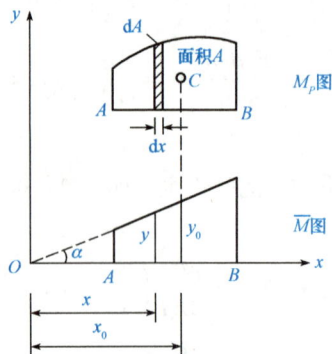

图 4-18 图乘法公式推导图

$$\int \frac{\overline{M} M_P}{EI} \mathrm{d}s = \frac{1}{EI} \int \overline{M} M_P \mathrm{d}x = \frac{1}{EI} \tan \alpha \int x M_P \mathrm{d}x = \frac{1}{EI} \tan \alpha \int x \mathrm{d}A \tag{4-13}$$

式中：$dA = M_P dx$ 为 M_P 图中的面积微分，而积分 $\int x\,dA$ 就是 M_P 图的面积对于 y 轴的静矩，也称面积矩。用 x_0 表示 M_P 图的形心 C 至 y 轴的距离，有

$$\int x\,dA = A x_0 \tag{4-14}$$

将式(4-14)代入式(4-13)，并考虑到 $x_0 \tan\alpha = y_0$ 的关系，有：

$$\int \frac{\overline{M} M_P}{EI}\,ds = \frac{A y_0}{EI} \tag{4-15}$$

式中，y_0 为 M_P 图的形心位置 C 所对应的 $\overline{M}$ 图中的竖标。

应用图乘法计算位移时，应注意下列两点：

(1)应用条件：杆段应是等截面直杆，两个图形中至少有一个是直线图形，标距 y_0 应取在直线图上。

(2)正负号规定：面积 A 与标距 y_0 在杆的同侧，乘积为正，异侧则为负。

4.5.2 几种常见图形的面积及其形心位置

图 4-19 中给出了常见图形的面积及其形心位置。其中特别注意：所有各次抛物线图形都是与基线相切的。

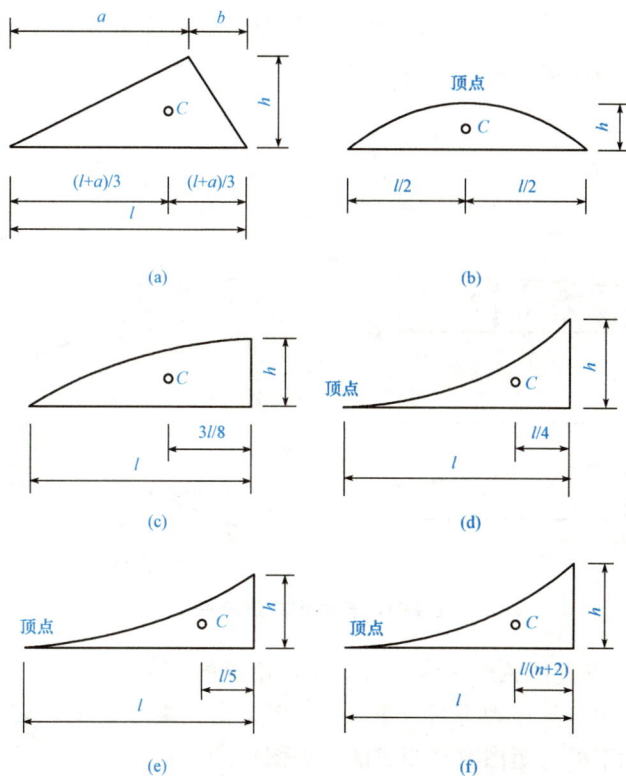

图 4-19 常见图形面积及其形心位置

(a)三角形 $A = lh/2$；(b)二次抛物线 $A = 2lh/3$；(c)二次抛物线 $A = 2lh/3$；

(d)二次抛物线 $A = lh/3$；(e)三次抛物线 $A = lh/4$；(f)n 次抛物线 $A = lh/(n+1)$

4.5.3 图乘法应用技巧

(1)如果两个图形都是直线图形，则标距 y_0 可以取自任一图形。

(2)如果一个图形是曲线，另一个图形是折线，则应把折线分段考虑。如图 4-20 所示的图形，则有

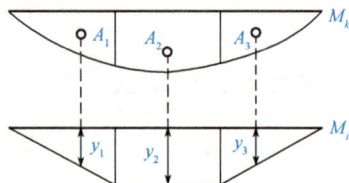

图 4-20 典型图乘法应用 1

$$\int M_i M_k \, \mathrm{d}x = A_1 y_1 + A_2 y_2 + A_3 y_3$$

(3)如果图形比较复杂，则可将其分解为几个简单图形，分项计算后再叠加。

如图 4-21(a)中两个图形都是梯形，可以不求梯形面积的形心，而将其中一个梯形(M_k 图)分解为两个三角形(也可分解为一个矩形和一个三角形)再图乘。因此有

$$\int M_i M_k \, \mathrm{d}x = A_1 y_1 + A_2 y_2$$

其中：

$$A_1 = \frac{1}{2} al, \ A_2 = \frac{1}{2} bl$$

$$y_1 = \frac{2}{3} c + \frac{1}{3} d, \ y_2 = \frac{1}{3} c + \frac{2}{3} d$$

如图 4-21(b)中，弯矩图位于基线两侧，此时括号内各项正负号应按照在基线同侧竖标为正、异侧竖标为负的原则确定。则图 4-21(b)有

$$A_1 = \frac{1}{2} al, \ A_2 = \frac{1}{2} bl$$

$$y_1 = \frac{2}{3} c - \frac{1}{3} d, \ y_2 = -\frac{1}{3} c + \frac{2}{3} d$$

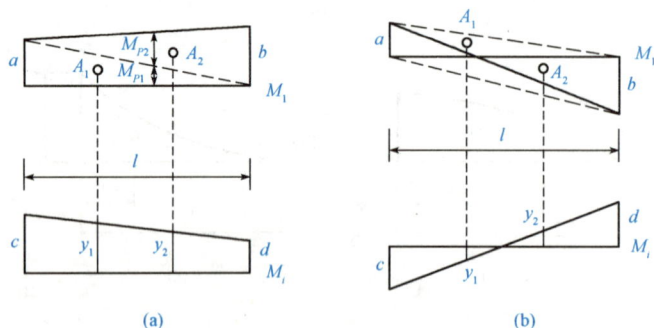

(a)   (b)

图 4-21 典型图乘法应用 2

如图 4-22 中的一段直杆 AB 在均布荷载 q 作用下的 M_P 图，在一般情况下，这是一个抛物线非标准图形。由叠加原理进行分解，M_P 图是由两端弯矩 M_A、M_B 组成的直线和简支梁在均布荷载作用下的弯矩图叠加而成的，如图 4-22(b)、(c)所示。因此，可将 M_P 图分解为直线的 M' 图和标准抛物线的 M^0 图，然后图乘。

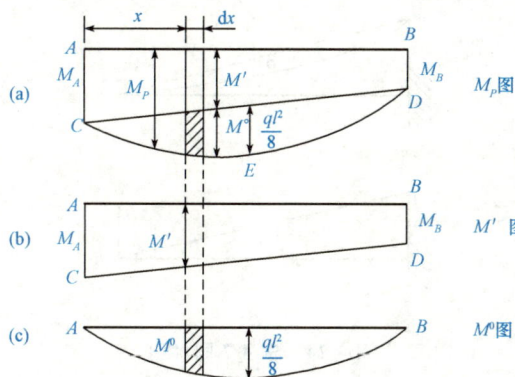

图 4-22　典型图乘法应用 3

【例 4-6】　如图 4-23 所示悬臂梁，在 A 点作用集中荷载 F_P。试求中点 C 的挠度 Δ_{yC}。

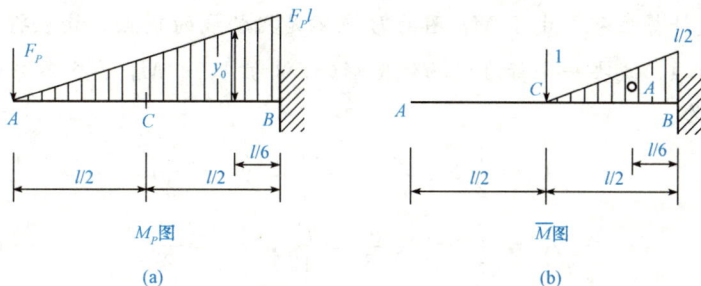

图 4-23　例 4-6 图

解：作 M_P、$\overline{M}$ 图，如图 4-23(a)、(b)所示。应用图乘法，$\overline{M}$ 的三角形面积为

$$A = \frac{1}{2} \times \frac{l}{2} \times \frac{l}{2} = \frac{l^2}{8}$$

$\overline{M}$ 图中形心位置对应于 M_P 相应的标距为

$$y_0 = \frac{5}{6} F_P l$$

利用图乘法得

$$\Delta_{yC} = \frac{1}{EI} \int \overline{M} M_P \, \mathrm{d}s = \frac{1}{EI} \times \frac{l^2}{8} \times \frac{5}{6} F_P l = \frac{5F_P l^3}{48EI} (\downarrow)$$

【例 4-7】　求如图 4-24(a)所示悬臂梁上点 B 的竖向位移 Δ_{BV}。已知梁的刚度 EI 为常数。

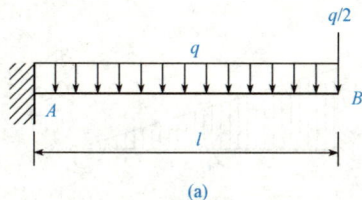

图 4-24　例 4-7 图

(a)原结构

(b)

(c)

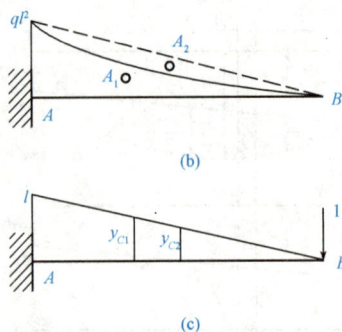

图 4-24　例 4-7 图(续)

(b)M_P 图；(c)$\overline{M}$ 图

解：(1)虚拟力状态如图 4-24(c)所示。

(2)绘出在虚拟力状态和实际位移状态中梁的弯矩图，分别如图 4-24(c)、(b)所示。

(3)应用公式计算位移。由于 M_P 图的 B 点不是抛物线的顶点，故应将 M_P 图分解为一个三角形(面积为 A_1)减去一个标准抛物线图形(面积为 A_2)。M_P 图中各分面积与相应的 $\overline{M}$ 图中的竖标分别为

$$A_1 = \frac{1}{2} \times l \times ql^2 = \frac{ql^3}{2}, \quad y_{C1} = \frac{2}{3}l$$

$$A_2 = \frac{2}{3} \times l \times \frac{ql^2}{8} = \frac{ql^3}{12}, \quad y_{C2} = \frac{1}{2}l$$

代入图乘公式，得点 B 的竖向位移为

$$\Delta_{BV} = \frac{1}{EI}\left(\frac{ql^3}{2} \times \frac{2l}{3} - \frac{ql^3}{12} \times \frac{l}{2}\right) = \frac{7ql^4}{24EI}(\downarrow)$$

计算结果为正，表示 Δ_{BV} 的方向与所设单位力的方向相同，即 Δ_{BV} 向下。

【例 4-8】　求如图 4-25(a)所示梁的铰结点 C 两侧截面的相对转角 θ_C。$EI=$ 常数。

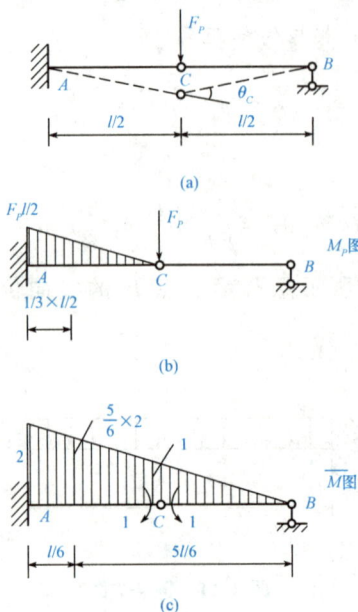

(a)

(b)

(c)

图 4-25　例 4-8 图

解：（1）虚设单位广义力并绘制 $\overline{M}$ 图。因为需求 C 两侧截面的相对转角，所以应在铰结点 C 两侧加载一对方向相反的单位力偶，其弯矩图如图 4-25(c)所示。

（2）绘制 M_P 图。由于 CB 为附属部分，且不受力，则弯矩在 CB 段上为零，如图 4-25(b)所示。

（3）图乘。

$$\theta_C = \frac{1}{EI}\left(\frac{1}{2}\times\frac{l}{2}\times\frac{F_Pl}{2}\right)\times\frac{5}{6}\times 2 = \frac{5F_Pl^2}{24EI}$$

【例 4-9】 试求图 4-26(a)所示刚架 C 点及 B 点的水平位移。

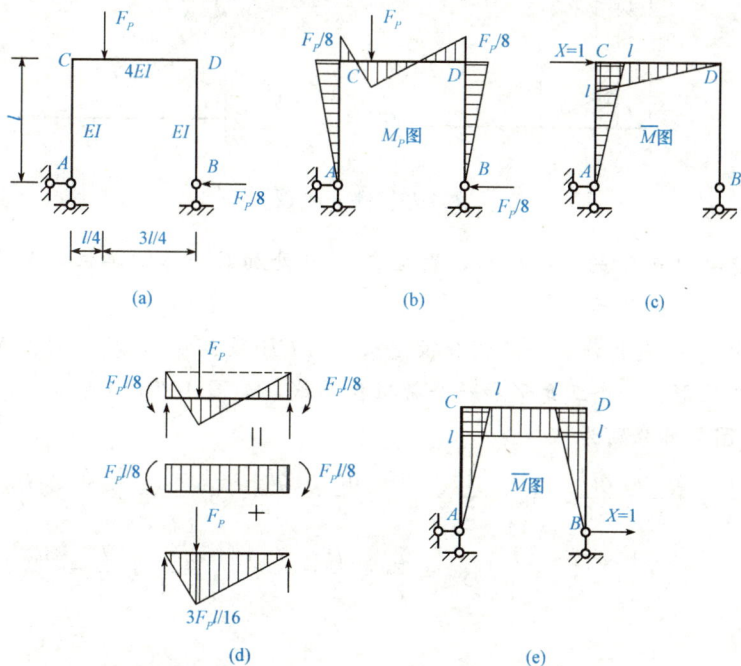

(a)　　　　　　(b)　　　　　　(c)

(d)　　　　　　(e)

图 4-26　例 4-9 图

解：（1）C 点水平位移。C 点水平方向加载虚拟单位广义力 $X=1$，并作弯矩如图 4-26(c)所示。M_P 可以分解为图 4-26(d)所示。根据图乘法，有

$$\Delta_{xC} = -\frac{1}{EI}\times\frac{1}{2}\times\frac{F_Pl}{8}\times l\times\frac{2l}{3} - \frac{1}{4EI}\left(\frac{F_Pl}{8}\times l\times\frac{l}{2} - \frac{1}{2}\times\frac{3F_Pl}{16}\times l\times\frac{7l}{12}\right)$$

$$= -\frac{67}{1536}\frac{F_Pl^3}{EI}(\leftarrow)$$

（2）B 点水平位移。所求 B 点水平方向加载虚拟单位广义力 $X=1$，并作弯矩图如图 4-26(e)所示。根据图乘法，有

$$\Delta_{xB} = -2\times\frac{1}{EI}\times\frac{1}{2}\times\frac{F_Pl}{8}\times l\times\frac{2l}{3} - \frac{1}{4EI}\left(\frac{F_Pl}{8}\times l\times l - \frac{1}{2}\times\frac{3F_Pl}{16}\times l\times l\right)$$

$$= -\frac{35}{384}\frac{F_Pl^3}{EI}(\leftarrow)$$

【例 4-10】 试求图 4-27 所示悬臂梁 C 点的竖向位移 Δ_{yC}。$EI=$ 常数。

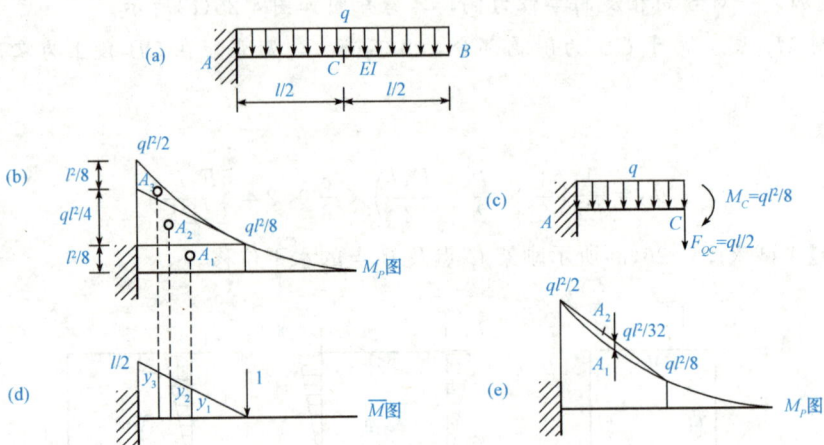

图 4-27　例 4-10 图

解：求悬臂梁中点 C 的竖向位移，则应在 C 点处加载一虚拟单位广义力。作 M_P、$\overline{M}$ 图，如图 4-27(b)、(d)所示。

方法一：由于 $\overline{M}$ 是折线，一般需分段图乘。因 CB 段 $\overline{M}=0$，故只需将 M_P 在 AC 段的图形分解为一个矩形、一个三角形和一个标准抛物线，如图 4-27(b)所示，其面积以及形心位置对应的 $\overline{M}$ 图竖标分别为

$$A_1=\frac{l}{2}\times\frac{ql^2}{8}=\frac{ql^3}{16},\ A_2=\frac{1}{2}\times\frac{l}{2}\times\frac{ql^2}{4}=\frac{ql^3}{16},\ A_3=\frac{1}{3}\times\frac{l}{2}\times\frac{ql^2}{8}=\frac{ql^3}{48}$$

$$y_1=\frac{1}{2}\times\frac{l}{2}=\frac{l}{4},\ y_2=\frac{2}{3}\times\frac{l}{2}=\frac{l}{3},\ y_3=\frac{3}{4}\times\frac{l}{2}=\frac{3l}{8}$$

图乘有：

$$\Delta_{yC}=\frac{1}{EI}\left(\frac{ql^3}{16}\times\frac{l}{4}+\frac{ql^3}{16}\times\frac{l}{3}+\frac{ql^3}{48}\times\frac{3l}{8}\right)=\frac{17ql^4}{384EI}(\downarrow)$$

方法二：考察 M_P 图，发现 M_P 在 AC 段的上述三个弯矩图形，就是由如图 4-27(c)所示隔离体中作用于 C 点的弯矩、剪力和 AC 段的均布荷载分别引起的。这样，M_P 弯矩图可以分解为 4-27(e)所示，并注意标准抛物线图形与其形心位置对应的 $\overline{M}$ 竖标位于基线的异侧，图乘有

$$\Delta_{yC}=\frac{l}{12EI}\left(2\times\frac{ql^2}{2}\times\frac{l}{2}+0+0+\frac{ql^2}{8}\times\frac{l}{2}\right)-\frac{1}{EI}\times\frac{2}{3}\times\frac{l}{2}\times\frac{ql^2}{32}\times\frac{1}{2}\times\frac{l}{2}$$

$$=\frac{17ql^4}{384EI}(\downarrow)$$

【例 4-11】 试求图 4-28(a)所示刚架截面 D 的水平位移 Δ_{DH}。已知各杆 EI 为相同的常数。

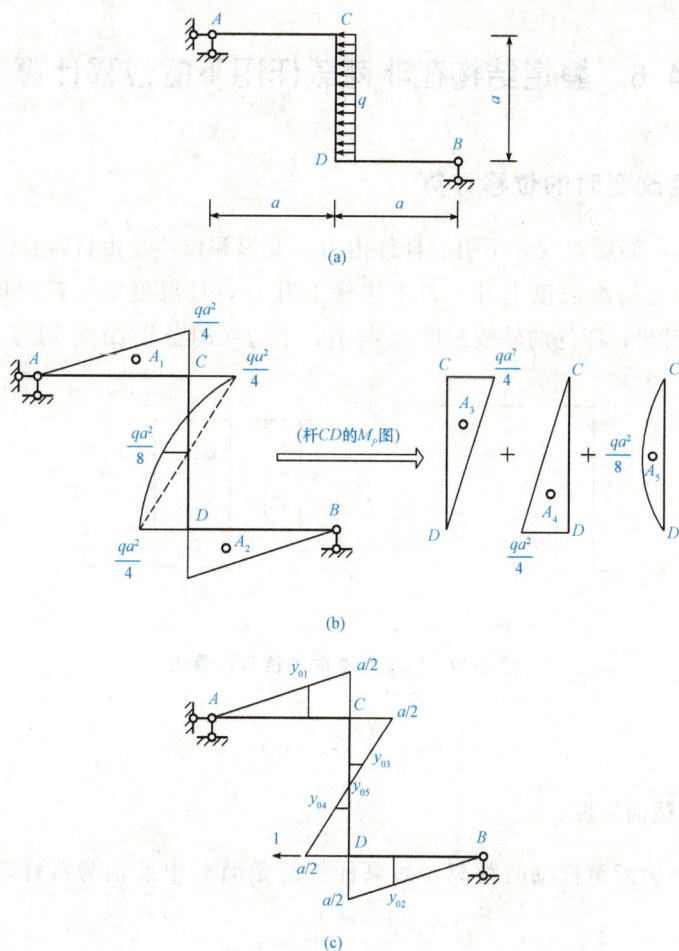

图 4-28 例 4-11 图

(a)原结构；(b)M_P 图；(c)$\overline{M}$ 图

解： (1)作 M_P 图，如图 4-28(b)所示。其中，竖杆 CD 的 M_P 图可分解为：三角形 A_3（杆右侧）、三角形 A_4（杆左侧）和一个标准二次抛物线图形 A_5（杆左侧）。

(2)加相应单位荷载，作 $\overline{M}$ 图，如图 4-28(c)所示。

(3)计算位移值：

$$\Delta_{DH} = \frac{1}{EI}\left[A_1 y_{01} + A_2 y_{02} + A_3 y_{03} + A_4 y_{04} + A_5 y_{05}\right]$$

$$= \frac{1}{EI}\left[2 \times \left(\frac{1}{2} \times \frac{qa^2}{4} \times a\right) \times \left(\frac{2}{3} \times \frac{a}{2}\right) + 2 \times \left(\frac{1}{2} \times \frac{qa^2}{4} \times a\right) \times \left(\frac{1}{3} \times \frac{a}{2}\right) + 0\right]$$

$$= \frac{3qa^4}{24EI}(\leftarrow)$$

4.6 静定结构在非荷载作用下的位移计算

4.6.1 温度改变时的位移计算

对于静定结构，温度改变并不引起杆件内力。变形和位移是由材料自由膨胀、收缩导致的结果。设杆件的上边缘温度上升 t_1、下边缘上升 t_2，且温度沿杆截面厚度为线性分布，如图 4-29 所示。因此，杆件的轴线温度 t_0 与上、下边缘的温差 Δt 分别为

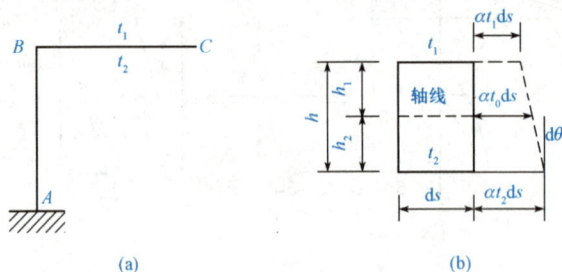

图 4-29 温度改变时的位移计算图

$$t_0 = \frac{h_1 t_2 + h_2 t_1}{h}, \quad \Delta t = t_2 - t_1 \tag{4-16}$$

式中 h ——杆件截面厚度；

h_1、h_2 ——边缘至杆轴的距离，如果杆件的截面对中性轴为对称，则 $h_1 = h_2 = \dfrac{h}{2}$，

$t_0 = \dfrac{1}{2}(t_1 + t_2)$。

在温度变化时，杆件不引起切应变，引起的轴向伸长应变 ε 和曲率 κ 分别为

$$\varepsilon = \alpha t_0$$

$$\kappa = \frac{\mathrm{d}\theta}{\mathrm{d}s} = \frac{\alpha(t_2 - t_1)\mathrm{d}s}{h\,\mathrm{d}s} = \frac{\alpha\,\Delta t}{h}$$

式中 α ——材料的线膨胀系数。

将上式代入式(4-5)，并令 $\gamma_0 = 0$，得

$$\Delta = \sum \int \overline{F}_N \alpha t_0 \mathrm{d}s + \sum \int \overline{M} \frac{\alpha\,\Delta t}{h} \tag{4-17}$$

如果 t_0、Δt 和 h 沿每个杆的全长为常数，则

$$\Delta = \sum \alpha t_0 \int \overline{F}_N \mathrm{d}s + \sum \frac{\alpha\,\Delta t}{h} \int \overline{M} \mathrm{d}s \tag{4-18}$$

式(4-18)是杆件结构温度改变引起的位移计算公式，积分为杆件全长积分，求和号 $\sum$ 表示对结构各杆求和。轴力 $\overline{F}_N$ 以拉伸为正，t_0 以温度升高为正。弯矩 $\overline{M}$ 和温差 Δt 引起的弯曲为同一方向时(即当 $\overline{M}$ 和 Δt 使杆件的同一边产生拉伸变形时)，其乘积取正值，反之取负值。

【例 4-12】　试求图 4-30 所示刚架 C 点的竖向位移 Δ_{yC}。梁下缘和柱右侧温度升高 10 ℃，梁的上缘和柱的左侧温度无变化。各杆截面为矩形，截面高度 $h=60$ cm，$a=6$ m，$\alpha=0.000\,01$ ℃$^{-1}$。

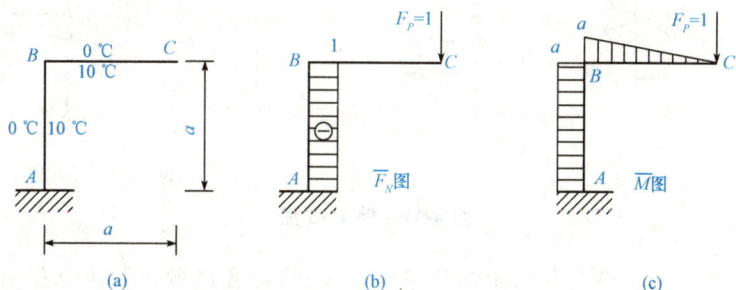

图 4-30　例 4-12 图

解： 在 C 点虚设单位广义力，作相应的 $\overline{F}_N$ 和 $\overline{M}$ 图，如图 4-30(b)、(c)所示。

杆轴线处的温度升高值为

$$t_0=\frac{10+0}{2}=5(℃)$$

上下缘、左右温差为

$$\Delta t=10-0=10(℃)$$

代入式(4-18)，有

$$\Delta_{yC}=\sum\frac{\alpha\Delta t}{h}\int\overline{M}\mathrm{d}s+\sum\alpha t_0\int\overline{F}_N\mathrm{d}s$$

$$=-\frac{10\alpha}{h}\times\frac{3}{2}a^2+5\alpha(-a)$$

$$=-5\alpha a\times\left(1+\frac{3a}{h}\right)$$

代入具体数值，得

$$\Delta_{yC}=-0.93\text{ cm}(\uparrow)$$

4.6.2　支座移动时的位移计算

静定结构在支座位移作用下因杆件无变形，因此只发生刚体移动。这种位移通常可以直接由几何关系求得。当涉及的几何关系比较复杂时，也可以采用单位荷载法进行计算。

因支座位移不引起构件变形，所以无变形虚功，则总虚功只有支座位移引起的虚功部分。由虚功原理，结构因支座位移而引起的位移，即为

$$\Delta=-\sum\overline{F}_R c \tag{4-19}$$

式中　$\overline{F}_R$——虚拟单位广义力作用下的各支座反力；

　　　c——实际状态中与 $\overline{F}_R$ 相对应的支座位移。

【例 4-13】　试求图 4-31 所示刚架由于支座位移而引起 B 点的水平位移 Δ_{xB}。已知支座 A 有右水平位移 a 和顺时针转角 θ；支座 B 有竖向位移 b。

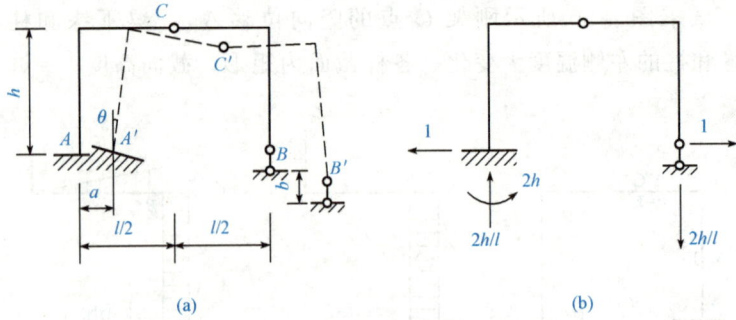

图 4-31 例 4-13 图

解：刚架由于支座位移引起的刚体位移如图 4-31(a)虚线所示。为求得 Δ_{xB}，可在 B 点作用水平单位广义力作为虚拟状态，并求得支座反力如图 4-31(b)所示。

将已知支座位移及其相应的虚拟状态中的支座反力代入式(4-19)，得

$$\Delta_{xB} = -\left(-1 \times a - 2h \times \theta + \frac{2h}{l} \times b\right) = a + 2h\theta - \frac{2h}{l}b(\rightarrow)$$

4.7 互等定理

现在讨论线性变形体系重要的四个普遍定理——互等定理。互等定理只适用于线性变形体系，应用条件如下：

(1)材料处于弹性阶段，应力与应变成线性比例关系；

(2)结构变形非常小，不影响力的作用。

4.7.1 功的互等定理

如图 4-32 所示结构的两个状态，分别称为 1、2 状态，它们由于荷载作用所产生的内力分别记作 F_{N1}、F_{Q1}、M_1 和 F_{N2}、F_{Q2}、M_2。

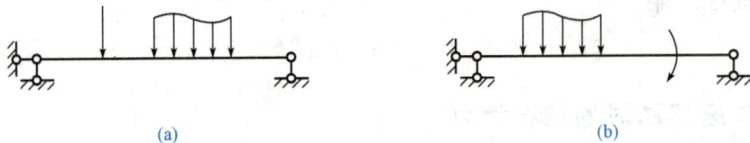

图 4-32 结构两种受力状态

(a)1 状态；(b)2 状态

首先令 1 状态为平衡的力状态，2 状态所产生的位移作为协调的虚位移状态。这时由虚功方程可得外力总虚功为

$$\delta W_{12} = \sum \int \left(\frac{F_{N1}F_{N2}}{EA} + \frac{kF_{Q1}F_{Q2}}{GA} + \frac{M_1 M_2}{EI}\right) \mathrm{d}s \tag{4-20}$$

同理，令 2 状态为平衡的力状态，1 状态所产生的位移作为协调的虚位移状态。这时由虚功方程可得外力总虚功为

$$\delta W_{21} = \sum \int \left(\frac{F_{N2}F_{N1}}{EA} + \frac{kF_{Q2}F_{Q1}}{GA} + \frac{M_2 M_1}{EI}\right) \mathrm{d}s \tag{4-21}$$

两式中的 δW_{12} 的下标表示 1 状态的外力在 2 状态虚位移上所作的总虚功；δW_{21} 的下标表示 2 状态的外力在 1 状态虚位移上所作的总虚功。

对比式(4-20)和式(4-21)可知：

$$\delta W_{12} \equiv \delta W_{21} \tag{4-22}$$

式(4-22)说明：处于平衡的 1、2 两种状态，1 状态外力在 2 状态外力所产生的位移上所做的总虚功，恒等于 2 状态外力在 1 状态外力所产生的位移上所做的总虚功。这就是功的互等定理。

4.7.2　位移互等定理

设上面 1、2 两种状态各自只有一个广义力，分别记作 F_{P1} 和 F_{P2}。由广义力 F_{P1} 引起的、在广义力 F_{P2} 作用位置上对应的广义位移记作 Δ_{21}。同理，由广义力 F_{P2} 引起、广义力 F_{P1} 作用位置上对应的广义位移记作 Δ_{12}，如图 4-33 所示。一般来说，记号 Δ_{ij} 的下标"i"表示何处、和广义力对应的广义位移；"j"表示何处所作用的广义力(也称产生广义位移的原因)。

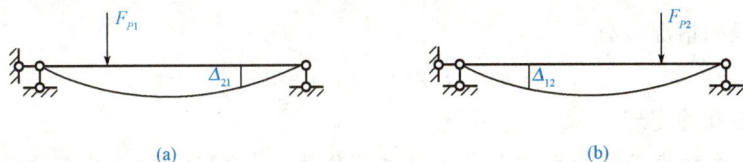

图 4-33　两种受力、位移状态

(a)1 状态；(b)2 状态

利用功的互等定理，有

$$\delta W_{12} = F_{P1}\Delta_{12} \equiv F_{P2}\Delta_{21} = \delta W_{21}$$

上式两边同除广义力乘积 $F_{P1}F_{P2}$，则为

$$\frac{\Delta_{12}}{F_{P2}} \equiv \frac{\Delta_{21}}{F_{P1}}$$

若记 $\dfrac{\Delta_{12}}{F_{P2}}=\delta_{12}$、$\dfrac{\Delta_{21}}{F_{P1}}=\delta_{21}$，并称为柔度系数或位移系数，它表示单位广义力所引起的位移。则可得到如下重要的结论：

$$\delta_{ij} = \delta_{ji} \tag{4-23}$$

这就是位移互等定理。

说明：第 j 状态的单位力所引起的第 i 状态单位力作用点沿其作用方向的位移，等于第 i 状态的单位力所引起的第 j 状态单位力作用点沿其作用方向的位移。由此可见，位移互等定理只是功的互等定理在 $F_{Pi}=F_{Pj}=1$ 时的特例。

4.7.3　反力互等定理

设超静定结构的 1、2 两状态仅是支座发生的一个广义位移，分别记作 Δ_1、Δ_2。由广义位移 Δ_1 引起的、在广义位移 Δ_2 对应处的支座广义反力记作 F_{R21}；由广义位移 Δ_2 引起的、在广义位移 Δ_1 对应处的支座广义反力记作 F_{R12}，如图 4-34 所示。记号 F_{Rij} 下标的含义与 Δ_{ij} 类似。

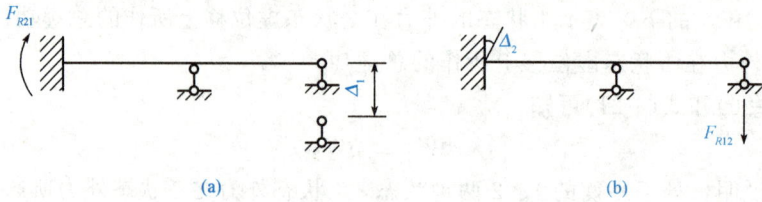

图 4-34　两种位移、支座反力状态

(a)1 状态；(b)2 状态

利用功的互等定理，得

$$\delta W_{12} = F_{R21} \Delta_2 \equiv F_{R12} \Delta_1 = \delta W_{21}$$

两边同除广义位移的乘积 $\Delta_1 \Delta_2$，并称比值为刚度系数或反力系数，它表示单位广义位移所引起的广义力。则有

$$k_{21} = \frac{F_{R21}}{\Delta_1} \equiv \frac{F_{R12}}{\Delta_2} = k_{12}$$

对于更一般的情况，有

$$k_{ij} \equiv k_{ji}, \ i \neq j, \ i, \ j = 1, \ 2, \ \cdots \tag{4-24}$$

这就是反力互等定理。

说明：第 i 个约束沿该约束方向发生单位位移时、在第 j 个约束中产生的反力，等于第 j 个约束沿该约束方向发生单位位移时、在第 i 个约束中产生的反力。

4.7.4　反力与位移互等定理

设超静定结构 1 状态仅受一个广义力作用，2 状态只发生一个支座广义位移，分别记作 F_{P1} 和 Δ_2。由广义力 F_{P1} 引起的、在广义位移 Δ_2 对应的支座广义反力记作 F_{R21}；由广义支座位移 Δ_2 引起的、在广义力 F_{P1} 对应的广义位移记作 Δ_{12}，如图 4-35 所示。

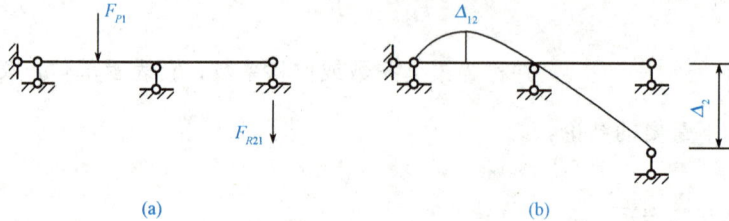

图 4-35　位移、反力互等定理示意图

(a)1 状态；(b)2 状态

虽然 2 状态支座位移将产生支座反力，但 1 状态没有支座位移，因此，利用功的互等定理，有

$$\delta W_{12} = F_{P1} \Delta_{12} + F_{R21} \Delta_2 \equiv 0 = \delta W_{21}$$

上式整理并两边同除广义力和广义位移的乘积 $F_{P1} \Delta_2$，有

$$\delta_{12} = \frac{\Delta_{12}}{\Delta_2} \equiv -\frac{F_{R21}}{F_{P1}} = -k_{21}$$

对于更一般情况，有

$$\delta_{ij} = -k_{ji}, \quad i \neq j, \ i, \ j = 1, \ 2, \cdots \tag{4-25}$$

这就是位移与反力互等定理。

说明： 由于单位力使体系中某支座所产生的反力，等于该支座发生与反力方向相一致的单位位移时在单位力作用处所引起的位移，只有符号相反。

4.8　结论与讨论

4.8.1　结论

（1）变形体虚功原理所揭示的是体系上平衡的外力在体系所发生的协调虚位移上的一个虚功恒等关系。这里的前提条件是力系平衡、位移协调，结论是虚功方程恒成立，是一个必要性的命题。它适用于一切变形体。

（2）本章所导出的单位荷载法，只是虚功原理的一种应用。必须指出的是，单位荷载又称为单位广义力，实际是比例因子，记为 $F_P = 1$ 或 $X = 1$，它需指出方向和作用点，大小为1，是量纲一的特殊量。

（3）对于荷载作用下由直杆组成的结构位移计算，由于单位广义力引起的单位内力图一般是直线，如果杆件截面几何性质相同或分段相同，则位移计算中的积分可以用图乘代替，用图乘法计算时应注意以下几点：杆段是否为等截面直杆、两个内力图是否至少有一个是直线，也即图乘法适用条件是否满足；不要遗漏刚度 EA、EI、GA、GI_P 等；非标准图形要合理地转换成标准图形的组合后再计算；要注意每项的符号，即面积坐标同侧为正。

（4）由支座位移引起的结构位移计算最为简单，只要求出单位广义力下有位移支座的反力，代入公式简单运算即可。但要注意公式前有负号。

（5）对温度引起的结构位移计算问题，要注意轴线温度改变引起的位移必须考虑，因此，单位内力图有轴力和弯矩图。每项符号按温度和单位广义力所引起的变形是否一致来确定，一致时为正，反之为负。

（6）引起结构位移的因素很多，牢记单位荷载法来源于虚功原理，公式中所有项的实质都是虚功。因此，根据所求位移确定单位广义力状态后，关键是求外因引起的变形位移。掌握了这一核心思想，则不管是什么性质材料的结构、不管外因是什么，就都能以不变应万变，从而解决需求位移计算问题。

（7）对于由曲杆组成的结构或变截面复杂受荷结构等，可用数值积分来求位移近似值。

（8）线性弹性结构多种外因共同作用下的位移计算，可用统一公式进行计算，也可按各因素分别计算后叠加得到。

（9）线性弹性结构有四个互等定理，其中功的互等定理是最基本的定理。它们将在后面超静定结构解法等中得到应用。

（10）位移、反力、位移和反力互等定理所指出的都是影响系数互等，它们的量纲和单位都是相同的。说这些互等定理仅仅"数值"相等是不正确的。

4.8.2　讨论

（1）结构上本来没有虚拟单位荷载，但在求位移时却加上了虚拟单位荷载，这样求出的位移会等于原来的实际位移吗？它是否包括了虚拟单位荷载引起的位移？

（2）试说明荷载作用下位移计算公式的适用条件、各符号的物理意义。在非弹性情况下，如何计算荷载作用下的位移？

习题

4-1 求半圆曲梁中点 K 的竖向位移（图 4-36）。只计及弯曲变形，$EI=$ 常数。

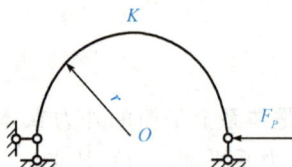

图 4-36 习题 4-1 图

4-2 求图 4-37 所示悬臂梁自由端的竖向位移。$EI=$ 常数。

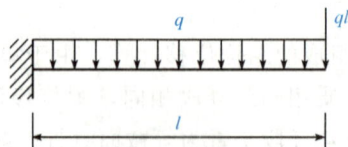

图 4-37 习题 4-2 图

4-3 求图 4-38 所示梁支座 B 左右两侧截面的相对转角。$EI=$ 常数。

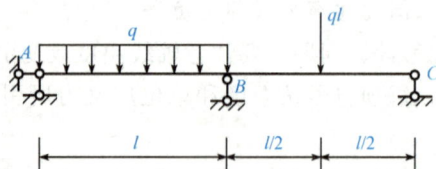

图 4-38 习题 4-3 图

4-4 用积分法求图 4-39 所示刚架 C 点的水平位移 Δ_{CH}。已知 $EI=$ 常数。

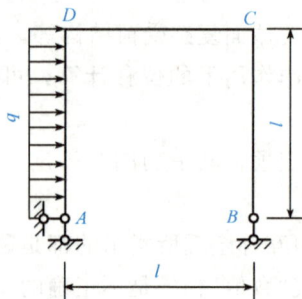

图 4-39 习题 4-4 图

4-5　求图 4-40 所示 1/4 圆弧形悬臂梁($EI=$常数)A 端的竖向位移 Δ_{AV}。

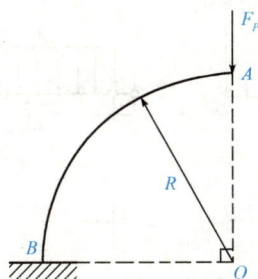

图 4-40　习题 4-5 图

4-6　试求图 4-41 所示桁架 C 点竖向位移和 CD 杆与 CE 杆的夹角改变量。已知各杆截面相同，$A=1.5\times10^{-2}$ m^2，$E=210$ GPa。

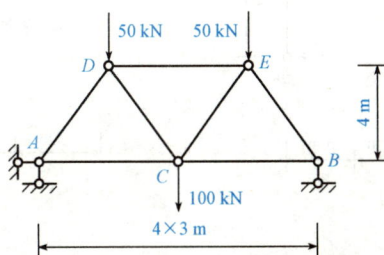

图 4-41　习题 4-6 图

4-7　试求图 4-42 所示由线性弹性刚度为 EA 的等截面杆组成的桁架 A 点的水平位移和 C 点的竖向位移。

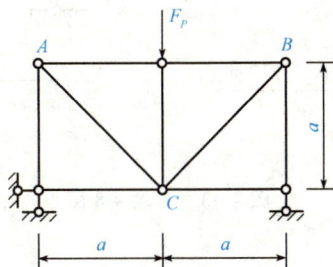

图 4-42　习题 4-7 图

4-8 试用图乘法计算图 4-43 所示梁指定位置的位移：（a）Δ_{yC}；（b）Δ_{yD}；（c）Δ_{xC}；（d）Δ_{xE}；（e）θ_D；（f）Δ_{yE}。

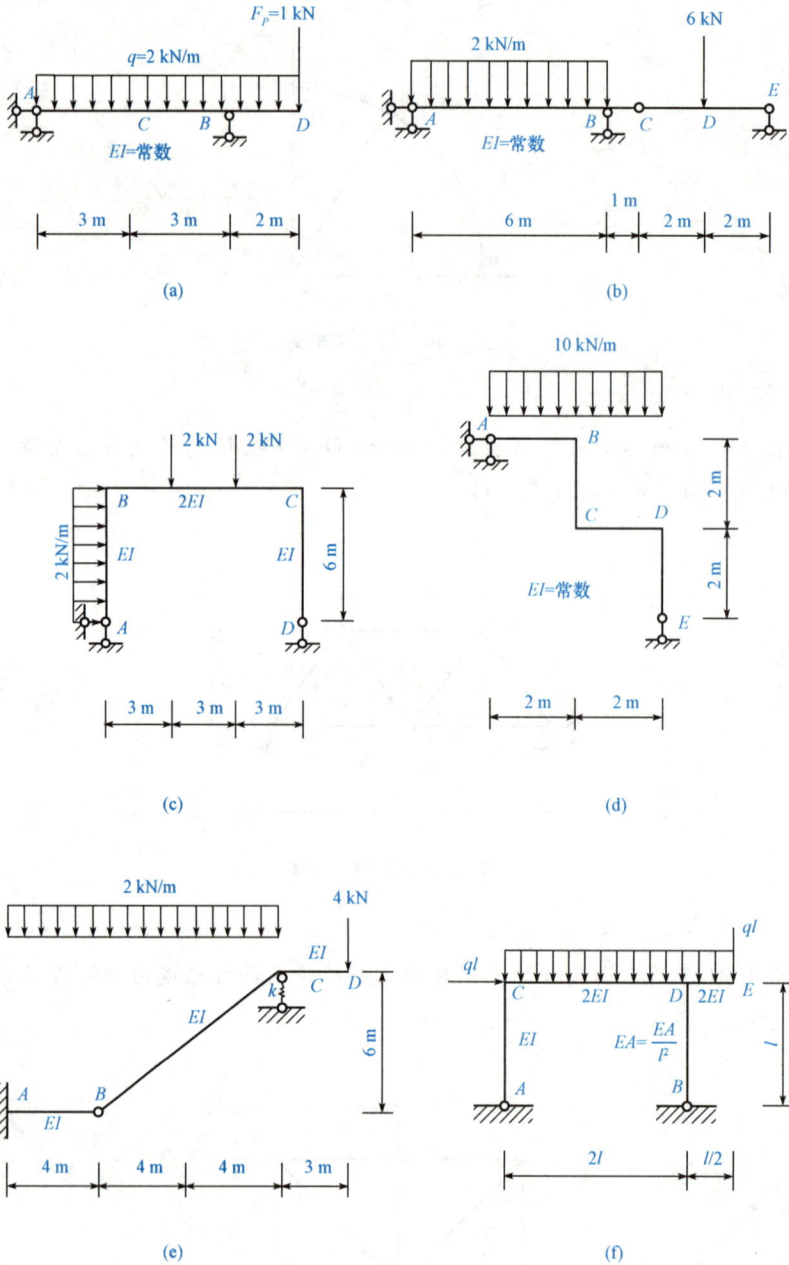

(a)

(b)

(c)

(d)

(e)

(f)

图 4-43　习题 4-8 图

4-9 用图乘法求图 4-44 所示结构的指定位移。求：(a)φ_D；(b)φ_{AB}；(c)Δ_{CV}；(d)φ_A；(e)Δ_{CD} 及 $\varphi_{C_1C_2}$

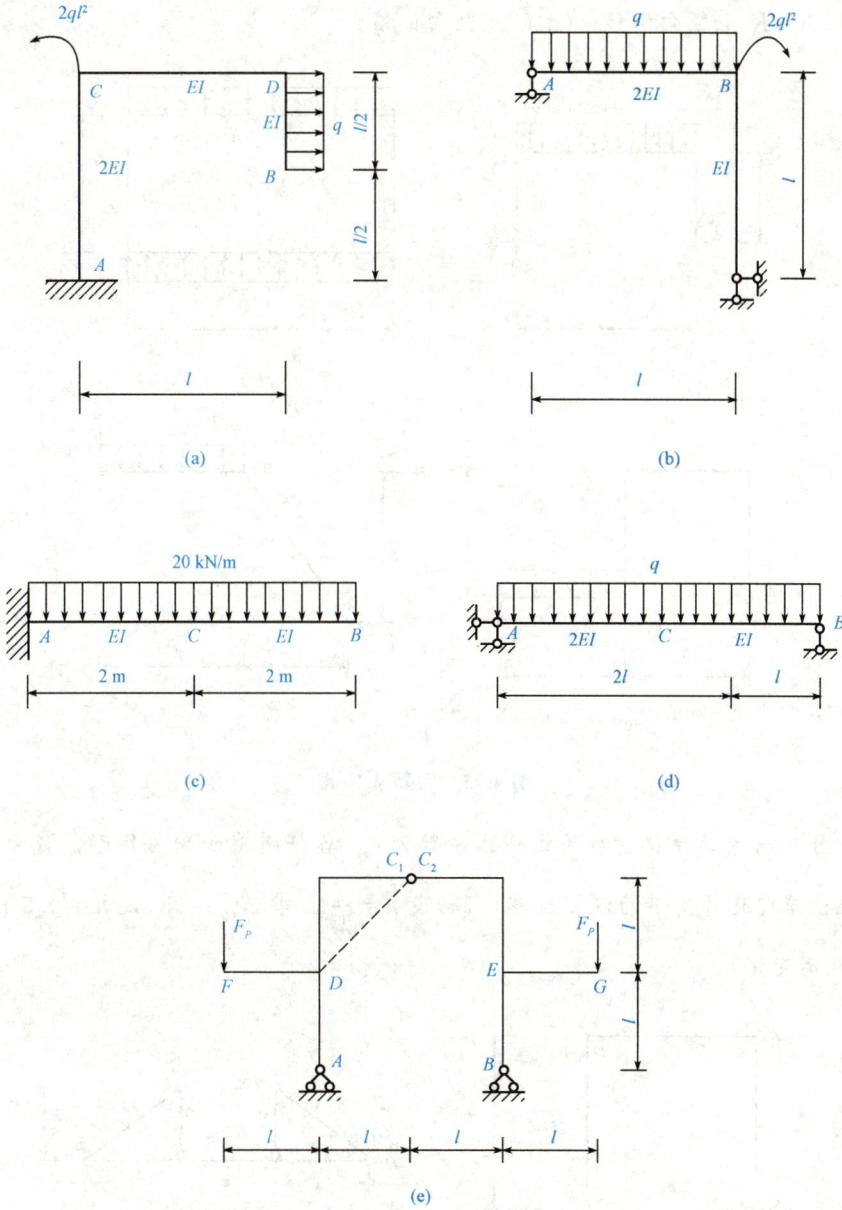

(a)

(b)

(c)

(d)

(e)

图 4-44　习题 4-9 图

4-10 试用图乘法求图 4-45 所示结构指定位置的位移。除图 4-45(d)标明杆件刚度外，其他各杆 $EI=$ 常数。求：(a)C 铰两侧截面的相对转角；(b)A、B 截面相对水平竖向位移和相对转角；(c)K 点竖向位移；(d)C 点竖向位移。

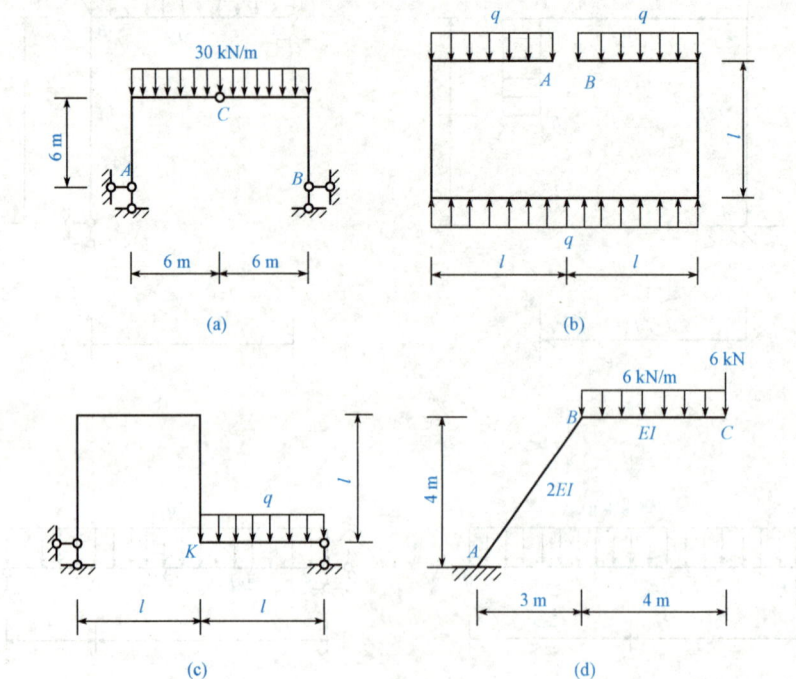

图 4-45 习题 4-10 图

4-11 图 4-46 所示结构材料的线膨胀系数为 α，各杆横截面均为矩形，截面高度为 h。试求结构在温度变化作用下的以下位移：(a)设 $h=\dfrac{l}{10}$，求 Δ_{xB}；(b)设 $h=0.5$ m，求 Δ_{CD}（C、D 点距离变化）。

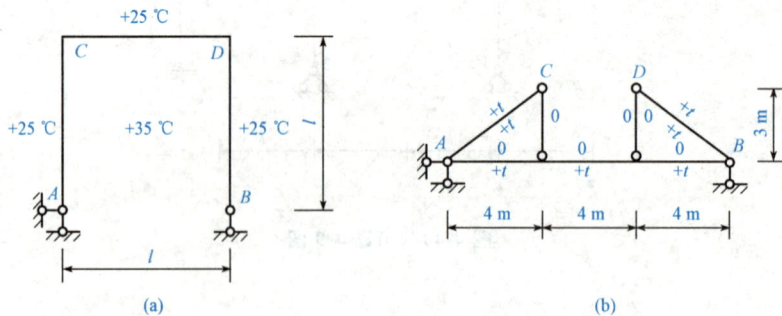

图 4-46 习题 4-11 图

4-12　试求图 4-47 所示结构在支座位移作用下的以下位移：(a)θ_C；(b)y_C、θ_C。

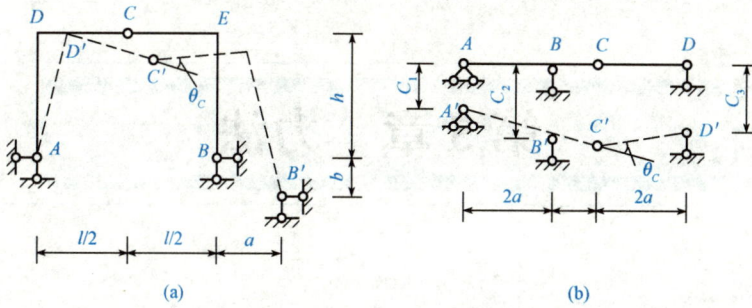

图 4-47　习题 4-12 图

4-13　图 4-48 所示梁 A 支座发生转角 θ，试求 D 的竖向位移。

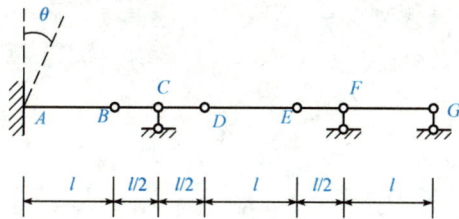

图 4-48　习题 4-13 图

第5章 力法

案例导入

国家体育场(鸟巢)

国家体育场(鸟巢)作为一座具有绿色建筑特征的建筑，在结构设计方面展现出了许多特点。从结构设计角度来看鸟巢具有如下技术特点：

(1)混合结构：鸟巢采用了混合结构，包括大跨度空间桁架结构和钢-混凝土框架结构的组合。这种结构组合使鸟巢具备足够的承载能力和稳定性，能够抵抗荷载和自然灾害的影响。

(2)空间桁架结构：鸟巢的特色之一是其复杂而精美的空间桁架结构。桁架由多个大型钢管和结点组成，形成了一系列轻盈而坚固的三角形网格。这种设计在提供强大抗压性的同时，最大限度地减少了结构的自重，如彩图5所示。

(3)吊杆系统：为了支撑鸟巢的大跨度空间，特殊的吊杆系统也被应用于鸟巢的结构设计中。吊杆位于桁架的顶部，通过对吊杆系统的张拉以及与桁架结点的连接，实现了对结构的稳定支撑。

(4)自适应结构：鸟巢的结构设计还考虑了自适应特性，使建筑在不同环境条件下能够自动变化以满足需求。例如，建筑的天篷部分采用了伸缩结构，可以根据不同的天气条件进行开合调节，以实现自然通风和光照的最佳效果。

(5)抗震设计：在地震活跃区域建造的鸟巢，其结构设计注重抗震性能。通过使用适当的结构连接和加强措施，鸟巢能够有效地吸收和分散地震力，提供更高的抗震安全性。

鸟巢作为一座具有标志性的建筑，其结构设计兼具创新、安全及环保特点。通过合理运用空间桁架结构、吊杆系统和自适应特性，以及考虑到抗震性能和绿色建筑原则，鸟巢在结构力学设计方面达到了出色的水平。这使鸟巢成为一个大跨度钢结构成功的例子，展示了结构力学在绿色建筑设计中的重要性。

前面几章详细讨论了静定结构的受力分析，但在实际工程中大量使用的是超静定结构，而力法就是其中一种适用于超静定结构受力分析的基本方法。

5.1　力法的基本概念

静定结构没有多余约束，因此仅利用平衡条件就可以求出全部反力和内力。超静定结构存在多余约束，待求未知量总数多于可建立的独立平衡方程数。为了求解图 5-1(a)所示的超静定结构，由材料力学可知，设想将支座 B 的竖向链杆解除，代之以支座反力 F_{yB}，如图 5-1(b)所示。

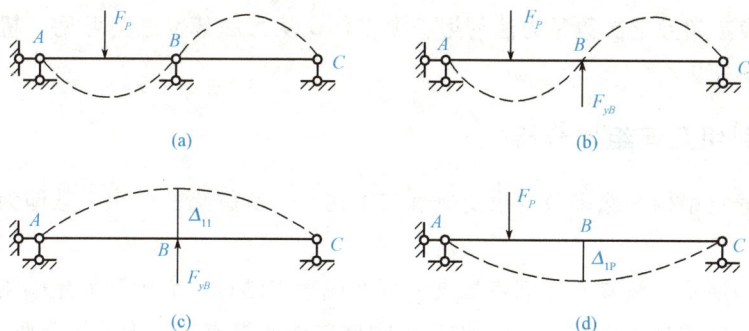

图 5-1　求解超静定问题的一般方法

根据线弹性体系的叠加原理：图 5-1(b)所示的受力状态，可以看作是外荷载 F_P 与未知力 F_{yB} 各自单独作用下效果的叠加。图 5-1(c)、(d)分别对应 F_{yB} 和 F_P 单独作用时的情况。两种情况下 B 点的竖向位移分别记为 Δ_{11} 和 Δ_{1P}。Δ_{11} 为 F_{yB} 作用下引起 B 点的竖向位移，它可视作由单位力作用、引起 B 点的竖向位移 δ_{11} 与 F_{yB} 的乘积，即

$$\Delta_{11} = \delta_{11} F_{yB}$$

根据已知条件，原结构 B 点处本是没有竖向位移的，因此真实的 F_{yB} 应满足如下方程：

$$\delta_{11} F_{yB} + \Delta_{1P} = 0$$

式中　δ_{11}——单位力作用在 B 点处、在 B 点处产生的位移；

　　Δ_{1P}——外荷载作用下、在 B 点处产生的位移。

注意：图 5-1(c)、(d)是静定结构，根据前几章的知识，利用单位荷载法即可求得 F_{yB}，进而利用叠加原理作出弯矩图，求得所有内力，这就是利用力法求解超静定结构的基本方法。

一般力法首先将原超静定结构解除多余约束后得到静定结构(称为力法基本结构)；以多余约束中的未知力(多余约束力)作为基本未知量(称为力法基本未知量)；基本结构在外荷载和多余约束力共同作用下，构成基本体系。解除多余约束处的位移必须符合原结构相应位移处的条件，即变形协调条件，此变形协调条件的实质就是力法方程。

因此，力法是以力作为基本求解未知量，在自动满足平衡条件的基础上进行分析，主要解决变形协调问题。力法解题的基本思路如下：

(1)超静定结构解除多余约束和卸除外荷载后，得到静定的基本结构；

(2)解除多余约束，把多余约束力作为基本未知量；

(3)基本结构基础上加载多余约束力和外荷载作用，得到基本体系；

(4)求解在多余约束力和外荷载各自单独作用下的位移；

（5）根据位移协调条件，列方程求出未知约束力；

（6）叠加求出原超静定结构全部反力和内力。

5.2 超静定次数的确定

超静定结构是有多余约束的几何不变体系，一个超静定结构有多少个多余约束，就有多少个多余约束力，也就需要建立同样数目的变形协调方程。多余约束的个数称为超静定次数，记作 n。确定超静定次数是力法的第一项工作，从力法基本思路可见，超静定次数一般可由下述方法确定。

5.2.1 利用几何组成分析

把一个超静定结构解除多余约束变成静定结构后，所解除的约束个数即为原结构的超静定次数。

如图 5-2(a) 所示，解除右边固定端支座可变成静定结构，而解除固定端支座相当于减少了三个约束，因此超静定次数 $n=3$。推广：刚架与地面组成一个无铰闭合框为 3 次超静定。

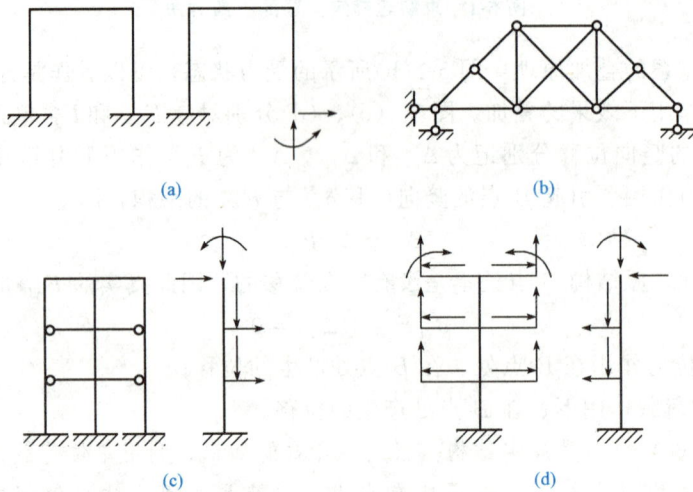

图 5-2 超静定次数确定示例图
(a)一个闭合框，$n=3$；(b)$W=-1$，$n=1$；
(c)3 倍闭合框数减去简单铰接数，$n=14$；(d)暴露未知力，$n=14$

5.2.2 利用计算自由度

由结构的几何组成分析可知，当几何不变体系的计算自由度 $W=-n$ 时，结构的超静定次数为 n。如图 5-2(b) 所示为一铰接体系，计算自由度 $W=2j-b=2×8-17=-1$ 且几何不变，因此超静定次数 $n=1$。

5.2.3 利用无铰封闭框

如图 5-2(c) 所示，如果把结构中的铰结点看成刚结点，则结构由 6 个无铰闭合框组成，根据 5.2.1 的结论，此超静定次数为 $3\times6=18$。再将图中刚结点变为单铰，每个刚结点减少 1 个约束，从无铰闭合框变成图 5-2(c)所示结构，共需减少 4 个约束。因此图 5-2(c)所示结构超静定次数为 $18-4=14$。

当结构的超静定次数 n 确定后，合理地解除 n 个多余约束即可得到力法基本结构，被解除的多余约束即为力法基本未知量，如图 5-2(a)、(d)所示。

注意：解除多余约束过程中，不能解除成无多余约束的可变体系，因为可变体系不能作为结构。

通过分析，小结如下：

(1)解除支座处的一根链杆或切断一根链杆，相当于减少 1 个约束，如图 5-3(a)所示；

(2)解除一个铰支座或解除一个单铰，相当于减少 2 个约束，如图 5-3(b)所示；

(3)解除一个固定支座或切断一根刚架杆件，相当于减少 3 个约束，如图 5-3(c)所示；

(4)将固定支座改为铰支座或滑动支座，或者在刚架杆件上插入一个铰，或者将铰支座或滑动支座改为单链杆支座，均相当于减少 1 个约束，如图 5-3(b)所示。

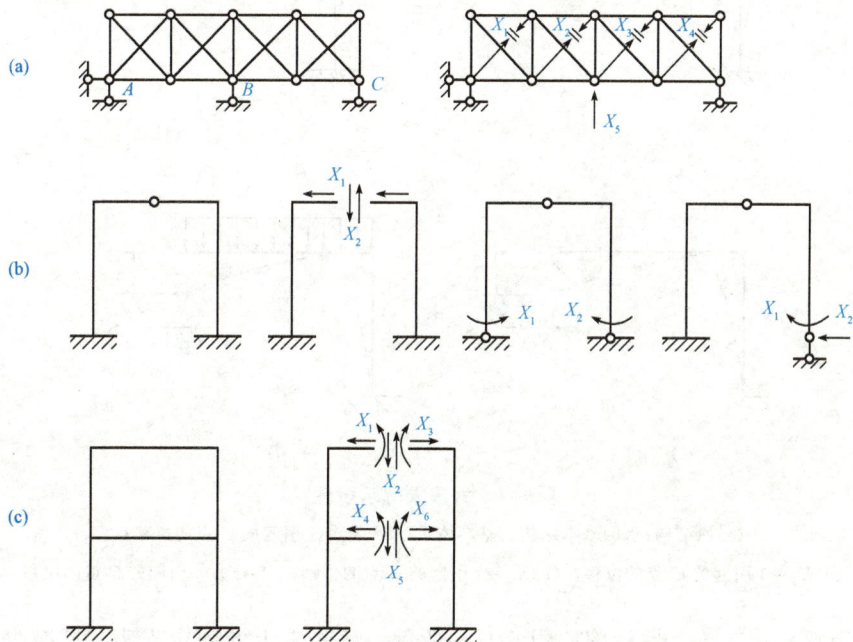

图 5-3　超静定次数确定的几种方法

5.3　力法基本原理及力法方程

力法是以多余约束力为基本未知量，根据变形协调条件求解多余约束力；将多余约束力与外荷载共同作用于基本结构，按照静力学平衡条件求解结构的反力和内力。所以力法求解未知力的关键是建立和求解变形协调方程，此方程中未知量是"力"，而方程本身即为"位移"协调。

下面通过具体实例，说明力法的基本原理。

如图 5-4(a)所示的刚架结构，两端固定，试求出内力(弯矩、剪力和轴力)。

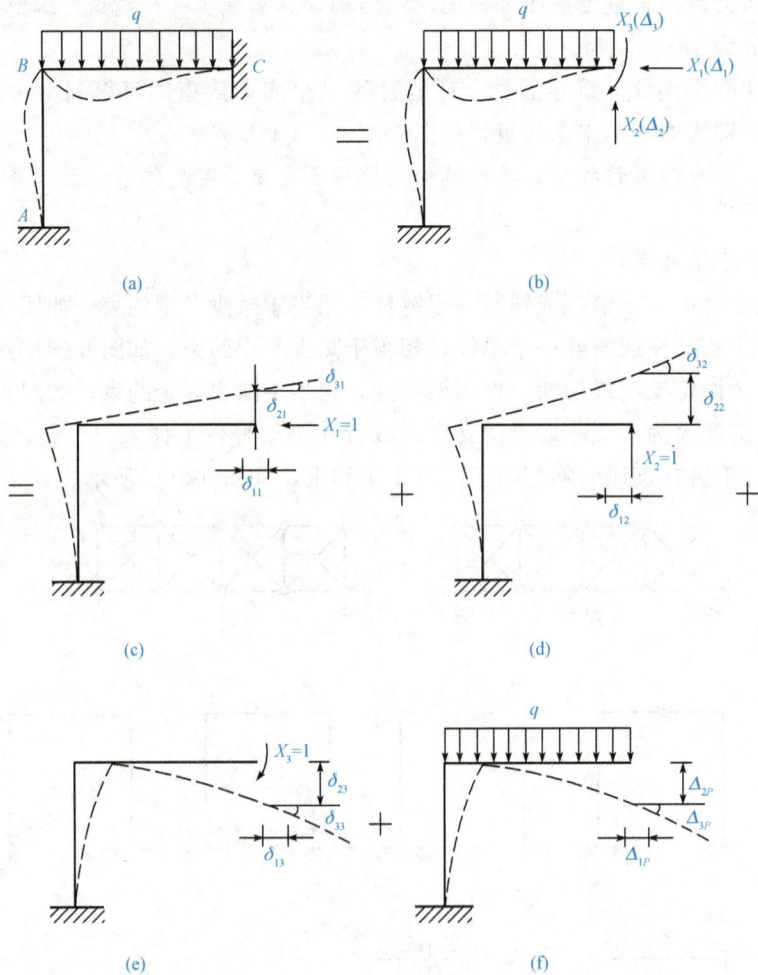

图 5-4　力法求解示意图

(a)原结构；(b)基本结构、基本体系；(c)$X_1=1$ 引起的 C 点的位移；

(d)$X_2=1$ 引起的 C 点的位移；(e)$X_3=1$ 引起的 C 点的位移；(f)外力 q 引起的 C 点的位移

(1)确定超静定次数。原结构如图 5-4(a)所示，解除右上的固定支座，即减少了 3 个约束，故超静定次数 $n=3$。

(2)基本结构。解除多余约束后得到的几何不变体系为基本结构，在基本结构上加载未知约束力和外荷载，即可获得基本体系，如图 5-4(b)所示。

(3)基本未知量。由于解除了 3 个约束，即有 3 个未知约束力，也就是基本未知量 X_1、X_2、X_3，对应为轴力、剪力和弯矩，其相应方向上产生的位移为 Δ_1、Δ_2、Δ_3。

注意：基本体系中的每一项位移 Δ_1、Δ_2、Δ_3 并非仅由该位移方向上的多余约束力所引起的，而是由外荷载以及各多余约束力共同作用引起的。

(4)求多余约束力和外荷载各自单独作用下的位移。现将 $X_1=1$，$X_2=1$，$X_3=1$ 分别作用于基本结构时，C 点沿 X_1 方向的位移分别记作 δ_{11}、δ_{12} 和 δ_{13}；沿 X_2 方向的位移分别

记作 δ_{21}、δ_{22} 和 δ_{23}；沿 X_3 方向的位移分别记作 δ_{31}、δ_{32} 和 δ_{33}。将外荷载作用于基本结构时的上述位移记作 Δ_{1P}、Δ_{2P} 和 Δ_{3P}，如图 5-4(c)、(d)、(e)、(f)所示。由叠加原理，基本结构需满足的变形协调条件(即 C 点原为固定支座，位移为零)，可表达为

$$\begin{cases} \Delta_1 = \delta_{11}X_1 + \delta_{12}X_2 + \delta_{13}X_3 + \Delta_{1P} = 0 \\ \Delta_2 = \delta_{21}X_1 + \delta_{22}X_2 + \delta_{23}X_3 + \Delta_{2P} = 0 \\ \Delta_3 = \delta_{31}X_1 + \delta_{32}X_2 + \delta_{33}X_3 + \Delta_{3P} = 0 \end{cases}$$

此方程的物理意义为：在基本结构中，由于全部多余约束力和已知外荷载的作用，解除多余约束处的位移，应等于原结构的相应位移。原结构由于 C 点在解除约束前是固定端，所以三个方向上的位移应是 0，且是广义位移。对于 n 次超静定结构有 n 个多余约束，这时力法方程为

$$\begin{cases} \delta_{11}X_1 + \delta_{12}X_2 + \cdots + \delta_{1n}X_n + \Delta_{1P} = \Delta_1 \\ \delta_{21}X_1 + \delta_{22}X_2 + \cdots + \delta_{2n}X_n + \Delta_{2P} = \Delta_2 \\ \cdots\cdots \\ \delta_{n1}X_1 + \delta_{n2}X_2 + \cdots + \delta_{nn}X_n + \Delta_{nP} = \Delta_n \end{cases}$$

若原结构在解除多余约束处的真实位移为零时，则有

$$\begin{cases} \delta_{11}X_1 + \delta_{12}X_2 + \cdots + \delta_{1n}X_n + \Delta_{1P} = 0 \\ \delta_{21}X_1 + \delta_{22}X_2 + \cdots + \delta_{2n}X_n + \Delta_{2P} = 0 \\ \cdots\cdots \\ \delta_{n1}X_1 + \delta_{n2}X_2 + \cdots + \delta_{nn}X_n + \Delta_{nP} = 0 \end{cases} \tag{5-1}$$

式(5-1)就是在外荷载作用下，n 次超静定结构力法方程的普遍形式。无论结构是什么形式，基本结构如何选取，力法方程的形式是不变的，因此，式(5-1)为力法典型方程。

注意：

1)在式(5-1)中，由单位广义力 $X_j = 1$ 引起的沿 X_i 方向的位移 δ_{ij}，称为柔度系数；而由外荷载引起的在 X_i 方向的位移 Δ_{iP}，称为自由项。

2)符号中的第一个下标表示与多余未知力序号相应的位移序号，第二个下标则表示为产生该位移的原因。

3)柔度系数中当 $i=j$ 时，即 δ_{ii} 表示单位广义力 $X_i = 1$ 的作用在 X_i 自身方向上所引起的位移，称为主系数，恒为正；其余 $\delta_{ij}(i \neq j)$ 称为副系数，可能为正也可能为负或为零。

4)由位移互等定理，有 $\delta_{ij} = \delta_{ji}$。

5)力法基本方程也可以写成矩阵形式：

$$\delta X + \Delta_P = \Delta \tag{5-2}$$

当 $\Delta = 0$ 时，即为

$$\delta X + \Delta_P = 0 \tag{5-3}$$

式中　δ——柔度矩阵；

　　　X——基本未知力向量；

　　　Δ_P——外荷载引起的位移向量。

6)结构内力计算，可依据叠加原理，有

$$\begin{cases} M = \overline{M}_1 X_1 + \overline{M}_2 X_2 + \cdots + \overline{M}_n X_n + M_P \\ F_Q = \overline{F}_{Q1} X_1 + \overline{F}_{Q2} X_2 + \cdots + \overline{F}_{Qn} X_n + F_{QP} \\ F_n = \overline{F}_{n1} X_1 + \overline{F}_{n2} X_2 + \cdots + \overline{F}_{nn} X_n + F_{nP} \end{cases} \qquad (5\text{-}4)$$

式中　$\overline{M}_i$、$\overline{F}_{Qi}$ 和 $\overline{F}_{ni}$——基本结构由于 $X_i=1$ 单独作用而产生的内力（$i=1$，2，$\cdots$，n）；

　　　　M_P、F_{QP} 和 F_{nP}——基本结构由于外荷载作用而产生的内力。

5.4　力法解超静定结构

5.4.1　超静定桁架

【例 5-1】　试求如图 5-5(a)所示超静定桁架的各杆轴力。EA＝常数。

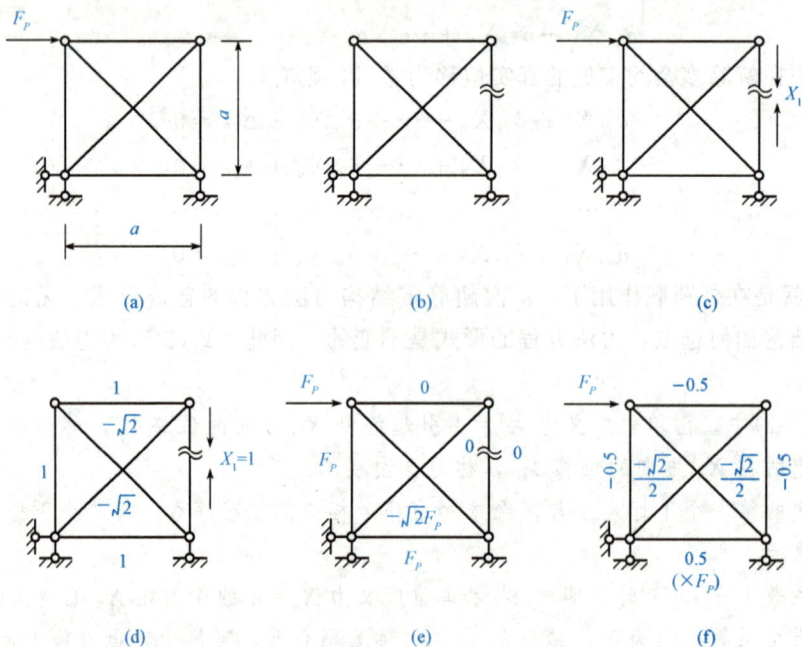

图 5-5　例 5-1 图

(a)原结构及荷载；(b)基本结构；(c)基本体系；
(d)$X_1=1$ 作用时产生的轴力；(e)F_P 作用时产生的轴力；(f)结构轴力图

解：(1)由组成结构分析知超静定次数为 1，解除其中一根杆的轴向约束，得基本结构如图 5-5(b)所示。基本体系如图 5-5(c)所示。

(2)为了求柔度系数 δ_{11} 和自由项系数 Δ_{1P}，需要求解单位力和外荷载 F_P 作用下的轴力，结果如图 5-5(d)、(e)所示。

（3）根据图 5-5（d）、（e）所示可得

$$\delta_{11} = \sum \frac{\overline{F}_{N1}^2 l}{EA} = \frac{1}{EA} \times \left[4 \times 1^2 \times a + 2 \times (-\sqrt{2})^2 \times \sqrt{2} a \right]$$

$$= \frac{4(1+\sqrt{2})a}{EA} （自乘）$$

$$\Delta_{1P} = \sum \frac{\overline{F}_{N1} F_{NP}}{EA} = \frac{1}{EA} \times \left[2 \times 1 \times F_P \times a + (-\sqrt{2}) \times (-\sqrt{2} F_P) \times \sqrt{2} a \right]$$

$$= \frac{2(1+\sqrt{2})}{EA} F_P a （互乘）$$

（4）由力法方程，可得

$$\delta_{11} X_1 + \Delta_{1P} = \frac{4(1+\sqrt{2})a}{EA} X_1 + \frac{2(1+\sqrt{2})}{EA} F_P a = 0$$

$$X_1 = -0.5 F_P$$

（5）由 $F_N = \overline{F}_{N1} X_1 + F_{NP}$，对各杆进行分别叠加，即可获得如图 5-5（f）所示的桁架轴力。

本例的基本结构也可选取如图 5-6（b）所示的结构，其基本体系如图 5-6（c）所示，略去计算过程，最终结果如图 5-6（f）所示，与上述计算结果相同。因此，选取基本结构的方法很多，切忌古板，但在把超静定结构解除约束变成静定的基本结构时，不能是几何可变体系。

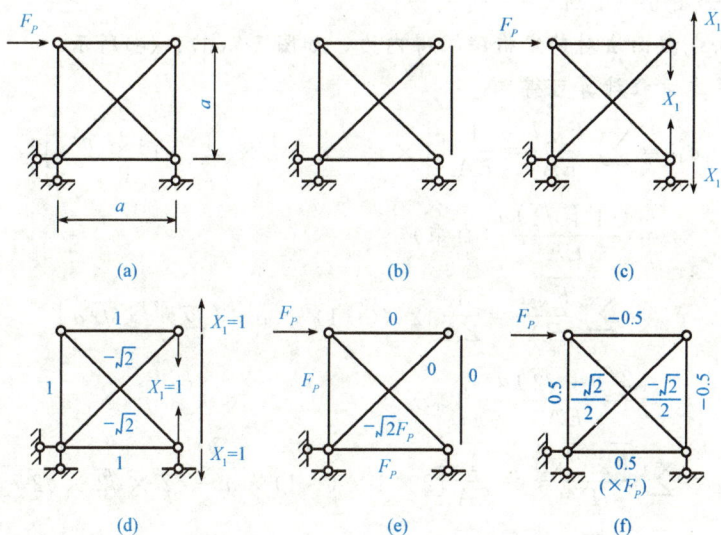

图 5-6 例 5-1 的另外一种基本结构

（a）原结构及荷载；（b）基本结构；（c）基本体系；
（d）$X_1=1$ 作用时产生的轴力；（e）F_P 作用时产生的轴力；（f）结构轴力图

【例 5-2】 试求图 5-7（a）所示桁架由图示支座位移产生的轴力，$EA=$常数。

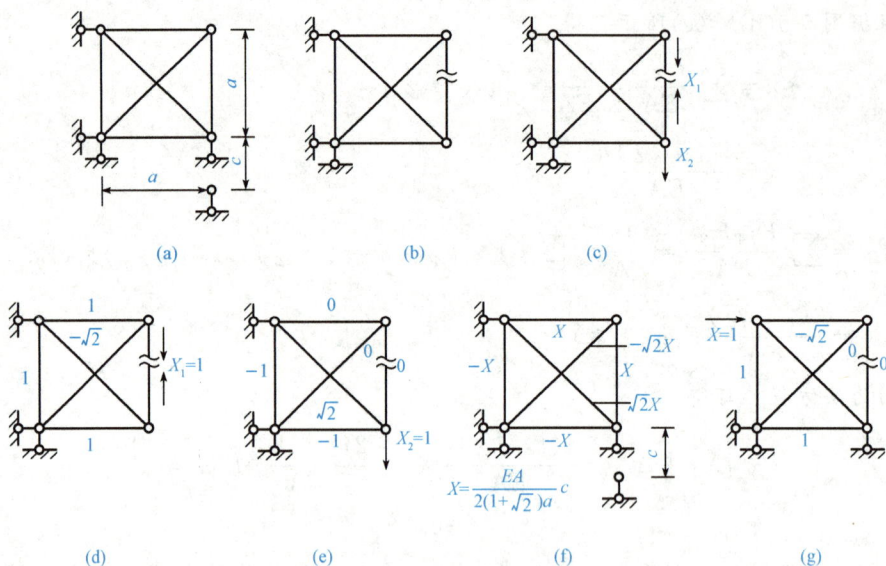

图 5-7　例 5-2 图

(a)原结构及支座位移；(b)基本结构；(c)基本体系；

(d)$X_1=1$ 作用时的轴力；(e)$X_2=1$ 作用时的轴力；(f)结构轴力；(g)单位力状态

解：（1）由结构几何组成分析可知，此桁架的超静定次数为 2，取图 5-7(b)所示为基本结构，基本体系如图 5-7(c)所示。

（2）按结点法或截面法对静定桁架求得内力，如图 5-7(d)、(e)所示。

（3）由力法基本方程计算可得

$$\delta_{11}=\sum\frac{\overline{F}_{N1}^2 l}{EA}=\frac{1}{EA}\left[4\times1^2\times a+2\times(-\sqrt{2})^2\times\sqrt{2}a\right]$$

$$=\frac{4(1+\sqrt{2})a}{EA}\text{（自乘）}$$

$$\delta_{22}=\sum\frac{\overline{F}_{N2}^2 l}{EA}=\frac{1}{EA}\left[2\times(-1)^2\times a+(\sqrt{2})^2\times\sqrt{2}a\right]$$

$$=\frac{2(1+\sqrt{2})a}{EA}\text{（自乘）}$$

$$\delta_{12}=\sum\frac{\overline{F}_{N1}\overline{F}_{N2}l}{EA}=\frac{1}{EA}\left[2\times1\times(-1)\times a-\sqrt{2}\times\sqrt{2}\times\sqrt{2}a\right]$$

$$=-\frac{2(1+\sqrt{2})a}{EA}\text{（互乘）}$$

$$\delta_{21}=\delta_{12}$$

（4）原结构未知力 X_1 方向没有相对位移，X_2 方向有已知支座位移 c，因此力法典型方程为

$$\begin{cases}\delta_{11}X_1+\delta_{12}X_2=0\\\delta_{21}X_1+\delta_{22}X_2=c\end{cases}$$

代入系数并求解，得

$$X_1 = \frac{EA}{2(1+\sqrt{2})a}c, \quad X_2 = 2X_1 = \frac{EA}{(1+\sqrt{2})a}c$$

(5)由 $F_N = \overline{F}_{N1}X_1 + \overline{F}_{N2}X_2$ 叠加得到如图 5-7(f)所示的各杆轴力。

说明：

①此例没有外荷载作用，因此荷载不引起位移，方程组中第一个方程的值为 0；

②支座位移将使得超静定结构产生内力，此内力和杆件的绝对刚度 EA 有关；

③在解除多余约束为基本结构时，不能将左上的链杆解除，因为这导致体系成了几何可变，不能作为结构；

④可以通过上面链杆的位移是否为零，检验计算结果的正确性。由图 5-7(g)可知：

$$\Delta_{xC} = \frac{1}{EA}\left[2\times 1\times(-X)\times a + \sqrt{2}X\times(-\sqrt{2})\times\sqrt{2}a\right] - 1\times(-c) = 0$$

说明计算结果正确。

5.4.2 超静定梁

【例 5-3】 试作出如图 5-8(a)所示连续梁的弯矩图。

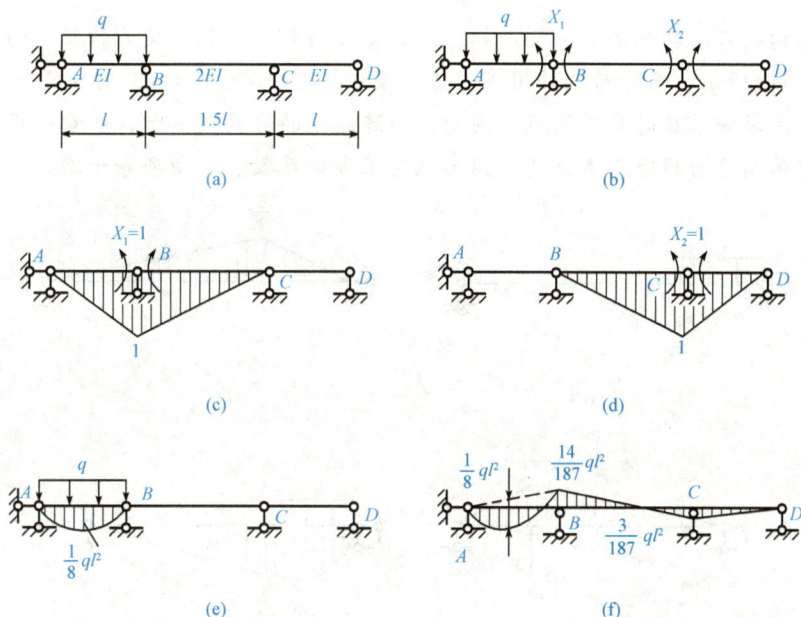

图 5-8 例 5-3 力法求解连续梁图

(a)原结构及荷载；(b)基本结构与基本体系；(c)$X_1=1$产生的弯矩图；

(d)$X_2=1$产生的弯矩图；(e)荷载产生的弯矩图；(f)最终弯矩图

解：(1)由几何组成分析，梁中间的两根单链杆支承属于多余约束，故此结构的超静定次数为 2。

(2)在结点 B 和 C 处，各加一个铰，则体系减少 2 个约束，变为静定的基本结构，如图 5-8(b)所示。

(3)$X_1=1$产生的弯矩图以及 $X_2=1$产生的弯矩图，如图 5-8(c)、(d)所示，记为 $\overline{M}_1$

和 $\overline{M}_2$。

（4）荷载产生的弯矩图，如图 5-8(e) 所示，记为 M_P。

（5）变形协调条件。由于原结构在 B 和 C 处是连续的，因此上述两处的相对转角都等于零。建立力法典型方程为

$$\begin{cases} \delta_{11}X_1 + \delta_{12}X_2 + \Delta_{1P} = 0 \\ \delta_{21}X_1 + \delta_{22}X_2 + \Delta_{2P} = 0 \end{cases}$$

（6）求柔度系数及自由项系数。由图乘法知：

$$\delta_{11} = \delta_{22} = \frac{7l}{12EI}, \quad \delta_{12} = \delta_{21} = \frac{l}{8EI}$$

$$\Delta_{1P} = \frac{ql^3}{24EI}, \quad \Delta_{2P} = 0$$

（7）求解力法典型方程，得

$$X_1 = -\frac{14}{187}ql^2, \quad X_2 = \frac{3}{187}ql^2$$

（8）叠加弯矩，$M = \overline{M}_1 X_1 + \overline{M}_2 X_2 + M_P$ 得到如图 5-8(f) 所示的弯矩图。

说明：

①基本结构也可选取如图 5-9(a) 所示。按此基本结构，单位广义力作用下的弯矩图分别为图 5-9(b)、(c) 所示，而外荷载作用下的弯矩图如图 5-9(d) 所示。此时由于弯矩图布满全跨，采用图乘法求解系数时非常困难。因此，当连续梁的跨数较多时，尽量采用插入铰的形式，使超静定结构变为静定基本结构，因为此时很多副系数和自由项等于零，可方便计算。

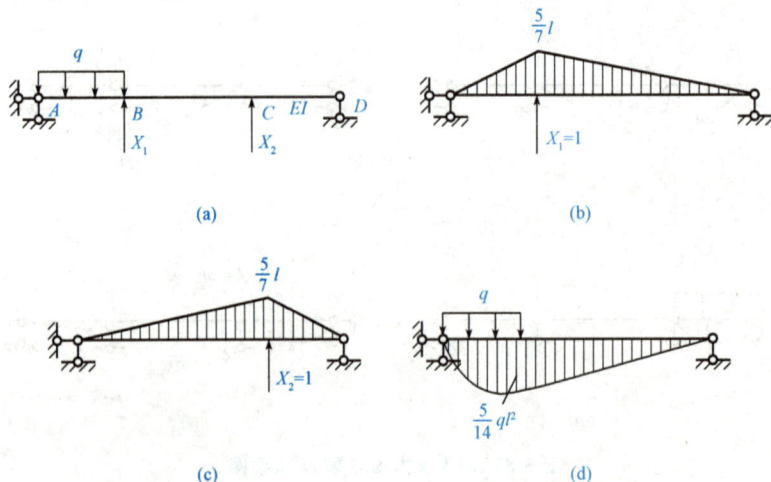

图 5-9 用力法作荷载弯矩图

(a)基本结构与基本体系；(b)$X_1=1$产生的弯矩图；
(c)$X_2=1$产生的弯矩图；(d)荷载产生的弯矩图

②由计算结果看出，单位广义力和外荷载引起的位移均与杆件截面的弯曲刚度 EI 成反比，由此可以推得，结构的位移与结构的刚度成反比。但是力法方程和最终求得的多余约束力 X_1 和 X_2 与刚度 EI 无关，这说明：在外荷载作用下超静定结构的内力仅取决于杆件刚度的相对值，而与杆件的绝对刚度无关。

【例 5-4】 试作出如图 5-10(a)所示单跨梁的弯矩图。

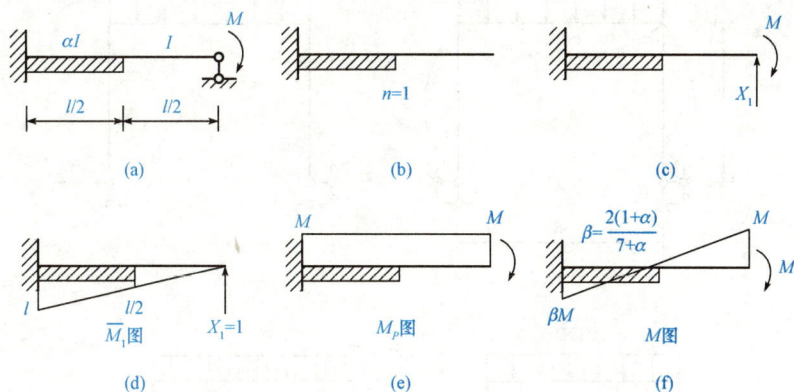

图 5-10 例 5-4 单跨梁

(a)原结构及荷载；(b)基本结构；(c)基本体系；
(d)单位弯矩图；(e)荷载弯矩图；(f)最终结构弯矩图

解：(1)显然此梁的超静定次数为 1。

(2)解除右边链杆，其基本结构和基本体系如图 5-10(b)、(c)所示。

(3)单位弯矩图和荷载弯矩图，如图 5-10(d)、(e)所示。

(4)图乘法求各相关系数，得

$$\delta_{11} = \frac{\left(\frac{l}{2}\right)^3}{3EI} + \frac{1}{\alpha EI}\left(\frac{1}{2} \times l \times \frac{l}{2} \times \frac{5l}{6} + \frac{1}{2} \times \frac{l}{2} \times \frac{l}{2} \times \frac{2l}{3}\right) = \frac{l^3}{24EI}\left(1 + \frac{7}{\alpha}\right)$$

$$\Delta_{1P} = -\left[\frac{\frac{1}{2} \times \frac{l}{2} \times \frac{l}{2} \times M}{EI} + \frac{\frac{3l}{4} \times \frac{l}{2} \times M}{\alpha EI}\right] = -\frac{Ml^2}{8EI}\left(1 + \frac{3}{\alpha}\right)$$

(5)力法典型方程：

$$\delta_{11} X_1 + \Delta_{1P} = 0，得到：X_1 = \frac{3M}{l}\frac{\alpha + 3}{\alpha + 7}$$

(6)由 $M = \overline{M}_1 X_1 + M_P$ 叠加可得如图 5-10(f)所示弯矩图。

说明：

①结构中存在不同刚度段时，采用图乘法必须分段计算；

②再次证实：超静定梁内力只与杆件的相对刚度有关，与绝对刚度无关；

③也可以在梁中两不同刚度的结合部，加铰结点变成基本结构，读者自行计算并比较结果，看选取哪一种基本结构计算更为简单。

5.4.3 超静定刚架

【例 5-5】 图 5-11(a)为超静定刚架，梁和柱的截面惯性矩分别为 I_1 和 I_2，且 $\frac{I_1}{I_2} = 2$。

当横梁承受均布荷载 $q = 20$ kN/m 作用时，试作出刚架的内力图。

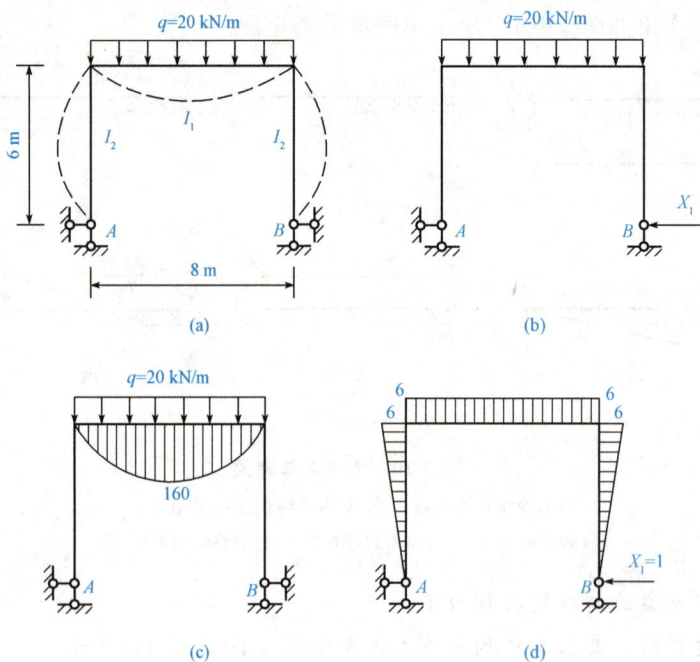

图 5-11 例 5-5 力法求解刚架图
(a)原结构及荷载；(b)基本结构及基本体系；(c)荷载弯矩图；(d)单位弯矩图

解：(1)明显此刚架的超静定次数为 1，选取 B 点的水平反力为多余约束力。解除 B 点水平链杆代之以未知力 X_1 后，得到如图 5-11(b)的基本结构与基本体系，其荷载弯矩图、单位弯矩图如图 5-11(c)、(d)所示。

(2)力法方程：

$$\delta_{11} X_1 + \Delta_{1P} = 0$$

(3)利用图乘法求柔度系数和自由项：

$$\delta_{11} = \frac{1}{EI_1} \times (6 \times 8) \times 6 + \frac{2}{EI_2} \times \left(\frac{1}{2} \times 6 \times 6 \right) \times \left(\frac{2}{3} \times 6 \right) = \frac{288}{EI_1} + \frac{144}{EI_2}$$

因 $\dfrac{I_1}{I_2} = 2$，故

$$\delta_{11} = \frac{576}{EI_1}$$

$$\Delta_{1P} = -\frac{1}{EI_1} \left(\frac{2}{3} \times 8 \times 160 \right) \times 6 = -\frac{5120}{EI_1}$$

(4)求多余未知力。代入力法方程，得

$$X_1 = \frac{80}{9} \text{ kN}$$

(5)叠加作各种内力图［图 5-12(a)、(b)、(c)］。

(a)

(b)

(c)

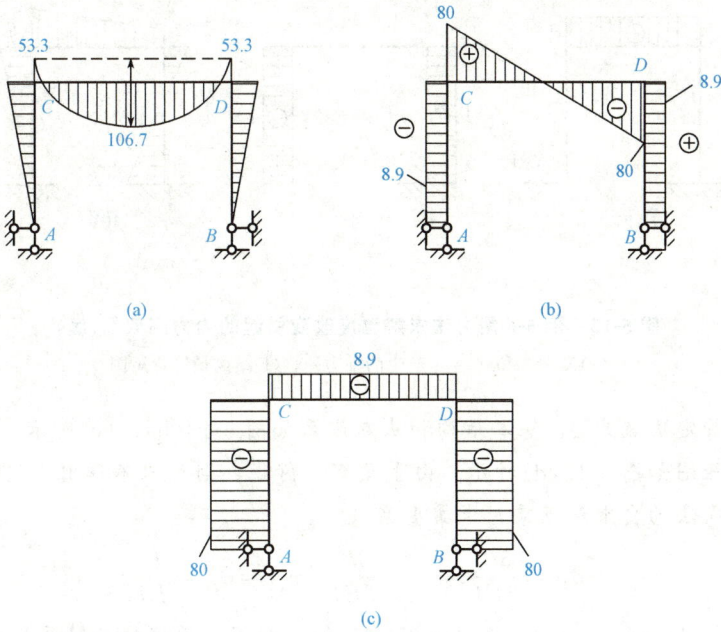

图 5-12　例 5-5 最终的内力图

(a)弯矩图；(b)剪力图；(c)轴力图

思考：

①能否解除 B 铰结点中竖向的单链杆，作为基本结构？

②能否在刚架上的梁中间加一个铰，使之成为左右对称的基本结构？

③能否在刚架上的 C 或 D 处加一个铰，使之成为基本结构？

【例 5-6】　试作图 5-13(a)所示刚架因温度改变引起的弯矩图。

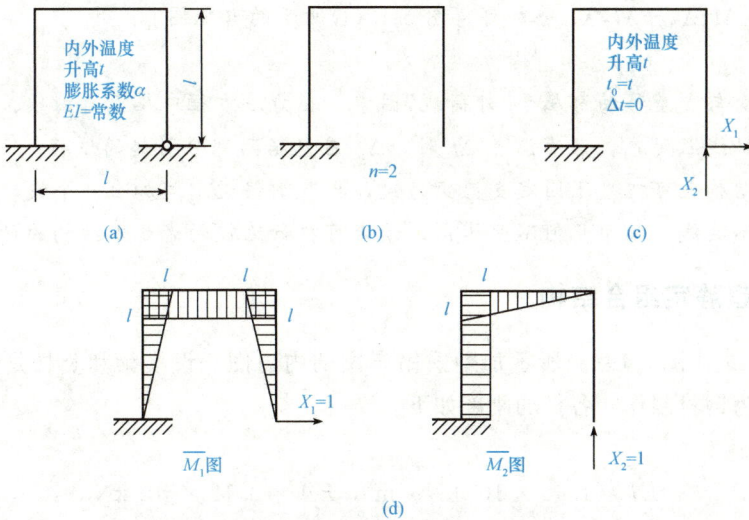

(a)

(b)

(c)

$\overline{M_1}$图　　　$\overline{M_2}$图

(d)

图 5-13　例 5-6 用力法求解温度改变引起的内力刚架图

(a)原结构及荷载；(b)基本结构；(c)基本体系；(d)$X_1=1$ 和 $X_2=1$ 产生的弯矩图

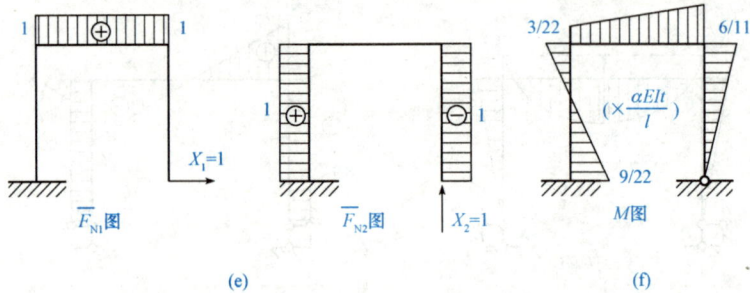

图 5-13 例 5-6 用力法求解温度改变引起的内力刚架图(续)

(e)$X_1=1$ 和 $X_2=1$ 产生的轴力图;(f)结构最终弯矩图

解:(1)超静定次数为 2,基本结构和基本体系如图 5-13(b)、(c)所示。

(2)单位弯矩图如图 5-13(d)所示。由于没有外荷载,则可以不作出荷载弯矩图。

(3)利用图乘法的自乘和互乘,求柔度系数

$$\delta_{11}=\frac{5l^3}{3EI}, \ \delta_{22}=\frac{4l^3}{3EI}, \ \delta_{12}=\delta_{21}=\frac{l^3}{EI}$$

(4)因为各杆 $\Delta t=0$,$t_0=t$,所以由 $\overline{F}_{Ni}(i=1,2)$ 图,用温度位移计算公式可得

$$\Delta_{2t}=0, \ \Delta_{1t}=\sum \pm \alpha t_0 A\overline{F}_N=\frac{\alpha lt}{2}$$

(5)求力法方程,有

$$\begin{cases}\delta_{11}X_1+\delta_{12}X_2+\Delta_{1t}=0\\ \delta_{21}X_1+\delta_{22}X_2+\Delta_{2t}=0\end{cases}$$

$$X_1=-\frac{6\alpha EIt}{11l^2}, \ X_2=\frac{9\alpha EIt}{11l^2}$$

(6)由 $M=\overline{M}_1X_1+\overline{M}_2X_2$ 叠加可得图 5-13(f)所示的弯矩图。

说明:

①温度改变与支座移动都属于"外荷载"因素,在力法方程中属于自由项;

②当既有轴线温变 t_0,又有温差 Δt 时,Δ_{it} 应包括两部分引起的位移;

③此例原结构也可把左下固定支座变为铰,再在刚架梁中间加上一个铰,组成基本结构就成了三铰但不共线,属于几何不变体系,读者可自行比较两者基本结构的计算难度。

5.4.4 超静定组合结构

【例 5-7】 试作图 5-14(a)所示加劲式吊车梁的内力图。设横梁和竖杆是钢筋混凝土构件,加劲杆均为钢材制作。各杆的刚度如下:

受弯杆 AB:

$$EI=1.40\times 10^4 \ \text{kN}\cdot\text{m}^2, \ EA=2.12\times 10^6 \ \text{kN}$$

二力杆 AD、DB:

$$EA=2.58\times 10^5 \ \text{kN}$$

二力杆 CD:

$$EA=2.27\times 10^5 \ \text{kN}$$

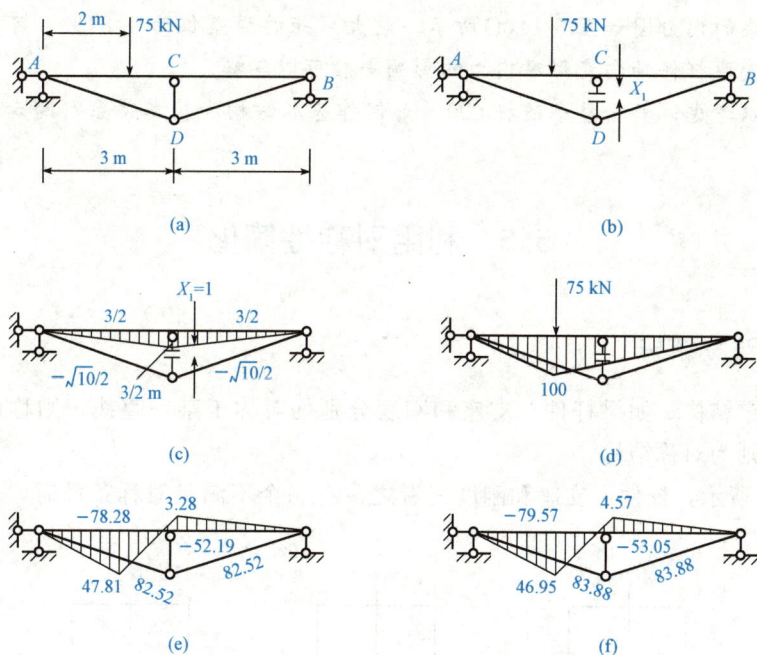

图 5-14 例 5-7 力法求解组合结构图

(a)原结构；(b)基本结构及基本体系；(c)$\overline{M}_1$，$\overline{F}_{N1}$；

(d)M_P 图；(e)M 图，F_N 图；(f)M 图，F_N 图

解：(1)由几何组成分析易知，此结构的超静定次数为 1。

(2)打开中间链杆 CD，代之以附加约束力 X_1，则基本结构和基本体系如图 5-14(b)所示。

(3)作单位力作用下的弯矩图和轴力图，如图 5-14(c)所示。

(4)作外荷载作用下的弯矩图，如图 5-14(d)所示。

(5)力法方程：

$$\delta_{11}X_1 + \Delta_{1P} = 0$$

(6)利用图乘法求系数及自由项：

$$\delta_{11} = \sum \frac{\overline{F}_{N1}^2 l}{EA} + \int \frac{\overline{M}_1^2}{EI}\mathrm{d}x$$

$$= (6.128 + 0.637 + 0.441 + 32.143) \times 10^{-5}$$

$$= 3.94 \times 10^{-4}(\mathrm{m/kN})$$

$$\Delta_{1P} = \sum \int \frac{\overline{M}_1 M_P}{EI}\mathrm{d}x = 2.05 \times 10^{-2}(\mathrm{m})$$

(7)求未知约束力：

$$X_1 = -\frac{\Delta_{1P}}{\delta_{11}} = -52.03 \text{ kN}$$

(8)由此作出梁的弯矩图和轴力图，如图 5-14(e)所示。

说明：

①如果忽略受弯杆件轴向变形带来的误差。则影响的是 δ_{11} 计算公式中的第二项，忽略

这项后，组合梁的内力图如图 5-14(f)所示。最大弯矩的误差仅为 1.81%，可见，在超静定组合结构中，受弯杆件轴向变形对内力的影响一般可以忽略。

②读者可以考虑，解除整个链杆 CD，如何作基本结构和基本体系？两者力法方程中有何不同？

5.5　利用对称性简化

5.5.1　对称结构

对于超静定结构，如果杆件、支座和刚度分别均对称于某一直线，则称此直线为对称轴，而此结构则为对称结构。

如图 5-15 所示，杆件、支座和刚度三者之一有一个不满足对称条件时，就不能称为对称结构。

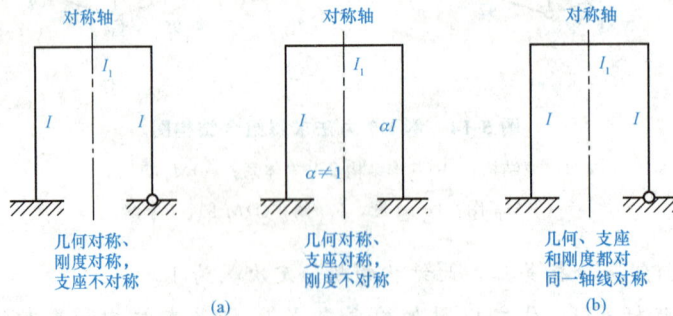

图 5-15　对称结构和非对称结构

（a）非对称结构；（b）对称结构

当然，对称轴可以双对称，也可以斜轴对称和中心对称，如图 5-16 所示。

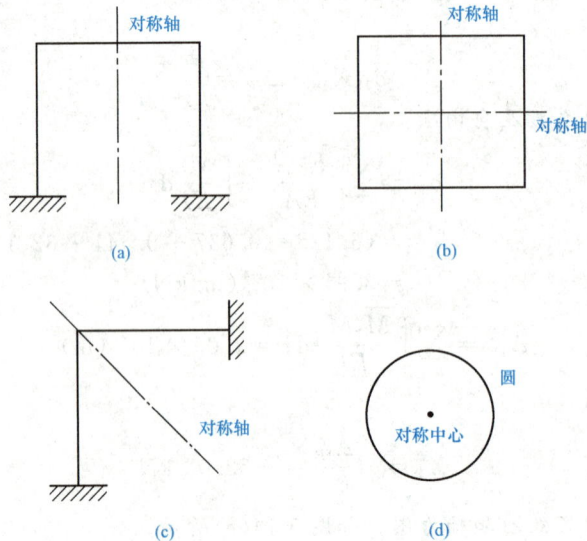

图 5-16　具有各种对称轴的对称结构

（a）单轴对称；（b）双轴对称；（c）斜轴对称；（d）中心对称

5.5.2　对称结构的特点

对称结构在对称荷载的作用下，结构的变形和内力都是对称的；在反对称荷载作用下，结构的变形和内力则都是反对称的，见表 5-1。

(1)对称荷载。对称荷载是指荷载的大小、方向和作用点都以对称轴对称；

(2)反对称荷载。反对称荷载是指荷载的大小、方向和作用点都以对称轴反对称。

表 5-1　对称结构的受力和变形特点

荷载类型	变形图	弯矩分布图	特点描述
			对称结构，在对称荷载作用下，其弯矩图和变形图也为对称
			反对称结构，在反对称荷载作用下，其弯矩图和变形图也为反对称

5.5.3　对称结构在对称轴上的受力特点及简化

计算超静定对称结构时，为了简化计算，普遍选择对称的基本结构，并取对称力或反对称力作为多余未知力。如图 5-17 所示，对称轴截开，代之以多余未知力 X_1、X_2、X_3，其中 X_1 是一对弯矩，X_2 是一对轴力，X_3 是一对剪力。

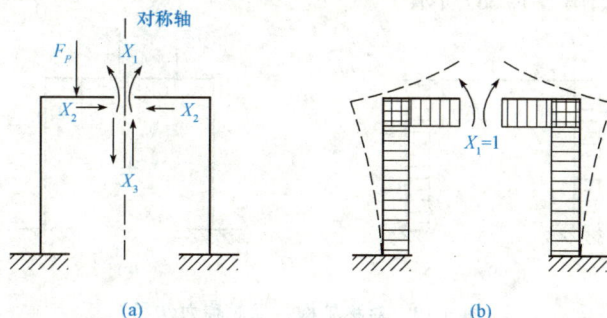

(a)　　　　　　　　　　　　(b)

图 5-17　对称力与反对称力

(a)基本结构；(b)$\overline{M}_1$ 图

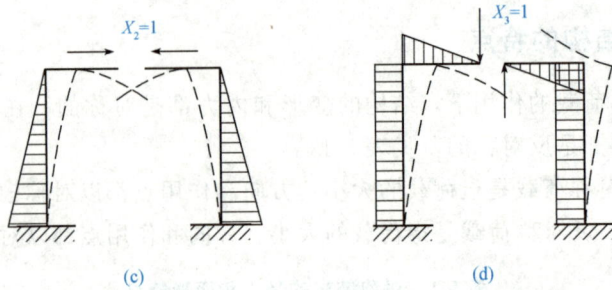

图 5-17　对称力与反对称力(续)

(c)$\overline{M}_2$ 图；(d)$\overline{M}_3$ 图

由图发现，弯矩 X_1、轴力 X_2 以对称轴左右对称；剪力 X_3 以对称轴左右反对称。因此，称弯矩 X_1、轴力 X_2 为对称力，剪力 X_3 为反对称力。

(1)对称结构在对称荷载作用下，对称轴截面上的受力特点。如图 5-18(a)所示，切开对称轴，代之以未知力 X_1、X_2、X_3，由于弯矩图左右对称，弯矩极值就发生在对称轴上，剪力又是弯矩的一阶导数，因此对称轴截面上的剪力为零，即 $X_3=0$，如图 5-18(b)所示。

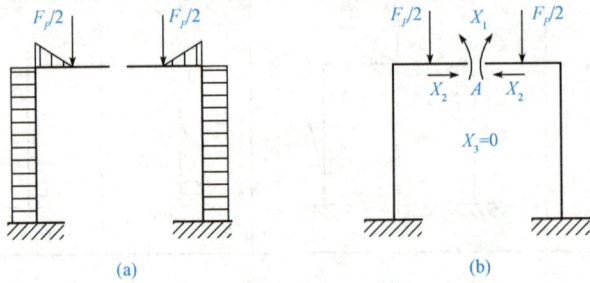

图 5-18　对称结构，对称力作用

(2)对称结构在反对称荷载作用下，对称轴截面上的受力特点。如图 5-19(a)所示，截开对称轴，代之以未知力 X_1、X_2、X_3，由于弯矩图左右反对称，在对称轴截面上弯矩图左右斜率不为零，即剪力 X_3 不等于零；而对称力弯矩 X_1 和轴力 X_2 恰恰等于零，即 $X_1=0$，$X_2=0$(证明从略)，如图 5-19(b)所示。

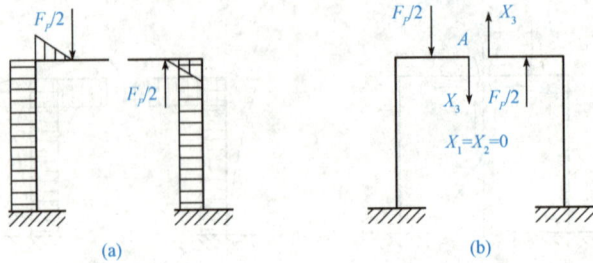

图 5-19　对称结构，反对称力作用

结论：

1)对于对称结构，应选择对称的基本结构，并选用对称力或反对称力作为基本未知量；

2)对称结构在对称荷载作用下，在对称轴截面上，反对称未知力——剪力为零，只考虑对称未知力——轴力和弯矩；

3)对称结构在反对称荷载作用下,在对称轴截面上,对称未知力——弯矩和轴力为零,只考虑反对称未知力——剪力。

(3)外荷载往往可以分解为对称荷载和反对称荷载,如图 5-20 所示。

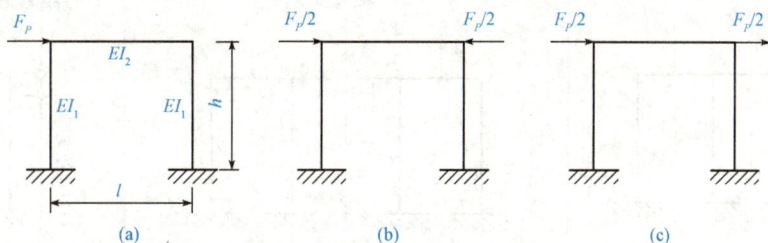

图 5-20　外荷载分解

图 5-20(a)中的外荷载可以分解为图 5-20(b)的对称荷载和图 5-20(c)的反对称荷载,如此,计算可大大简化。

5.5.4　对称结构的基本结构选取

利用对称结构在对称和反对称荷载作用下的基本受力特点,可先截取半边结构分析计算,然后根据对称性得到整个结构的内力。一般半边结构的超静定次数低于原结构,这样就可以使计算得到简化。

下面以奇数跨和偶数跨的对称刚架为主线,说明半边结构的分析方法。

(1)奇数跨,见表 5-2。

1)奇数跨对称结构在对称荷载作用下,由于反对称内力等于零,以对称轴截面去除一半,半边结构只提供轴力和弯矩。从变形角度,对称轴处垂直对称轴方向的位移、角位移属于反对称变形,它们也等于零。基于上述原因,因此半边结构在对称轴处相当于定向支座。

2)奇数跨对称结构在反对称荷载作用下,由于对称内力等于零,以对称轴截面去除一半,半边结构只提供剪力。从变形角度上看,对称轴处沿对称轴方向的位移属于对称变形,它们也等于零。基于上述原因,半边结构在对称轴处相当于链杆支座。

表 5-2　奇数跨基本结构的选取

荷载类型	对称轴截面上的内力、变形特点	半边结构

续表

荷载类型 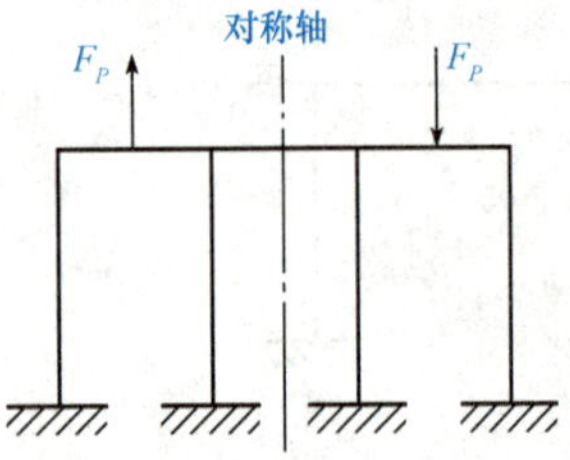	对称轴截面上的内力、变形特点 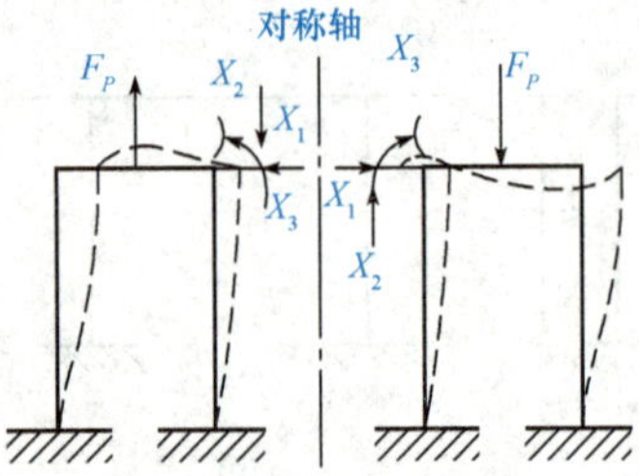	半边结构 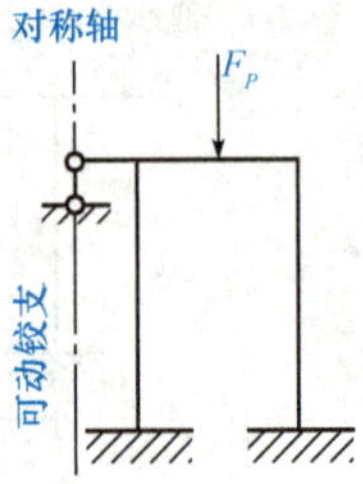

（2）表 5-3 为偶数跨情况，具体分析请读者自行进行。

表 5-3　偶数跨基本结构的选取

荷载类型	对称轴截面上的内力、变形特点	半边结构

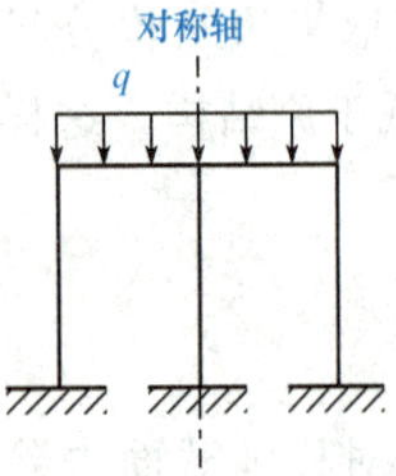

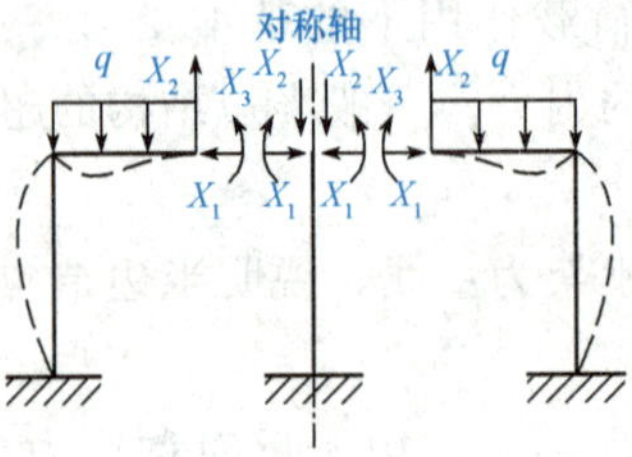

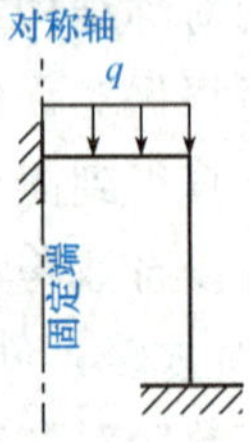

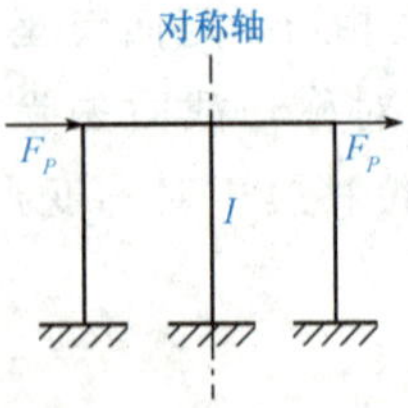

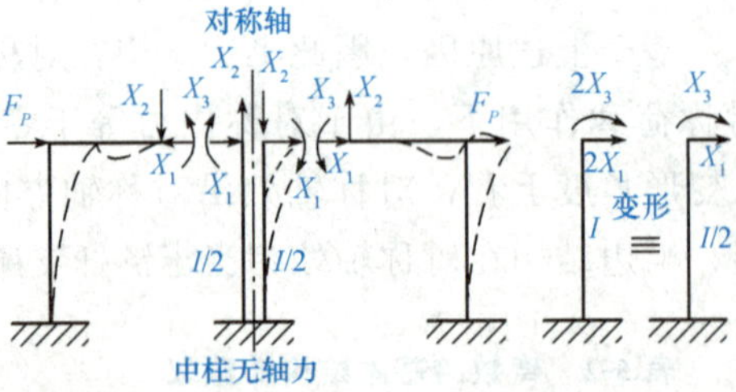

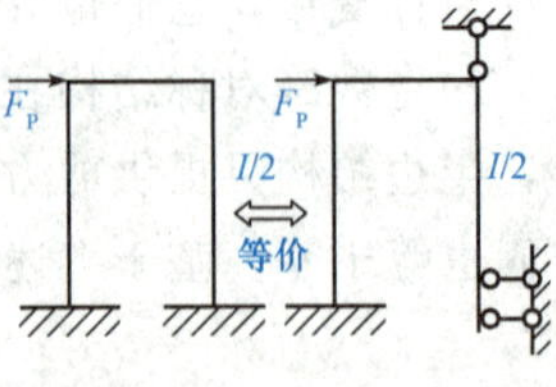

表 5-4 为典型的半结构基本体系。

表 5-4　典型的半结构基本体系

原结构及荷载 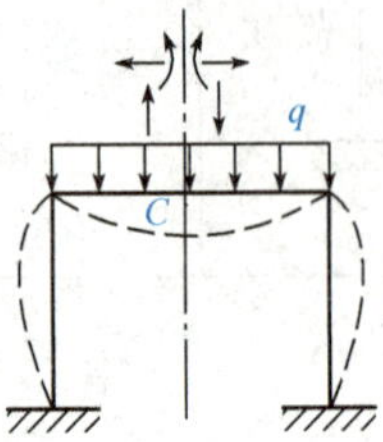	基本体系 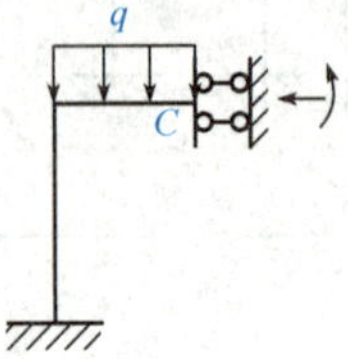

续表

原结构及荷载	基本体系

【例 5-8】 利用结构的对称性，试用力法计算如图 5-21(a)所示刚架，并绘制弯矩图。已知各杆刚度 EI 为常数。

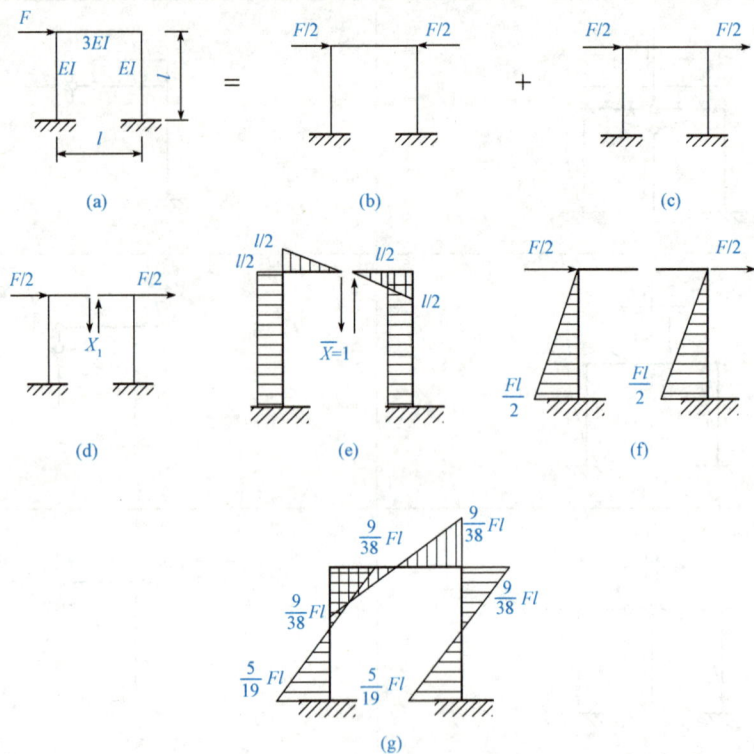

图 5-21 例 5-8 图

(a)原结构；(b)对称荷载；(c)反对称荷载；(d)基本体系；(e)$\overline{M}_1$ 图；(f)M_P 图；(g)M 图

解： 此结构为一个三次超静定对称刚架，荷载是非对称的。将荷载分解为对称荷载与反对称荷载，分别如图 5-21(b)、(c)所示。在对称荷载作用下[图 5-21(b)]，如果忽略横梁的轴向变形，则只有横梁承受大小为 $\dfrac{F}{2}$ 的轴向压力，其他杆件没有内力。故原结构的弯矩都是由反对称荷载[图 5-21(c)]引起的，所以只需对反对称荷载作用的情况进行计算。

在横梁中点处切开，选取如图 5-21(d)所示的基本结构，由于荷载是反对称的，由前述可知，对称多余未知力为零。故切口处只有反对称未知力 X_1，建立力法方程为

$$\delta_{11}X_1 + \Delta_{1P} = 0$$

绘出基本结构在 $X_1 = 1$ 及荷载作用下的弯矩图 $\overline{M}_1$ 图和 M_P 图，分别如图 5-21(e)、(f)所示。由图乘法计算系数和自由项为

$$\delta_{11} = \frac{1}{3EI}\left(\frac{1}{2}\times\frac{l}{2}\times\frac{l}{2}\times\frac{2}{3}\times\frac{l}{2}\times 2\right) + \frac{1}{EI}\left(\frac{l}{2}\times l\times\frac{l}{2}\times 2\right) = \frac{19l^3}{36EI}$$

$$\Delta_{1P} = \frac{1}{EI}\left(\frac{1}{2}\times\frac{Fl}{2}\times l\times\frac{l}{2}\times 2\right) = \frac{Fl^3}{4EI}$$

将以上系数和自由项代入力法方程，解得

$$X_1 = -\frac{9}{19}F$$

根据叠加公式 $M=\overline{M}_1X_1+M_P$ 计算各杆端弯矩值，绘出弯矩图，如图 5-21(g)所示。

【例 5-9】 利用结构的对称性，试用力法计算如图 5-22(a)所示刚架，并绘制弯矩图。已知各杆刚度 EI 为常数。

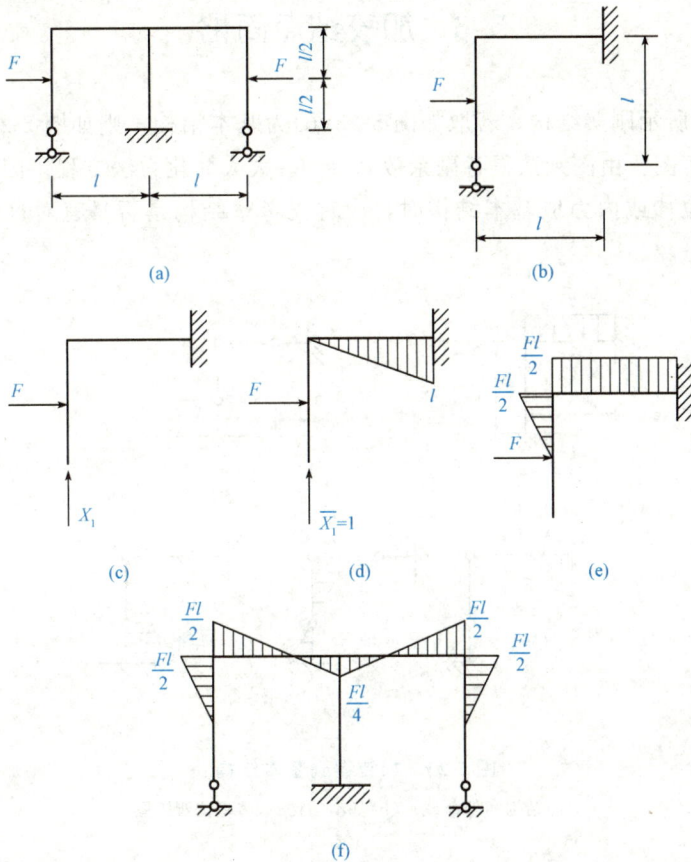

(a)

(b)

(c)

(d)

(e)

(f)

图 5-22 例 5-9 图

(a)原结构；(b)半结构；(c)基本体系；(d)$\overline{M}_1$ 图；(e)M_P 图；(f)M 图

解： 此结构为对称荷载作用下的两跨超静定刚架，取图 5-22(b)所示半刚架进行计算。该半刚架为一次超静定结构，取图 5-22(c)所示基本结构。建立力法方程为

$$\delta_{11}X_1+\Delta_{1P}=0$$

绘出基本结构在 $\overline{X}_1=1$ 及荷载作用下的弯矩图（$\overline{M}_1$ 图和 M_P 图），分别如图 5-22(d)、(e)所示。由图乘法计算系数和自由项为

$$\delta_{11}=\frac{1}{EI}\left(\frac{1}{2}\times l\times l\times\frac{2l}{3}\right)=\frac{l^3}{3EI}$$

$$\Delta_{1P}=-\frac{1}{EI}\left(\frac{1}{2}\times l\times l\times\frac{Fl}{2}\right)=-\frac{Fl^3}{4EI}$$

将以上系数和自由项代入力法方程，解得

$$X_1=\frac{3}{4}F$$

由叠加公式 $M=\overline{M}_1 X_1+M_P$ 计算各杆端弯矩值，并由对称性绘出整个结构的弯矩图，如图 5-22(f)所示。

5.6 加铰结点简化

如图 5-23(a)所示刚架结构，若取如图 5-23(b)为基本结构，则如图 5-23(c)为各单位未知力所引起的弯矩图，由图乘法得各副系数 $\delta_{ij}=0$，大大简化力法方程。因此，利用力法求解超静定结构的位移或内力取基本结构时，应首先考察结构是否具有对称性，其次尽量加"铰"使问题简化。

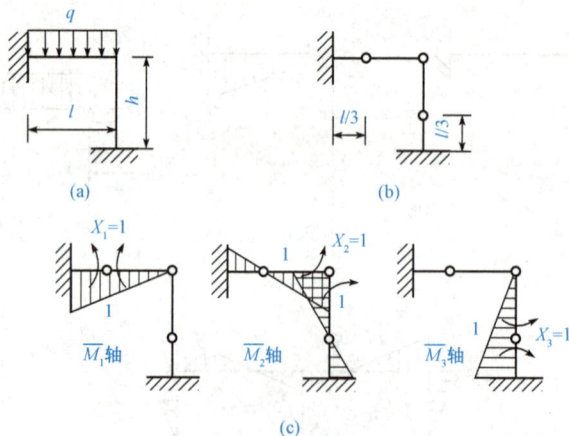

图 5-23 加铰得到基本结构

(a)结构和外荷载；(b)基本结构；(c)单位弯矩图

5.7 超静定结构的特性

超静定结构与静定结构相比较，其本质的区别在于，构造上有多余约束存在，从而导致在受力和变形两方面具有下列一些重要特性。

(1)超静定结构满足平衡条件和变形条件的内力解答才是唯一真实的解。超静定结构由于存在多余约束，仅用静力平衡条件不能确定其全部支反力和内力，而必须综合应用超静定结构的平衡条件和数量与多余约束数相等的变形条件后，才能求得唯一的内力解答。

(2)超静定结构可产生自内力。在静定结构中，因几何不变且无多余约束，除荷载以外的其他因素，如温度改变、支座移动、制造误差、材料收缩等，都不致引起内力。但在超静定结构中，由于这些因素引起的变形在其发展过程中，会受到多余约束的限制，因而都可能产生内力(称自内力)。

自内力状态的存在，有不利的一面，也有有利的一面。地基不均匀沉降和温度变化等因素产生的自内力会引起结构裂缝，这是工程中应注意的一个问题；而采用预应力结构，则是主动利用自内力来调节结构截面应力的典型例子。

(3)超静定结构的内力与截面刚度有关。静定结构的内力只按静力平衡条件即可确定，其值与各杆截面的刚度(弯曲刚度 EI、轴向刚度 EA、剪切刚度 GA)无关。但超静定结构的内力必须综合应用平衡条件和变形条件后才能确定，故与各杆的刚度有关。在荷载作用下，超静定结构的内力只与各杆刚度的相对比值有关，而与绝对值无关；在非荷载因素影响下产生的自内力，与各杆刚度的绝对值有关，而且一般是与各杆的刚度值成正比。

(4)超静定结构有较强的防护能力。超静定结构在某些多余约束被破坏后，仍能维持几何不变形；而静定结构在任一约束被破坏后，即变成可变体系而失去承载能力。因此，在抗震防灾、国防建设等方面，超静定结构比静定结构更具有防护能力。

(5)超静定结构的内力和变形分布比较均匀。超静定结构由于存在多余约束，较之相应静定结构，其刚度要大些，而内力和位移的峰值则小些，且分布趋于均匀。此外，在局部荷载作用下，前者较后者其内力分布范围更大些。

5.8　结论与讨论

5.8.1　结论

(1)仅满足平衡条件，超静定问题解答不唯一。但同时满足变形协调、本构关系和平衡条件的解答只有一个。

(2)力法的基本思想是把不会求解的超静定问题，化成会求解的静定问题(内力、变形)，然后通过消除基本结构与原结构的差别，建立力法方程使问题得到解决。只要这一思路确实掌握了，不管什么结构、什么外因都不会有困难。

(3)一个结构的力法基本结构有无限多种，正确的最终计算结果是唯一的。不同基本结构，计算的工作量可能不同。合理选取基本结构能既快速又准确地获得解答，这主要靠练习过程中及时总结经验来积累。

(4)力法的解题步骤不是固定的，顺序可略有变动。但超静定次数、取基本结构如果错误，整个求解就有问题。这说明切不可忽视结构组成分析的作用。

(5)应该养成对计算结果的正确性进行检查的良好习惯。对力法来说，除每一步应认真细致检查外，最后的总体检查也是必要的。总体检查主要是检查变形协调条件是否满足，这实际上是位移计算问题。超静定结构的位移计算可以看成基本结构的位移计算，当外因是支座位移或温度改变等时，千万不要忘了基本结构上有这些外因作用，位移计算必须(对支座位移情况，要看基本结构是否存在已知支座位移)用多因素位移公式。

(6)对称结构往往利用对称性可使计算得到极大简化，因此，应该深刻理解和熟记对称结构取半结构计算的计算简图。力法简化方案很多，有兴趣的读者可再自行分析。

5.8.2　讨论

(1)力法解超静定结构时，一般取对应的静定结构作为基本结构，但从力法基本思想——化未知问题为已知问题来解决的考虑出发，基本结构不一定是静定的，也可以采用超静定次数较低的结构作为基本结构。关键在于基本结构在基本未知力和荷载作用下要能够求内力和位移。

（2）每一力法计算过程都应仔细校核，但若单位力内力和荷载内力计算是正确的，则即使未知力求解错误，在不出现叠加错误的条件下，由未知力和荷载共同作用的内力一定满足平衡条件。因此，力法计算结果的整体校核以什么为主呢？力法计算结果校核应注意什么？

习题

5-1　试确定图 5-24 所示各结构的超静定次数。

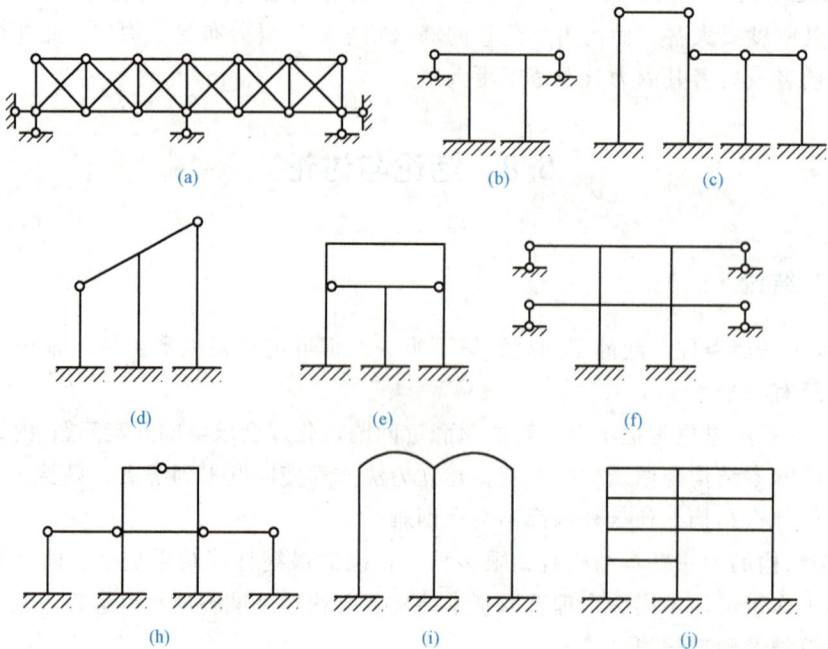

图 5-24　习题 5-1 图

5-2　试用多种方法将图 5-25 所示结构变成基本结构，并绘制基本体系。

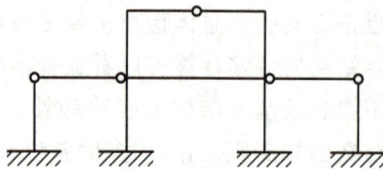

图 5-25　习题 5-2 图

5-3 作图 5-26 所示连续梁的弯矩图和剪力图。

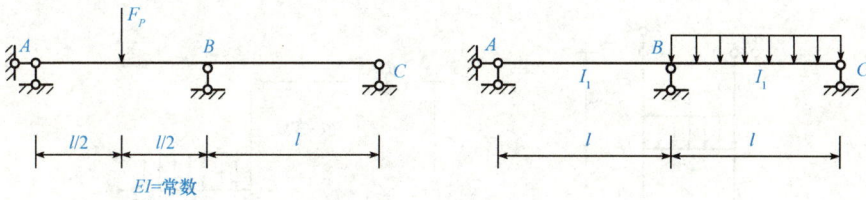

图 5-26 习题 5-3 图

5-4 试作图 5-27 所示刚架的内力图。

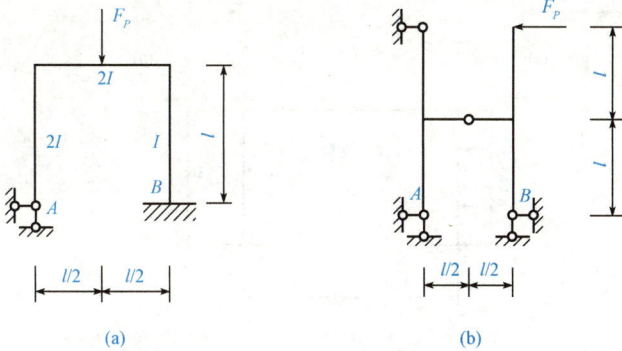

(a)

(b)

图 5-27 习题 5-4 图

5-5 试作图 5-28 所示刚架的内力图。

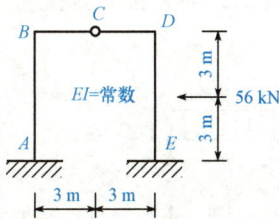

图 5-28 习题 5-5 图

5-6 用力法计算图 5-29 所示超静定梁，并作出弯矩图和剪力图。

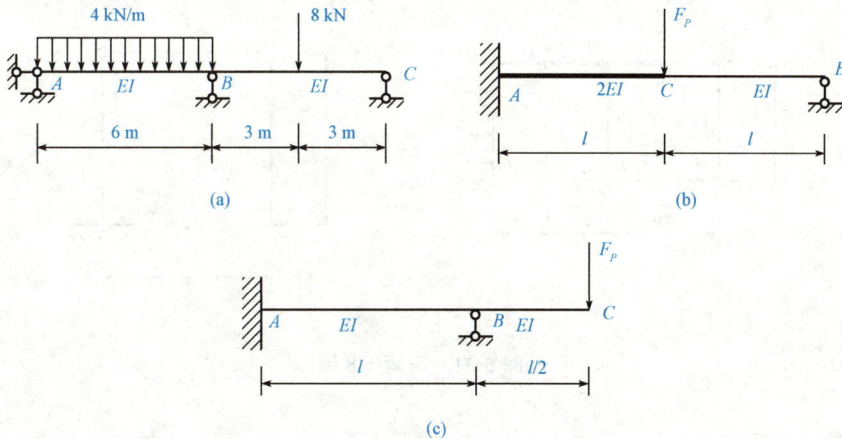

(a)

(b)

(c)

图 5-29 习题 5-6 图

5-7 用力法计算图 5-30 所示超静定刚架，并作出内力图。

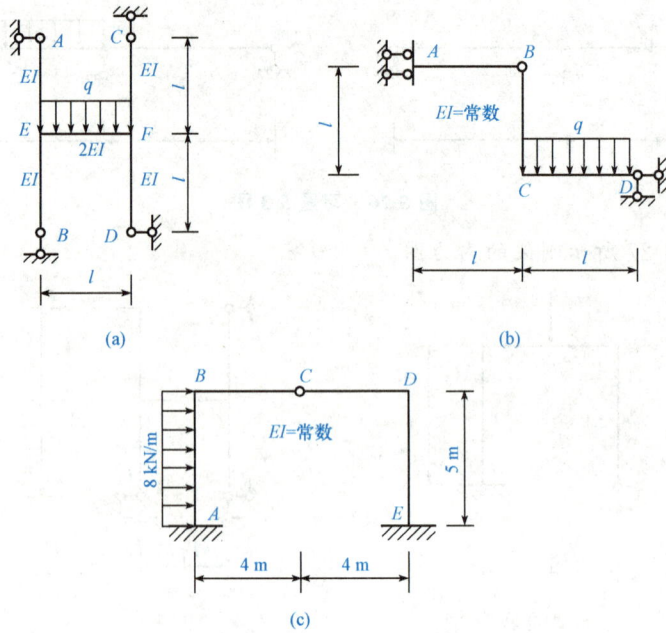

(a)

(b)

(c)

图 5-30　习题 5-7 图

5-8 用力法计算图 5-31 所示结构，并作出弯矩图。

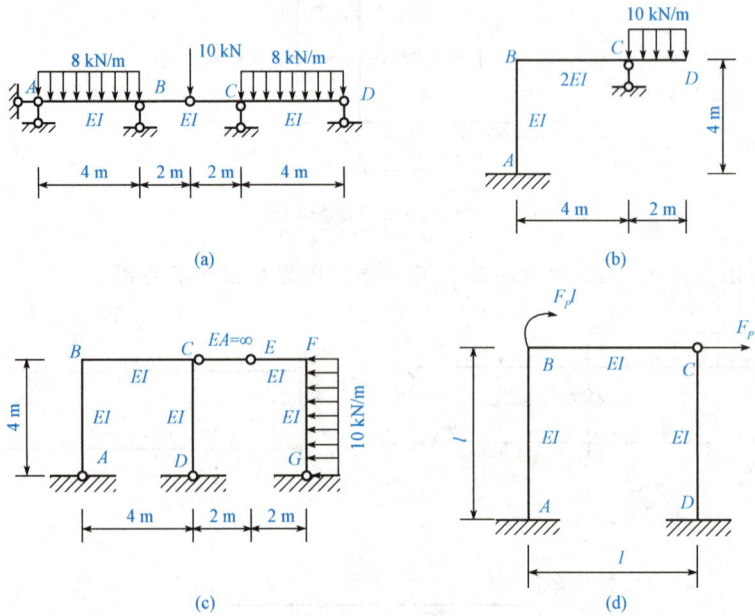

(a)

(b)

(c)

(d)

图 5-31　习题 5-8 图

5-9 试用力法计算图 5-32 所示结构，并绘制弯矩图。

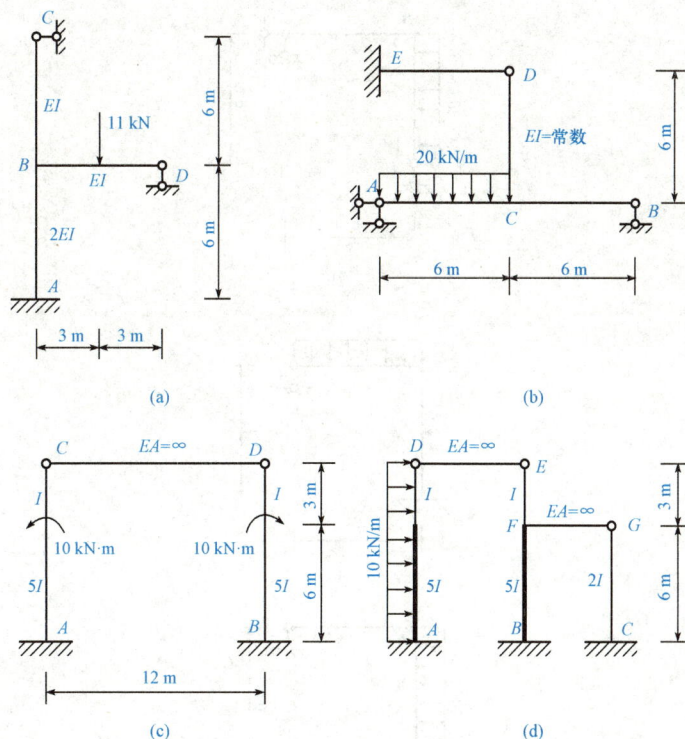

(a)

(b)

(c)

(d)

图 5-32 习题 5-9 图

5-10 试用力法计算图 5-33 所示超静定桁架，并计算 1、2 杆的内力，设各杆的 EA 相同。

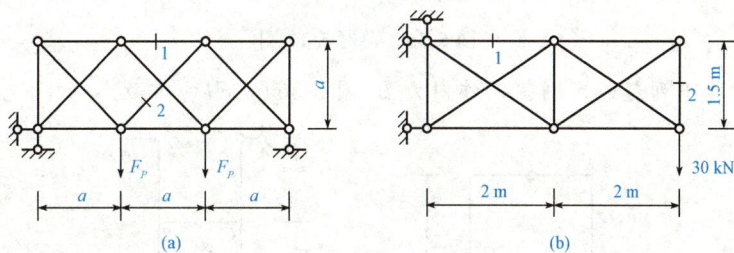

(a)

(b)

图 5-33 习题 5-10 图

5-11 用力法计算图 5-34 所示桁架各杆的轴力。已知各杆 EA 相同且为常数。

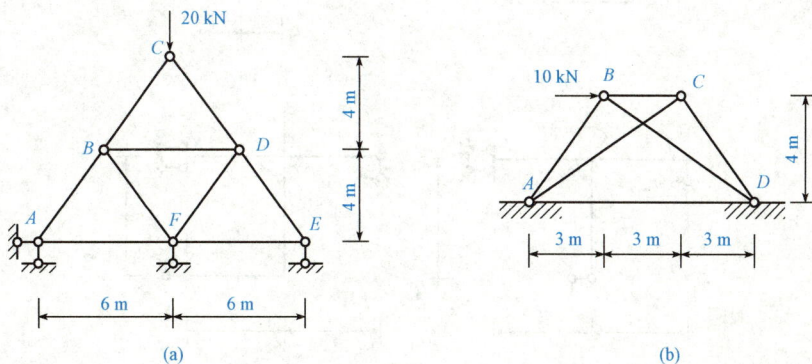

(a)

(b)

图 5-34 习题 5-11 图

5-12　试计算下列超静定刚架，作内力图（图 5-35）。EI＝常数。

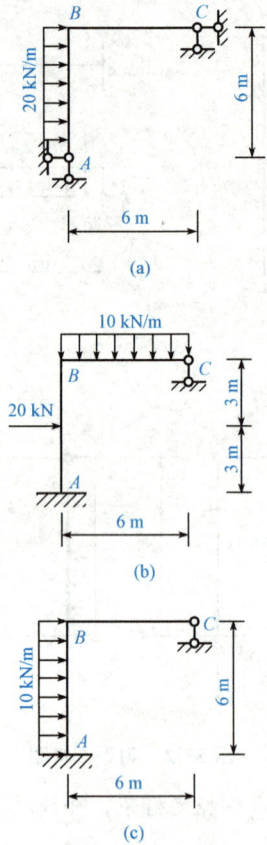

(a)

(b)

(c)

图 5-35　习题 5-12 图

5-13　试计算下列超静定刚架，作内力图（图 5-36）。EI＝常数。

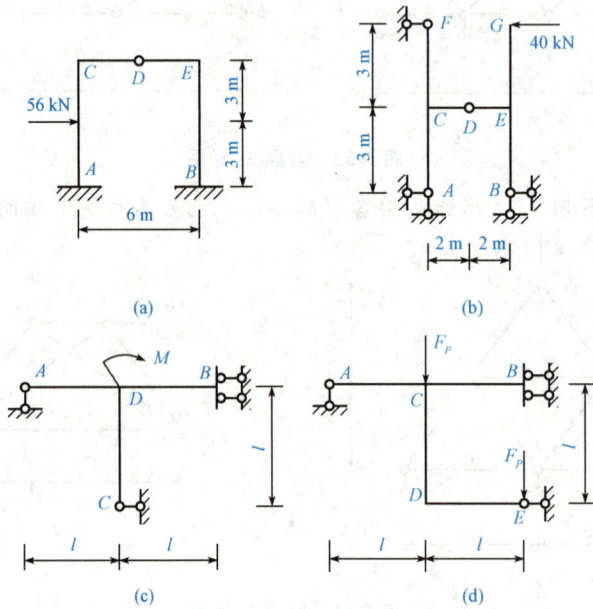

(a)

(b)

(c)

(d)

图 5-36　习题 5-13 图

5-14 利用对称性计算图 5-37 所示结构，并绘制弯矩图。

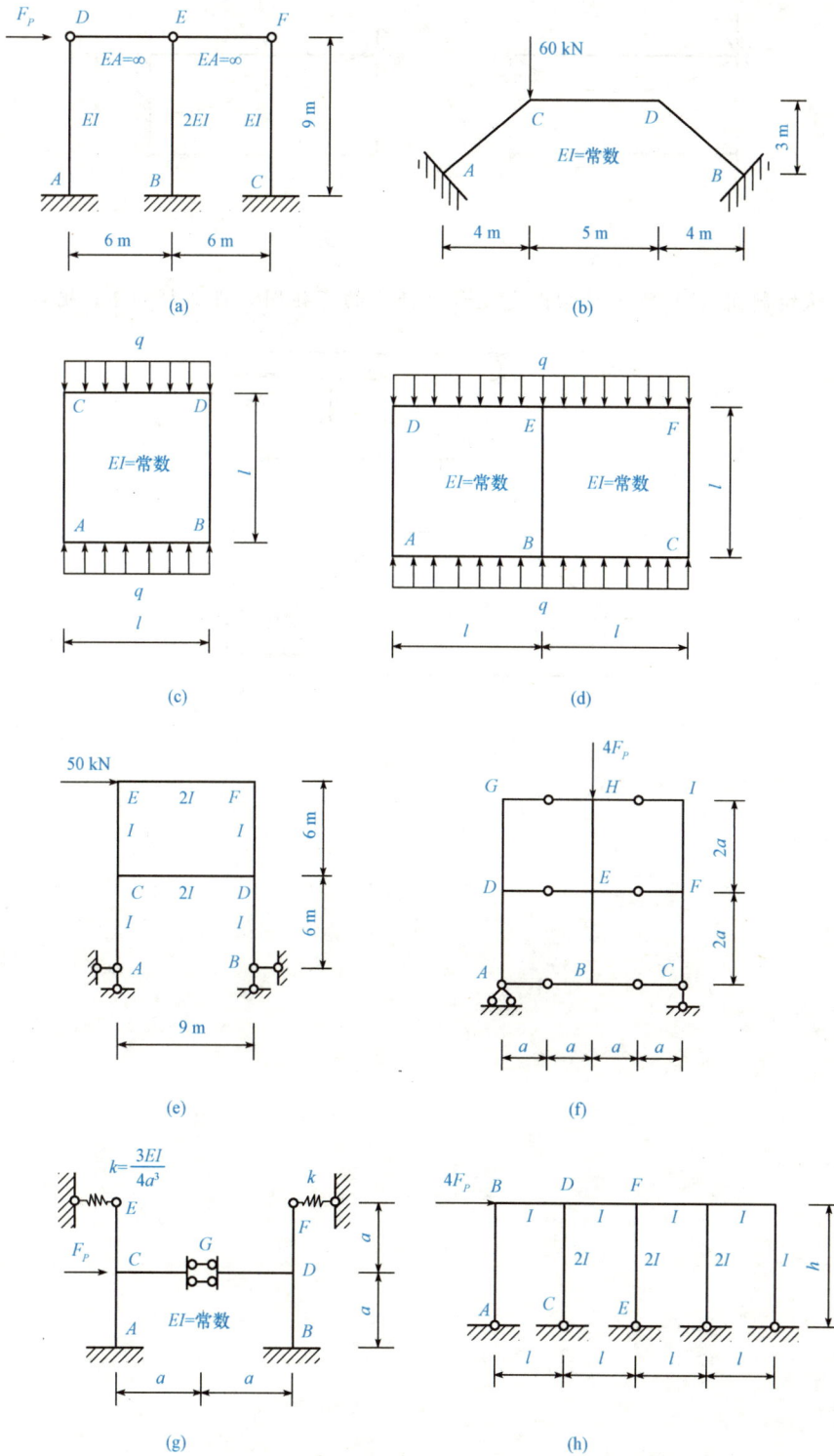

(a)

(b)

(c)

(d)

(e)

(f)

(g)

(h)

图 5-37 习题 5-14 图

5-15　试作图 5-38 所示梁的弯矩和剪力图。

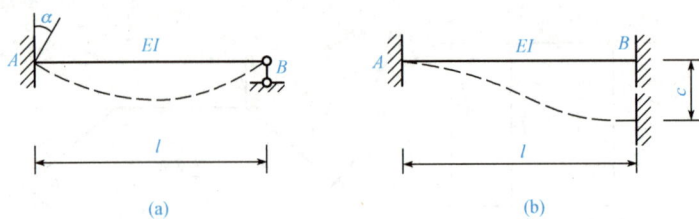

图 5-38　习题 5-15 图

5-16　试绘制图 5-39 所示结构因支座移动产生的弯矩图。设各杆的 EI 相同。

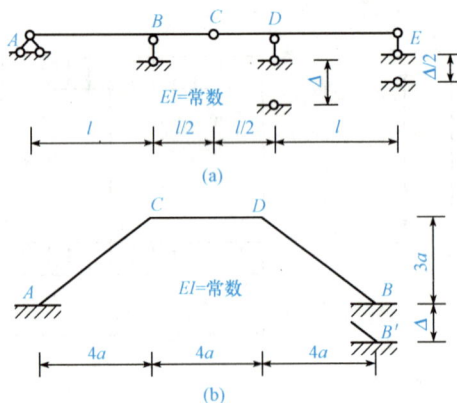

图 5-39　习题 5-16 图

第6章 位移法

案例导入

比萨斜塔

比萨斜塔作为意大利比萨市的地标性建筑，以其特殊的倾斜结构备受世人瞩目，如彩图6所示。在分析比萨斜塔的位移时，可以从思想政治教育的角度出发，思考位移法所蕴含的价值观念和意义。

首先，比萨斜塔的倾斜是由施工过程中的设计和结构问题引起的。卓越的建筑工程需要科学规划与细致思考，需要充分考虑人类因素。位移法作为一种结构力学分析方法，通过计算建筑物的位移情况，可以帮助我们评估结构的稳定性和安全性，提醒人们在工程设计中注重科学性与可靠性。

其次，比萨斜塔的位移分析与研究，可以让我们更好地理解和保护历史建筑遗产。作为世界文化遗产，比萨斜塔的倾斜问题既是历史的痕迹，也是建筑文化的一部分。这也提醒我们，在工程实践中追求先进技术与现代需求的同时，要坚守传统与文化的底线，传承历史与文明。

此外，位移法的应用也对我们思考持续创新和发展提供了借鉴。比萨斜塔的位移问题让人们从传统观念中突破出来，尝试了不同的结构力学分析方法，重新思考建筑的设计与盖砌。通过位移法计算和模拟，可以探索新的解决方案，促进工程领域的创新与发展，为建筑科技进步贡献力量。

综上所述，比萨斜塔和位移法在思想政治教育中具有重要的意义。通过探索比萨斜塔的位移问题，提醒我们在建筑设计和工程实践中要注重科学性与可靠性，并强调对人类需求和文化遗产的尊重和保护。位移法的应用也激发我们持续创新和发展的思考，促进工程技术的进步。通过深入理解比萨斜塔和位移法，能够培养工程师的责任感和使命感，为社会的可持续发展做出贡献，推动人类文明的进步。

6.1 概述

第5章力法计算超静定结构时，是以多余约束中的力作为基本未知量，通过结构的变形协调条件求出这些基本未知量后，即可由平衡条件求出结构的全部内力，然后根据所求得的内力就可求出结构任一截面的位移。

其实理论基础就是虚功原理或虚功方程，即外荷载对结构所做的总虚功始终等于总内力虚功，而虚功一定是力乘以位移。力法原理中，把力设置成了虚拟广义力，而变形却是真实的。但在总虚功计算中，也可以把位移设置成虚设的，而力却是真实的，这就是位移法的基础。

用位移法分析结构时，先将结构隔离成单个杆件，进行杆件受力分析，然后考虑变形协调条件和平衡条件，将杆件在结点处拼装成整体结构。所以位移法是以结构的结点位移作为未知量来求结构的受力状态。如图 6-1(a)所示的刚架，若忽略杆件的轴线变形，则 B 结点不存在线位移而仅有角位移发生。因 B 处是刚结点，当发生转角 θ 时，按照变形协调条件，与之相连的各杆端截面的转角均应等于 θ。因此，如果 θ 求出，则所有杆件的内力即可求知。

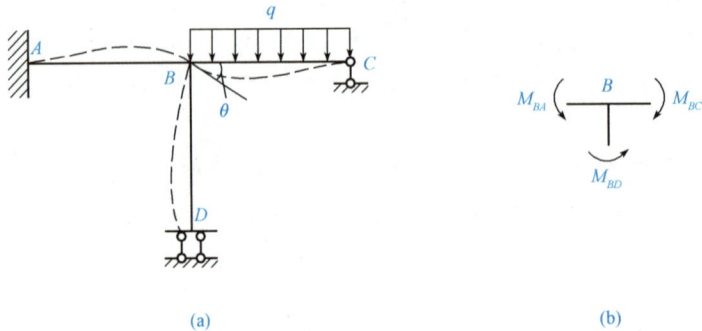

图 6-1　位移法解题思路图

如 AB 杆和 BD 杆分别相当于两端固定和一端固定另一端为滑动支座的梁，受支座转角 θ 作用，其内力可以用力法求得；同理 BC 杆相当于一端固定另一端铰支的梁，受均布荷载以及 B 端支座转角 θ 作用，其内力也可用力法求得。

用位移法分析结构时，将上述三种不同支座条件的等截面超静定杆称为三类基本的超静定杆件，利用力法可以分别推导出它们在杆端位移以及外荷载作用下杆端力的一般表达式，并且可以将各种因素单独作用所引起的杆端力制成表格以方便使用。因此作图 6-1 内力图的关键问题是如何求出转角 θ。

按图 6-1(b)隔离体，作用于 B 刚结点上的杆端弯矩必须满足力矩平衡条件，有

$$M_{BC} = M_{BA} + M_{BD}$$

注意上式中各杆端弯矩都是 θ 的函数，求解上述平衡方程即可确定 θ。由此可见，用位移法求解时，只有 1 个未知变量 θ。而如果采用力法，显然有 3 个未知变量。由此可见：

(1)位移法是以虚拟位移作为基本未知量，而求解此未知量的方程则是力的平衡方程；

(2)把此虚拟的位移变量称为关键位移，结构的内力和变形是在荷载和关键位移共同作用下产生的，并且真实的内力必须满足力的平衡方程；

(3)对应每个关键位移(假设的虚拟位移)都可以建立一个与之对应的结点或截面平衡方程，这些方程称为位移法方程；

(4)求解此位移法方程，就可求出各关键位移，进而求得结构所有杆件的内力。

6.2 位移法基本结构和基本未知量

6.2.1 基本结构和基本未知量

位移法是以结构的关键位移作为基本未知量的。所谓关键位移，是指对于确定所有杆件的内力来说既是充分的，又是必要的，因此各关键位移必然是独立的。如果用附加刚臂约束住结点的关键角位移，用附加链杆约束住结点的关键线位移，原结构就成为三类基本超静定杆件以及可能存在的静定部分所组成的体系。此体系称为位移法的基本结构。

因此，位移法基本未知量的数目，就等于约束住全部关键位移所需的附加刚臂和链杆数之和。

如图 6-2(a)所示的刚架，可以用 4 个附加刚臂"▶"约束住全部刚结点的角位移；在不考虑刚架杆件轴向变形时，只需用 2 个附加链杆可约束住全部结点的线位移，得到如图 6-2(b)所示的基本结构。

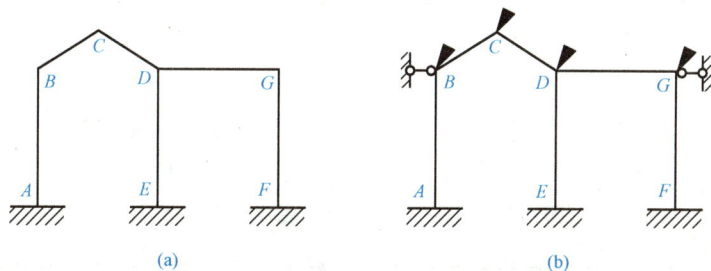

(a)   (b)

图 6-2 位移法基本结构、基本未知量的确定

如图 6-3(a)所示结构，注意横梁 EH 的弯曲刚度 $EI_1 = \infty$，所以横梁只作水平刚体移动，结点 E 和 H 均不能发生角位移。由于高跨柱子的下柱和上柱的截面弯曲刚度不同，为了归类于三类基本的超静定杆件，必须将截面刚度突变处的角位移和线位移作为独立的基本未知量。所以，用位移法求解该结构时，有 5 个基本未知量，如图 6-3(b)所示。

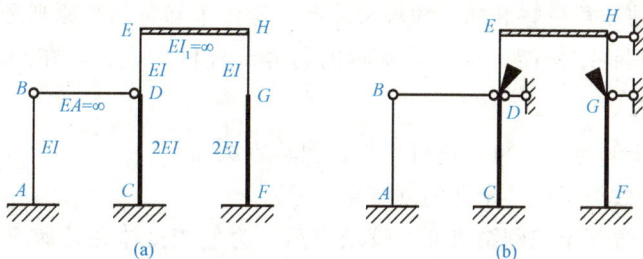

(a)   (b)

图 6-3 杆件刚度不同，位移法基本结构、基本未知量的确定

【例 6-1】 试确定图 6-4(a)所示刚架的位移法基本结构和基本未知量。

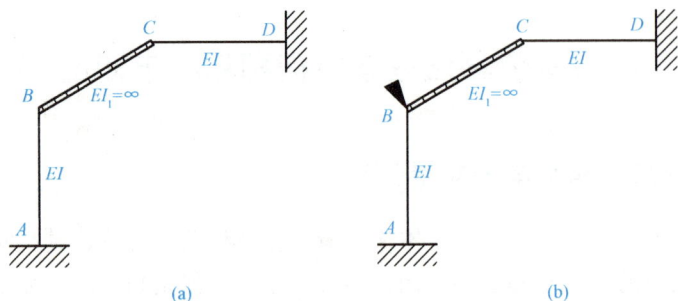

图 6-4　例 6-1 确定位移法基本未知量图

解：刚架 BC 杆的截面弯曲刚度为无穷大，虽然刚结点 B 和 C 均可以发生角位移和线位移，但独立的结点位移却只有 1 个，所以位移法基本未知量就只有 1 个。其基本结构如图 6-4(b)所示。

【例 6-2】　试确定图 6-5(a)所示刚架的位移法基本结构和基本未知量。

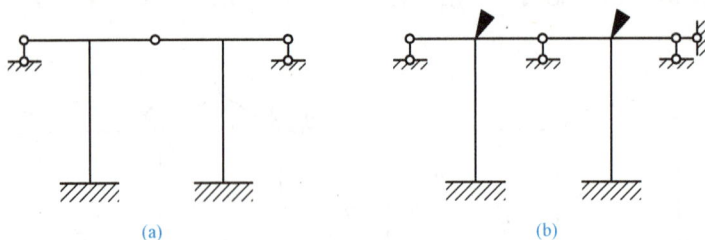

图 6-5　例 6-2 确定位移法基本未知量图

解：刚架上有 2 个刚结点且都有角位移，横架有水平位移，这些都是关键位移。此外中间铰的竖向线位移也属于关键位移。所以，该刚架共有 4 个位移法基本未知量，其基本结构如图 6-5(b)所示。

6.2.2　基本未知量确定原则

由上可知，结构结点位移可分为角位移和线位移两类。位移法基本未知量是结点的独立位移，其总数就是独立角位移和独立线位移之和。确定未知量的总原则是：在原结构的结点上依次加约束，直到将结构能拆成三类基本的超静定杆件为止。即在刚结点上加刚臂"▶"，在线位移上加链杆"⚡"。

位移法求基本未知量，也可以进行快算。快算方法如下：

(1)独立角位移数等于位移未知的刚结点个数；

(2)独立线位移数等于把刚结点变为铰结点后，为使铰接体系几何不变所要增加的最少链杆数；

(3)如果待求结构中有部分静定结构，由于静定部分内力可用平衡方程直接求得，不需要用位移法求解，因此此位移不计入位移法基本未知量。

典型的确定位移法基本未知量的案例如图 6-6 所示。

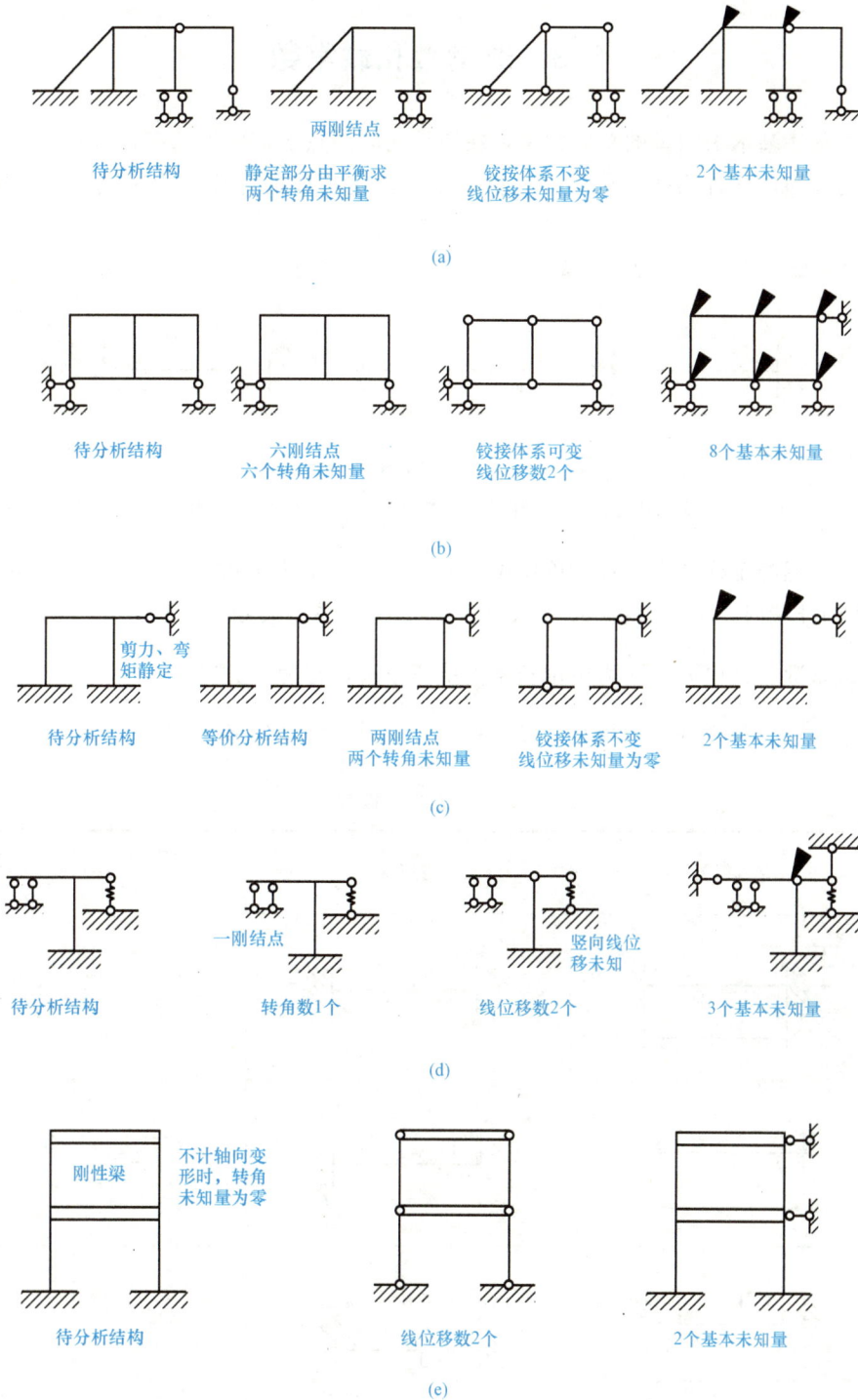

(a)

(b)

(c)

(d)

(e)

图 6-6　典型结构的位移法基本结构、基本未知量的确定

6.3 形常数和载常数

确定位移法基本未知量的总原则是：在原结构的结点上依次加约束，直到将结构能拆成三类基本的超静定杆件为止。因此，三类基本超静定杆件的计算尤为关键，此问题由力法解决。

由图 6-1 单独绘制三类基本超静定杆件，如图 6-7 所示。

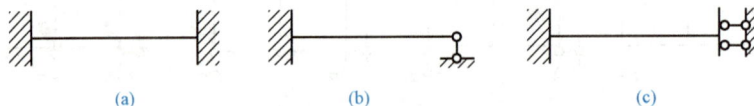

图 6-7 位移法三类基本超静定杆件

(a)两端固定；(b)一端固定，一端铰支；(c)一端固定，一端定向

把这三类超静定杆件由于杆端单位位移所引起的杆端内力称为"形常数"，而由"广义荷载"所产生的杆端内力称为"载常数"。表 6-1 给出了上述三类超静定杆件由力法计算得到的形常数和载常数，其中 $i = \dfrac{EI}{l}$ 为单位长度的抗弯刚度，称为"线刚度"。

表中杆端弯矩和杆端剪力规定：使杆件产生顺时针转动趋势为正。

表 6-1 形常数和载常数

序号	结构简图	弯矩图	杆端弯矩		杆端剪力	
			M_{AB}	M_{BA}	F_{QAB}	F_{QBA}
1			$-\dfrac{6EI}{l^2}$	$-\dfrac{6EI}{l^2}$	$\dfrac{12EI}{l^3}$	$\dfrac{12EI}{l^3}$
2			$-\dfrac{4EI}{l}$	$-\dfrac{2EI}{l}$	$\dfrac{6EI}{l^2}$	$\dfrac{6EI}{l^2}$
3			$-\dfrac{ql^2}{12}$	$\dfrac{ql^2}{12}$	$\dfrac{ql}{2}$	$-\dfrac{ql}{2}$
4			$-\dfrac{F_P l}{8}$	$\dfrac{F_P l}{8}$	$\dfrac{F_P}{2}$	$-\dfrac{F_P}{2}$

续表

序号	结构简图	弯矩图	杆端弯矩		杆端剪力	
			M_{AB}	M_{BA}	F_{QAB}	F_{QBA}
5			$\dfrac{M}{4}$	$\dfrac{M}{4}$	$-\dfrac{3M}{2l}$	$-\dfrac{3M}{2l}$
6			$-\dfrac{2\alpha EIt}{h}$	$\dfrac{2\alpha EIt}{h}$	0	0
7			$-\dfrac{3i}{l}$	0	$-\dfrac{3i}{l^2}$	$\dfrac{3i}{l^2}$
8			$-3i$	0	$\dfrac{3i}{l}$	$\dfrac{3i}{l}$
9			$-\dfrac{ql^2}{8}$	0	$\dfrac{5ql}{8}$	$-\dfrac{3ql}{8}$
10			$-\dfrac{3F_Pl}{16}$	0	$\dfrac{11F_P}{16}$	$-\dfrac{5F_P}{16}$
11			$\dfrac{M}{2}$	M	$-\dfrac{3M}{2l}$	$-\dfrac{3M}{2l}$
12			$-\dfrac{3\alpha EIt}{h}$	0	$\dfrac{3\alpha EIt}{hl}$	$\dfrac{3\alpha EIt}{hl}$

续表

序号	结构简图	弯矩图	杆端弯矩		杆端剪力	
			M_{AB}	M_{BA}	F_{QAB}	F_{QBA}
13			$-i$	i	0	0
14			$-\dfrac{ql^2}{3}$	$-\dfrac{ql^2}{6}$	ql	0
15			$-\dfrac{F_P l}{2}$	$-\dfrac{F_P l}{2}$	F_P	F_P
16			$-\dfrac{2\alpha EIt}{h}$	$\dfrac{2\alpha EIt}{h}$	0	0

6.4 平衡方程法

6.4.1 无侧移刚架或连续梁

如果刚架除边界结点外的各结点，只有角位移而没有线位移，这种刚架称为"无侧移刚架"。下面举例说明采用位移法中的平衡方程法，求无侧移刚架内力。

注意：位移法中的未知量指的是广义位移，包括角位移和线位移，都用"Δ"表示。

【例 6-3】 试作如图 6-8(a)所示刚架的弯矩图。

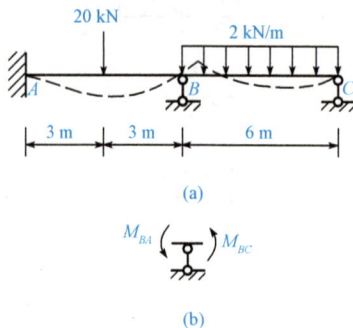

(a)

(b)

图 6-8 例 6-3 无侧移连续梁计算图

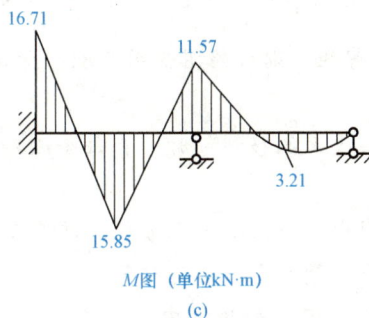

M图（单位kN·m）

(c)

图 6-8　例 6-3 无侧移连续梁计算图（续）

解：（1）基本未知量。图 6-8(a)是一连续梁，在荷载作用下，结点 B 只有角位移 Δ，没有线位移，属于无侧移刚架类，所以基本未知量是结点 B 的角位移 Δ。

（2）杆端弯矩。

1）查表 6-1，由荷载引起的杆端弯矩为（查载常数）

$$-M_{AB}^F = M_{BA}^F = \frac{20 \times 6}{8} = 15(\text{kN} \cdot \text{m})$$

$$M_{BC}^F = -\frac{2 \times 6^2}{8} = -9(\text{kN} \cdot \text{m})$$

2）查表 6-1，由 B 截面的角位移 Δ 引起的杆端弯矩为（查形常数）：

$$M_{AB}^\Delta = 2i\Delta$$

$$M_{BA}^\Delta = 4i\Delta$$

$$M_{BC}^\Delta = 3i\Delta$$

注意：i 为线刚度，假设各杆线刚度都相等。

3）由荷载和 B 截面的角位移 Δ 引起的杆端弯矩之和：

$$\begin{cases} M_{AB} = M_{AB}^F + M_{AB}^\Delta = 2i\Delta - 15 \\ M_{BA} = M_{BA}^F + M_{BA}^\Delta = 4i\Delta + 15 \\ M_{BC} = M_{BC}^F + M_{BC}^\Delta = 3i\Delta - 9 \end{cases} \tag{6-1}$$

（3）基本方程。取结点 B 为隔离体，如图 6-8(b)所示，平衡方程为

$$\sum M_B = 0, \ M_{BA} + M_{BC} = 0$$

把式(6-1)各个值，代入上式，得

$$7i\Delta + 6 = 0, \ \Delta = -\frac{6}{7i} \tag{6-2}$$

（4）回代。把求得的转角值 Δ 回代到式(6-1)中的表达式，得

$$M_{AB} = 2i \times \left(-\frac{6}{7i}\right) - 15 = -16.71(\text{kN} \cdot \text{m})$$

$$M_{BA} = 4i \times \left(-\frac{6}{7i}\right) + 15 = 11.57(\text{kN} \cdot \text{m})$$

$$M_{BC} = 3i \times \left(-\frac{6}{7i}\right) - 9 = -11.57(\text{kN} \cdot \text{m})$$

(5)作弯矩图。已知各杆端弯矩，则弯矩图如图 6-8(c)所示。

小结：

①用位移法解无侧移连续梁或无侧移刚架时，在每个刚结点处有一个结点转角 $k_{11}\Delta_1 + F_{1P} = 0$ 作为基本未知量。

②在每个刚结点处，可以列出一个力矩平衡方程，即基本方程。

③基本方程的个数与基本未知量的个数恰好相等，因而可解出全部未知量。

④位移法必须是先拆散，后组装。如此例中，在 $k_{11}\Delta_1 + F_{1P} = 0$ 结点处先假想解除约束，代之以刚臂"▶"并强行转动一角度 $k_{11}\Delta_1 + F_{1P} = 0$（待求未知量），由于 Δ 结点处连续，因此左右转动的角度都是 Δ，即满足了变形连续条件。而基本方程就是根据结点的力矩平衡方程列出的，因此位移法的解既满足了变形协调条件，又满足了力的平衡条件。

⑤与力法的差别在于：力法是以"力"为基本未知量，基本方程是"位移"协调。位移法是以"位移"为基本未知量，基本方程是"力"平衡。

6.4.2 有侧移刚架

如果刚架存在侧移（图 6-9），刚架除了结点角位移外，还存在结点线位移。下面举例说明采用位移法中的平衡方程法，求有侧移刚架内力。

【例 6-4】 试作图 6-9(a)所示刚架的内力图。

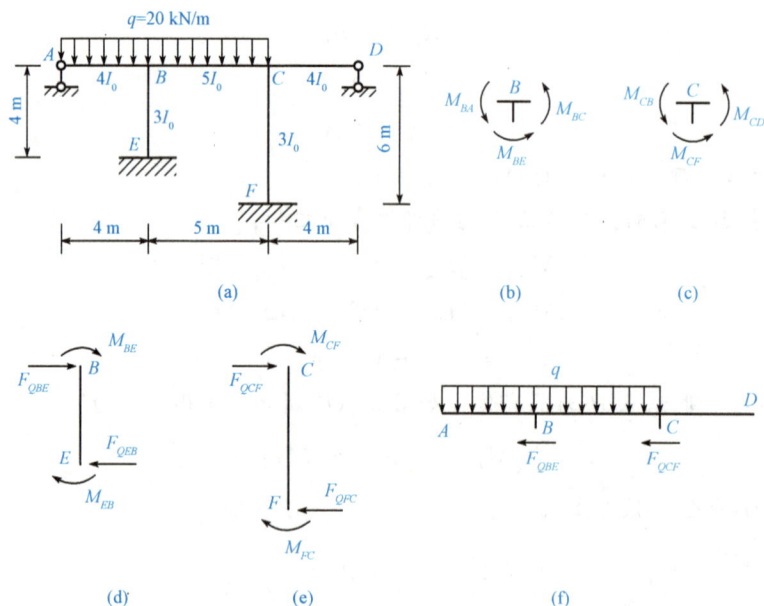

图 6-9 例 6-4 有侧移刚架图

解：（1）基本未知量。分析此刚架除 B、C 存在转角外，还有水平位移。设转角 B、C 处的角位移为 Δ_1、Δ_2，水平线位移为 Δ_3。

（2）杆端弯矩。杆端弯矩由两部分组成：一部分是由荷载引起的杆端弯矩；另一部分是由三个未知位移引起的杆端弯矩。查表 6-1 中的载常数和形常数并叠加，得

$$M_{BA} = 3i_{BA}\Delta_1 + M_{BA}^F = 3\Delta_1 + 40$$

$$M_{BC} = 4i_{BC}\Delta_1 + 2i_{BC}\Delta_2 + M_{BC}^F = 4\Delta_1 + 2\Delta_2 - 41.7$$

$$M_{CB} = 2i_{BC}\Delta_1 + 4i_{BC}\Delta_2 + M_{CB}^F = 2\Delta_1 + 4\Delta_2 + 41.7$$

$$M_{CD} = 3i_{CD}\Delta_2 = 3\Delta_2$$

$$M_{BE} = 4i_{BE}\Delta_1 - 6\frac{i_{BE}}{l_{BE}}\Delta_3 = 3\Delta_1 - 1.125\Delta_3$$

$$M_{EB} = 2i_{EB}\Delta_1 - 6\frac{i_{BE}}{l_{BE}}\Delta_3 = 1.5\Delta_1 - 1.125\Delta_3$$

$$M_{CF} = 4i_{CF}\Delta_2 - 6\frac{i_{CF}}{l_{CF}}\Delta_3 = 2\Delta_2 - 0.5\Delta_3$$

$$M_{FC} = 2i_{CF}\Delta_2 - 6\frac{i_{CF}}{l_{CF}}\Delta_3 = \Delta_2 - 0.5\Delta_3$$

（3）位移法基本方程

由 $\sum M_B = 0$，$M_{BA} + M_{BC} + M_{BE} = 0$ 得

$$10\Delta_1 + 2\Delta_2 - 1.125\Delta_3 - 1.7 = 0 \tag{6-3}$$

由 $\sum M_C = 0$，$M_{CB} + M_{CD} + M_{CF} = 0$ 得

$$2\Delta_1 + 9\Delta_2 - 0.5\Delta_3 - 41.7 = 0 \tag{6-4}$$

以截面切断柱顶，考虑柱顶以上横梁 $ABCD$ 部分的平衡，如图 6-9(f)所示，有

$$\sum F_x = 0, \quad F_{QBE} + F_{QCF} = 0$$

再考虑柱 BE、CF 的平衡，如图 6-9(d)、(e)，有：

$$\sum M_E = 0, \quad F_{QBE} = -\frac{M_{BE} + M_{EB}}{4}$$

$$\sum M_F = 0, \quad F_{QCF} = -\frac{M_{CF} + M_{FC}}{6}$$

故截面平衡方程可改写为

$$\frac{M_{BE} + M_{EB}}{4} + \frac{M_{CF} + M_{FC}}{6} = 0$$

得

$$6.74\Delta_1 + 3\Delta_2 - 4.37\Delta_3 = 0 \tag{6-5}$$

（4）求基本未知量。由式(6-3)、式(6-4)、式(6-5)联合求解，得

$$\Delta_1 = 0.937, \quad \Delta_2 = -4.946, \quad \Delta_3 = -1.946$$

（5）计算杆端弯矩。回代到(2)中的各式，得

$$M_{BA} = 42.82 \text{ kN} \cdot \text{m}, \quad M_{BC} = -47.82 \text{ kN} \cdot \text{m}$$

$$M_{CB} = 23.76 \text{ kN} \cdot \text{m}, \quad M_{CD} = -47.84 \text{ kN} \cdot \text{m}$$

$$M_{BE} = 5.0 \text{ kN} \cdot \text{m}, \quad M_{EB} = 3.59 \text{ kN} \cdot \text{m}$$

$$M_{CF} = -8.92 \text{ kN} \cdot \text{m}, \quad M_{FC} = -3.97 \text{ kN} \cdot \text{m}$$

（6）作内力图。由杆端弯矩作内力图，弯矩图如图 6-10（a）所示；剪力图如图 6-10（b）所示。由结点的平衡方程求出杆件轴力，然后作轴力图，如图 6-10（c）所示。

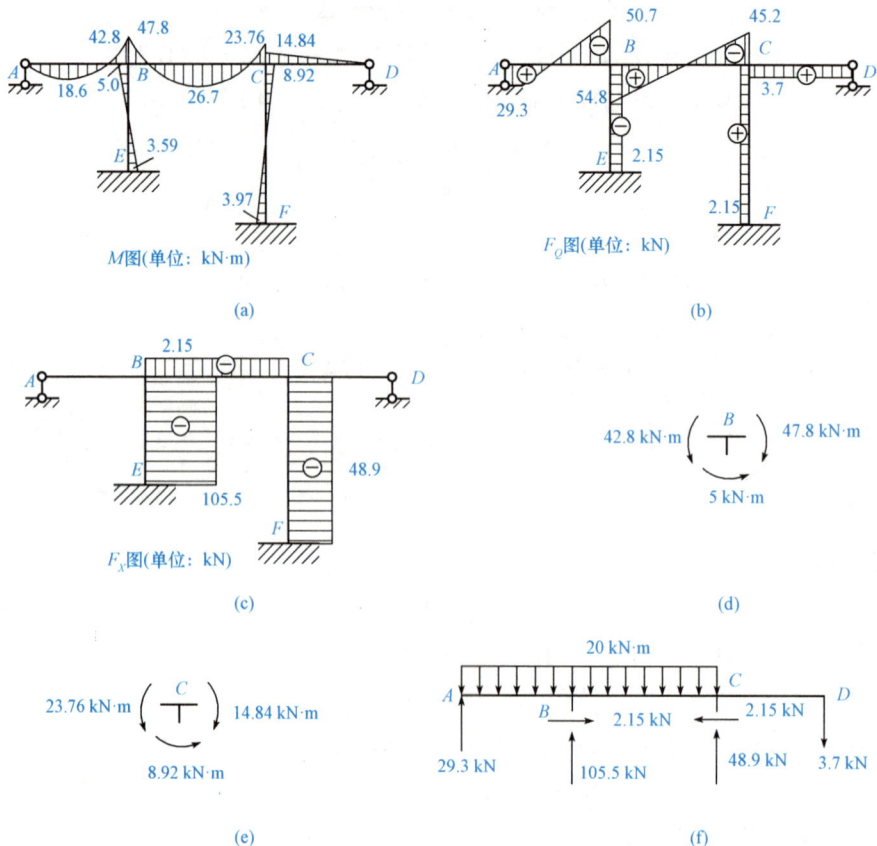

（a）

（b）

（c）

（d）

（e）

（f）

图 6-10　例 6-4 内力图

（7）校核。在力法中，因为基本方程是位移协调方程，因此校核的是变形连续条件；而位移法基本方程是力平衡，因此校核的是平衡条件。由图 6-10（d）、（e）看出，结点 B、C 处的力矩是平衡的。取柱顶以上梁 $ABCD$ 部分为隔离体，如图 6-10（f）所示，可校核水平和竖向平衡条件：

$$\sum F_x = 0, \ 2.15 - 2.15 = 0$$
$$\sum F_y = 0, \ 29.3 + 105.5 + 48.9 - 20 \times 9 - 3.7 = 0$$

6.5　典型方程法基本原理

平衡方程法概念非常清楚，但不能像力法那样以统一的形式给出位移法方程。下面举例说明典型方程法的解题思路。

【例 6-5】　作图 6-11（a）所示结构的内力图。

(a)　　　　　　(b)　　　　　　(c)

(d)

(e)

(f)

(g)

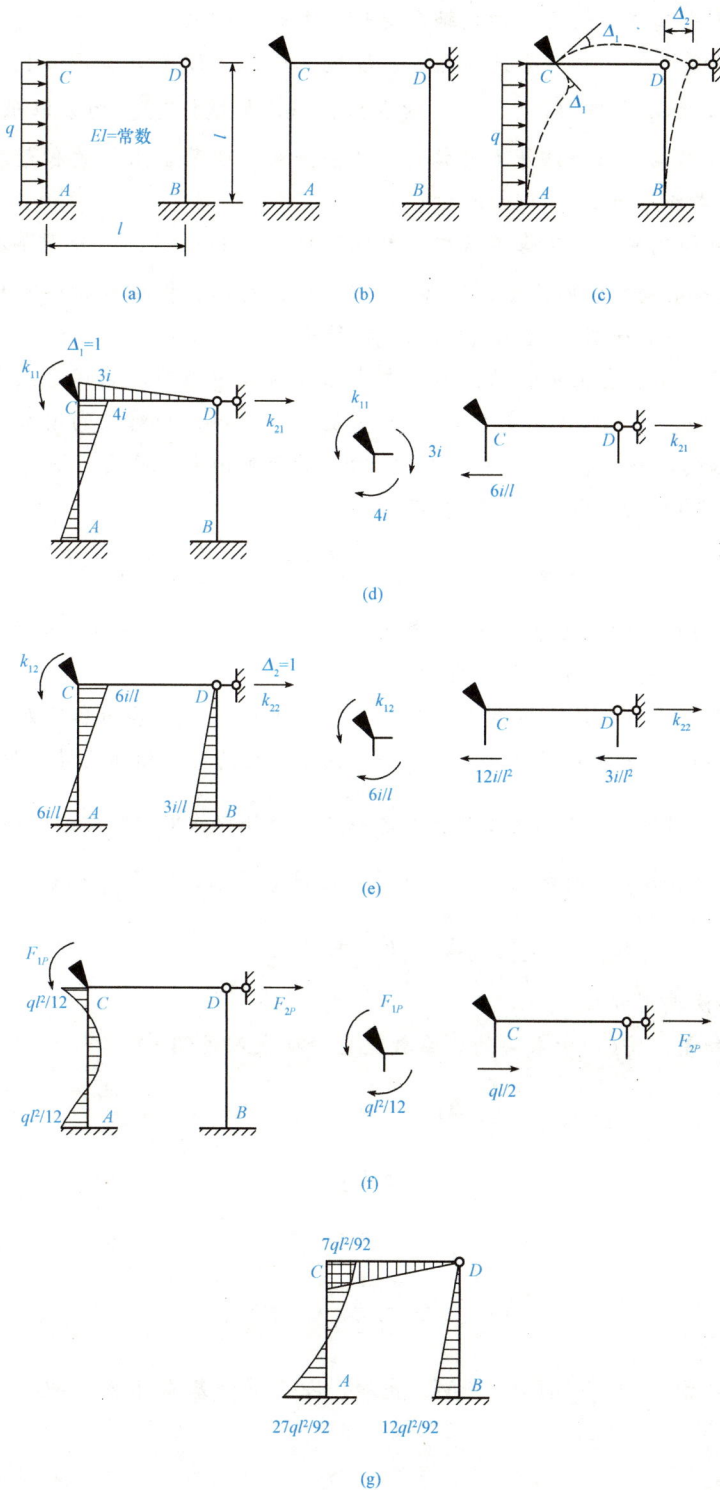

图 6-11　典型方程法解题思路图

(a)结构与荷载；(b)基本结构；(c)基本体系；(d)单位弯矩图$\overline{M}_1$ 图及系数 k_{11}、k_{21} 的求解；

(e)单位弯矩图$\overline{M}_2$ 图及系数 k_{12}、k_{22} 的求解；(f)荷载弯矩图 M_P 图及系数 F_{1P}、F_{2P} 的求解；(g)M 图

解： （1）确定未知量。假设结构无轴向变形，因此结构只有两个独立的结点位移：一个是结点 C 的转角位移 Δ_1；另一个是结点 C、D 的水平线位移 Δ_2，如图 6-11(c)所示。

在原结构上，加刚臂"▶"约束以限制结点角位移，加链杆"⚲"约束以限制结点线位移。图 6-11(b)即为原结构的位移法基本结构。与力法一样，受基本未知量和荷载共同作用的基本结构称为基本体系，如图 6-11(c)所示。

（2）求形常数和载常数。令基本结构在单位位移 $\Delta_i = 1(i=1,2)$ 分别单独作用下，根据形常数可作出基本结构单位内力图，即 $\overline{M}_i = 1(i=1,2)$ 图。根据载常数可作出基本结构荷载内力图，即 M_P 图。如图 6-11(d)、(e)、(f)所示。

（3）计算刚度系数和自由项。根据单位内力图和荷载内力图，利用结点或部分隔离体平衡，可计算 $\Delta_i = 1(i=1,2)$ 所引起的，与位移 $\Delta_i = 1(i=1,2)$ 对应的附加约束上的反力系数 k_{ij}；荷载引起的，与位移 $\Delta_i = 1(i=1,2)$ 对应的附加约束上的反力 F_{ip}。对于图 6-11(a)所示结构，由图 6-11(d)、(e)、(f)可求得

$$k_{11} = 7i,\ k_{12} = \frac{6i}{l},\ k_{22} = \frac{15i}{l^2},\ F_{1P} = \frac{ql^2}{12},\ F_{2P} = \frac{ql}{2}$$

其中把附加约束上的反力系数 k_{ij} 称为刚度系数，而荷载引起的，与位移 $\Delta_i = 1(i=1,2)$ 对应的附加约束上的反力 F_{iP} 称为自由项。

（4）位移法典型方程。基本体系上附加约束反力可由基本结构上各附加约束分别发生结点位移 $\Delta_i = 1(i=1,2)$ 产生的反力和广义荷载作用下产生的反力相加获得，即第 i 个附加约束反力 $F_i = \sum_{j=1}^{2} k_{ij}\Delta_j + F_{iP}$。因为基本体系与原结构所受外部作用相同，结点位移也相同，附加约束不起作用，所以第 i 个附加约束上的总反力应该等于零，即 $F_i = 0(i=1,2)$ 或为

$$\sum_{j=1}^{2} k_{ij}\Delta_j + F_{iP} = 0(i=1,2) \tag{6-6}$$

这就是位移法典型方程。

（5）求解未知量。将（3）中求得的各系数及自由项代入式(6-6)，得

$$\begin{cases} 7i\Delta_1 + \dfrac{6i}{l}\Delta_2 - \dfrac{ql^2}{12} = 0 \\[2mm] \dfrac{6i}{l}\Delta_1 + \dfrac{15i}{l^2}\Delta_2 - \dfrac{ql}{2} = 0 \end{cases} \tag{6-7}$$

解得

$$\Delta_1 = -\frac{7ql^2}{12 \times 23i},\ \Delta_2 = \frac{ql^3}{23i}$$

（6）求弯矩。由 $M = \sum_{j=1}^{2} \overline{M}_j\Delta_j + M_P$ 叠加，即可得到基本体系也即原结构的弯矩，如图 6-11(g)所示。

说明：

①位移法采用典型方程法和力法的思路十分相似，位移法典型方程也可用矩阵表示：

$$\boldsymbol{K}\Delta + \boldsymbol{F} = 0 \tag{6-8}$$

式中 $\boldsymbol{K}$ 是由反力系数 k_{ij} 组成的方阵，称为结构刚度矩阵。反力系数 k_{ij} 的物理意义为：

仅由单位位移 $\Delta_j=1$ 引起的，在与 Δ_i 对应的约束上沿 Δ_i 方向所产生的反力。或理解为：仅产生单位位移 Δ_j 时，在 Δ_i 处沿 Δ_i 方向所需施加的力。

②k_{ij} 刚度系数中，$k_{ij}(i=j)$称为主系数，$k_{ij}(i\neq j)$称为副系数。主系数 k_{ii} 恒为正，副系数 k_{ij} 可正、可负，也可以为零。由反力互等定理，$k_{ij}=k_{ji}$，因此方阵 $\boldsymbol{K}$ 是对称矩阵。Δ 为由 Δ_i 组成的未知位移矩阵，$\boldsymbol{F}$ 为由 F_{iP} 组成的广义荷载矩阵，其中 F_{iP} 称为广义荷载反力。

6.6 典型方程法举例

由 6.5 节所述，典型方程法求解超静定结构的基本思路如下：

(1)确定结构的独立结点位移，即位移法基本未知量，在需求结点位移的结点上沿位移方向加上附加约束。在转角位移处附加刚臂“◤”，在线位移处附加链杆“⊥”，得到基本结构。

(2)强制令附加约束产生未知位移 Δ_i，并作用于由原结构荷载产生的基本结构，得到基本体系。

(3)利用表 6-1 中的形常数和载常数分别作出单位弯矩图和荷载弯矩图，得到基本体系附加约束上的总反力，消去基本结构与原结构的差别，令基本结构附加约束上的总约束反力等于零，即可建立位移法典型方程。

(4)求解位移法典型方程获得基本未知量，然后利用叠加原理作出结构弯矩图。

(5)如有必要，可校核或计算任一指定截面的位移。

下面举例说明采用位移法中的典型方程法来求解超静定结构。

6.6.1 无侧移结构

【例 6-6】 试作图 6-12(a)所示无侧移刚架的弯矩图。

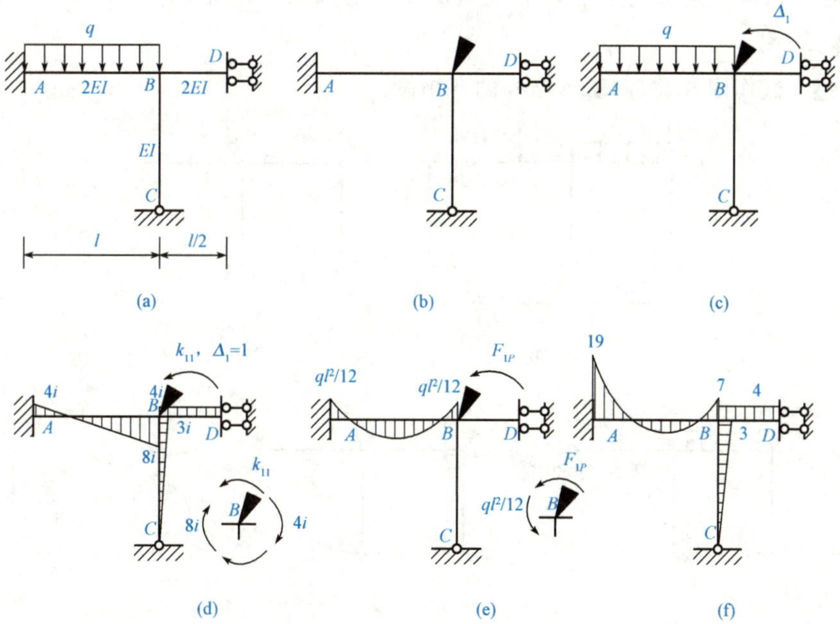

图 6-12 例 6-6 无侧移刚架图

(a)结构与荷载；(b)基本结构；(c)基本体系；(d)$\overline{M}_1$ 图及系数 k_{11} 的求解；(e)M_P 图及系数 F_{1P} 的求解；(f)M 图

解：（1）确定基本未知量及基本结构。观察图 6-12(a)，刚架左边固定支承，右端是滑动支承，但左右不能移动，故此结构无水平位移；而杆 BC 在不考虑轴向变形情况下，上下也无竖向位移。此结构只有刚结点 B 上的转角位移，设为未知量 Δ_1，基本结构如图 6-12(b) 所示，基本体系如图 6-12(c) 所示。

根据已知截面惯性矩和各杆件长度，易知杆 AB、杆 BC、杆 CD 杆件的线刚度分别为 $2i$、i、$4i$，其中 $i = \dfrac{EI}{l}$。

（2）位移法典型方程。在转角位移 Δ_1 和均布荷载作用下，结点 B 附加约束——刚臂上的总约束力偶等于零，即

$$k_{11}\Delta_1 + F_{1P} = 0$$

（3）求系数、解方程。作基本结构只发生转角位移 $\Delta_1 = 1$ 时的单位弯矩图 $\overline{M}_1$ 图，如图 6-12(d) 所示，取图示隔离体，列力矩平衡方程，有

$$k_{11} = 8i + 3i + 4i = 15i$$

作基本结构只受荷载作用下的 M_P 图，如图 6-12(e) 所示，取图示隔离体，列力矩平衡方程，有

$$F_{1P} = -\frac{ql^2}{12}$$

代入位移法典型方程，得

$$\Delta_1 = \frac{ql^2}{180i}$$

（4）叠加求杆端弯矩并作图。由 $M = \overline{M}_1\Delta_1 + M_P$ 可作出结构的弯矩图，如图 6-12(f) 所示。

（5）校核。取刚结点 B 进行校核。显然刚结点 B 满足 $\sum M = 0$，即满足平衡条件，说明结果正确。

【例 6-7】 试作图 6-13(a) 所示结构的弯矩图。

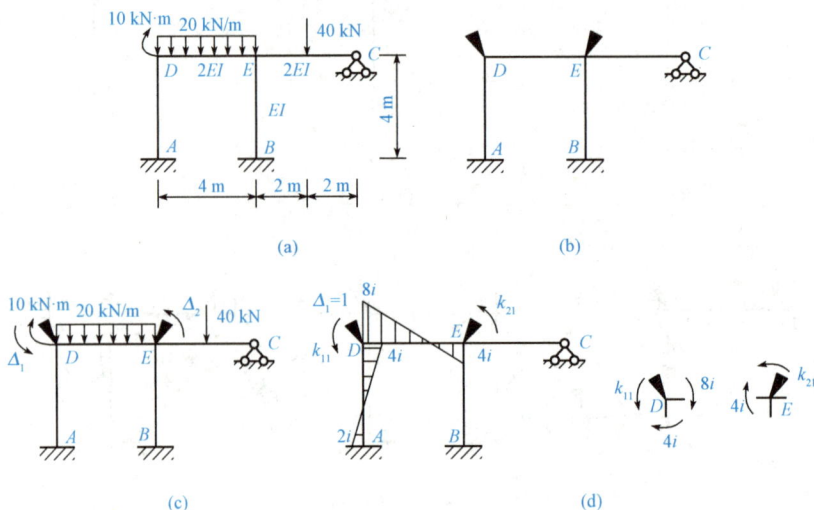

图 6-13　例 6-7 无侧移刚架图

(a)结构与荷载；(b)基本结构；(c)基本体系；(d)$\overline{M}_1$ 图及系数 k_{11}、k_{21} 的求解

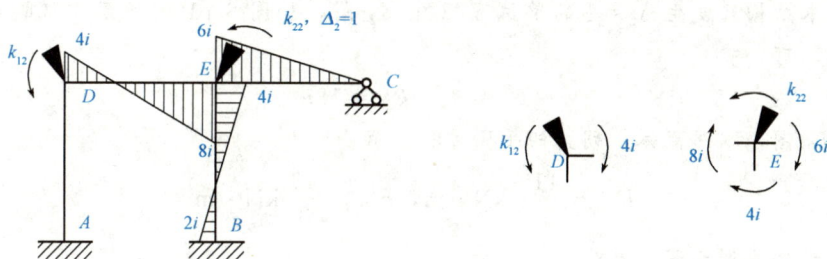

(e)

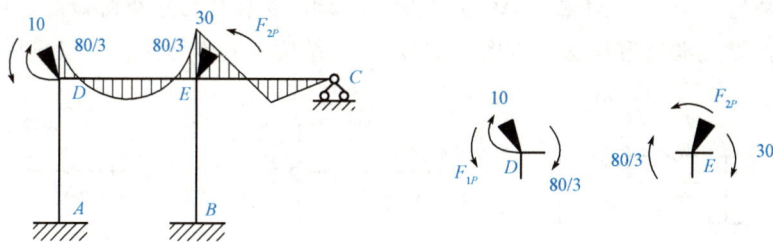

(f)

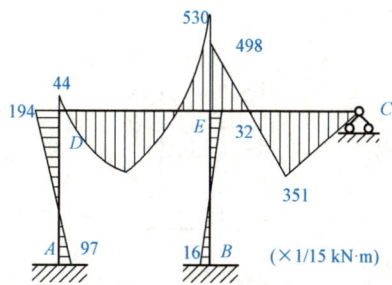

(g)

图 6-13　例 6-7 无侧移刚架图(续)

(e)$\overline{M}_2$ 图及系数 k_{21}、k_{22} 的求解；(f)M_P 图及 M_{1P}、M_{1P} 的求解；(g)M 图

解：(1)确定基本未知量和基本结构。本结构有两个刚结点，无侧位移，故基本结构和基本体系如图 6-13(b)、(c)所示。

(2)位移法典型方程。

$$\begin{cases} k_{11}\Delta_1 + k_{12}\Delta + F_{1P} = 0 \\ k_{21}\Delta_1 + k_{22}\Delta + F_{2P} = 0 \end{cases}$$

(3)求系数、解方程。

1)令 $i = \dfrac{EI}{I}$，作基本结构只发生 $\Delta_1 = 1$ 的单位弯矩图 $\overline{M}_1$ 图，如图 6-13(d)所示。取隔离体，列力矩平衡方程，有

$$k_{11} = 4i + 8i = 12i, \quad k_{21} = 4i$$

2)作基本结构只发生 $\Delta_2 = 1$ 的单位弯矩图 $\overline{M}_2$ 图，如图 6-13(e)所示。取隔离体，列力矩平衡方程，有

$$k_{12} = 4i, \; k_{22} = 18i$$

3)作 M_P 图，取隔离体，列力矩平衡方程，有

$$F_{1P} = \frac{110}{3} \text{ kN} \cdot \text{m}, \; F_{2P} = \frac{10}{3} \text{ kN} \cdot \text{m}$$

代入位移法典型方程，有

$$\Delta_1 = -\frac{97}{30i}, \; \Delta_2 = -\frac{16}{30i}$$

(4)作弯矩图。由 $M = \overline{M}_1 \Delta_1 + \overline{M}_2 \Delta_2 + M_P$ 叠加，最后结构弯矩图如图 6-13(g)所示。

【例 6-8】 试用典型方程法计算图 6-14(a)所示结构，并作弯矩图。设 EI＝常数。

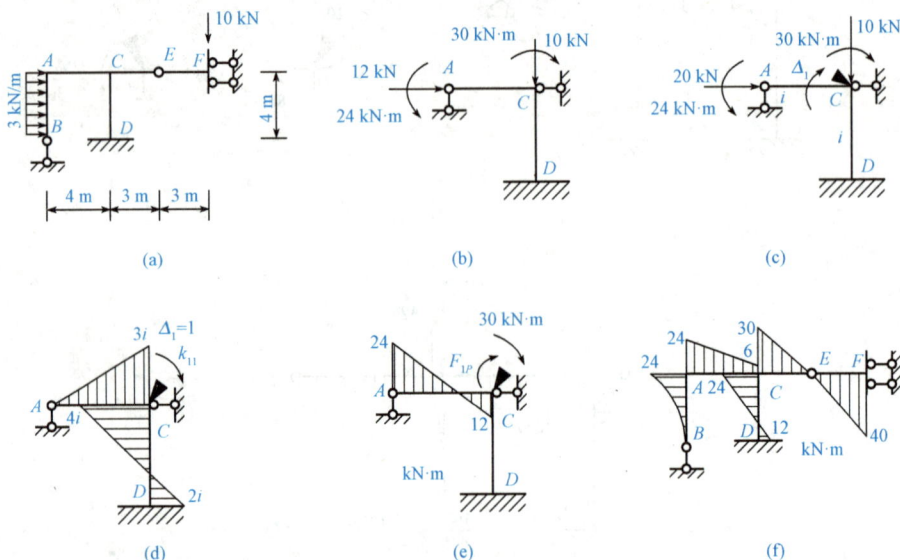

图 6-14　例 6-8 图

(a)原结构；(b)简化后的结构；(c)基本体系；

(d)$\overline{M}_1$ 图(单位：kN·m)；(e)M_P 图；(f)M 图(单位：kN·m)

解： (1)确定基本未知量数目。本题初看起来用典型方程法比较复杂，但实际上非常简单。注意到杆件 AB 及 CEF 的弯矩是静定的，可用平衡条件先行求出。原结构可简化为图 6-14(b)所示的受力图，其基本未知量只有结点 C 的转角 Δ_1。

(2)确定基本体系，如图 6-14(c)所示。

(3)建立典型方程。根据结点 C 附加刚臂上反力矩为零的平衡条件，有

$$k_{11} \Delta_1 + F_{1P} = 0$$

(4)求系数和自由项、解方程。作基本结构只发生转角位移 Δ_1 时的单位弯矩图($\overline{M}_1$ 图)，如图 6-14(d)所示；作基本结构只受荷载作用下的弯矩图(M_P 图)，如图 6-14(e)所示。取结点 C 为隔离体，应用力矩平衡条件 $\sum M_C = 0$，求得

$$k_{11} = 7i$$

$$F_{1P} = -42$$

代入位移法典型方程，解得

$$\Delta_i = \frac{6}{i}$$

(5)作最后弯矩图。按叠加公式 $M = \overline{M}_1\Delta_1 + M_P$ 作原结构的弯矩图，如图 6-14(f)所示。

(6)校核。从理论上来说，有多少个基本未知量，就需要进行多少个平衡条件的校核。对于本例，满足 $\sum M_C = 0$，即计算正确。

【例 6-9】 试作图 6-15(a)所示梁，由于图示支座移动引起的弯矩图。

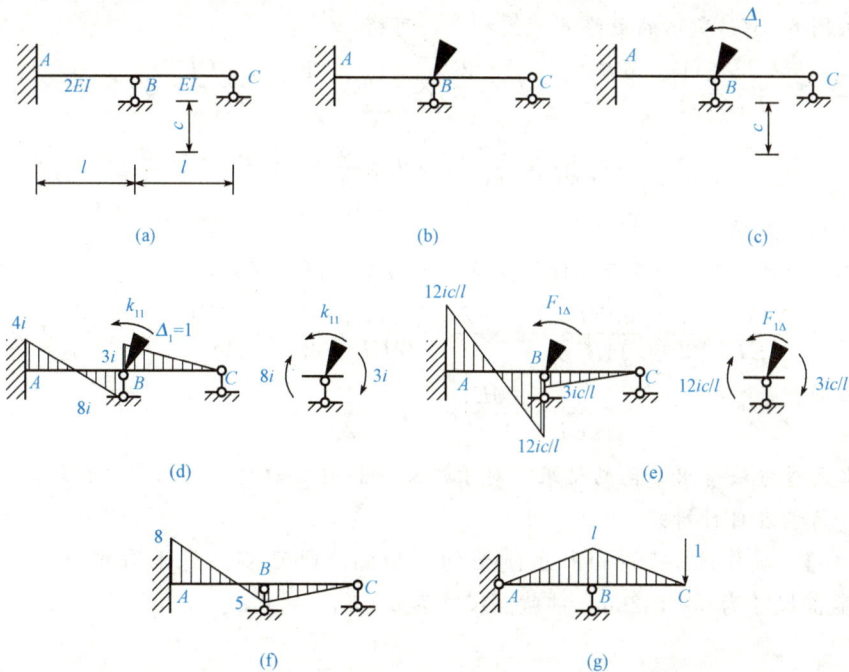

图 6-15 例 6-8 支座移动引起的弯矩图

(a)结构与荷载；(b)基本结构；(c)基本体系；(d)$\overline{M}_1$ 图及系数 k_{11} 的求解；

(e)M_P 图及 $F_{1\Delta}$ 的求解；(f)M 图[$\times 12EI_C/(11l^2)$]；(g)单位弯矩图

解： (1)确定基本未知量和基本结构。支座位移为广义位移，位移法基本结构和"荷载"没有关系，因此基本未知量只有 B 结点处的角位移 Δ_1。基本结构和基本体系如图 6-15(b)、(c)所示。

(2)位移法典型方程。

$$k_{11}\Delta_1 + F_{1\Delta} = 0$$

(3)求系数、解方程。令 $i = \dfrac{EI}{l}$，作出基本结构单位弯矩图，如图 6-15(d)所示，取隔离体列力矩平衡方程，有

$$k_{11} = 11i$$

作基本结构广义荷载（支座位移）引起的弯矩图，如图 6-15(e)所示，取图示的刚结点为

隔离体，列力矩平衡方程，有

$$F_{1\Delta} = \frac{9i}{l}c$$

代入位移法典型方程，有

$$\Delta_1 = -\frac{9c}{11l}$$

(4)作弯矩图。叠加后作弯矩图如图 6-15(f)所示。

(5)校核。

方法一：取左端固定，长 $2l$、右端受向下单位力作用的悬臂梁为单位力状态，将其单位弯矩图和图 6-15(f)所示的最终弯矩图相乘，可得

$$\Delta = -\frac{1}{EI} \times \frac{1}{2} \times \frac{60EI}{11l^2}c \times l \times \frac{2}{3}l \times \frac{1}{2EI} \times \frac{1}{2} \times \frac{156EI}{11l^2}c \times l \times \frac{5}{6} \times 2l$$

$$-\frac{1}{2EI} \times \frac{60EI}{11l^2}c \times l \times \frac{3}{4} \times 2l = 0$$

与原结构已知位移条件相符。

方法二：取图 6-15(g)所示外伸梁为单位力状态，图乘得到：

$$\Delta = -\frac{1}{EI} \times \frac{1}{2} \times \frac{60EI}{11l^2}c \times l \times \frac{2}{3}l \times \frac{1}{2EI} \times \frac{1}{2} \times \frac{156EI}{11l^2}c \times l \times \frac{1}{3} \times 2l$$

$$-\frac{1}{2EI} \times \frac{60EI}{11l^2}c \times l \times \frac{1}{2} \times 2c \neq 0$$

为什么两种方法得出不同的结果？对于广义荷载引起的超静定结构位移计算，应该注意什么问题？请读者自行研究。

【例 6-10】 试作图 6-16(a)所示刚架的弯矩图。已知刚架外部升温 t ℃、内部升温 $2t$ ℃，梁截面尺寸为 $b \times 1.26h$，柱截面尺寸为 $b \times h$，$l = 10h$。

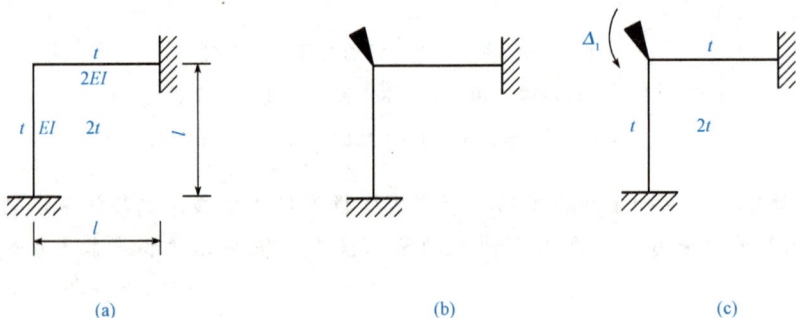

图 6-16 例 6-10 温度改变超静定刚架

(a)结构与温度改变；(b)基本结构；(c)基本体系

(d)

(e)

(f)

(g)

(h)

(i)

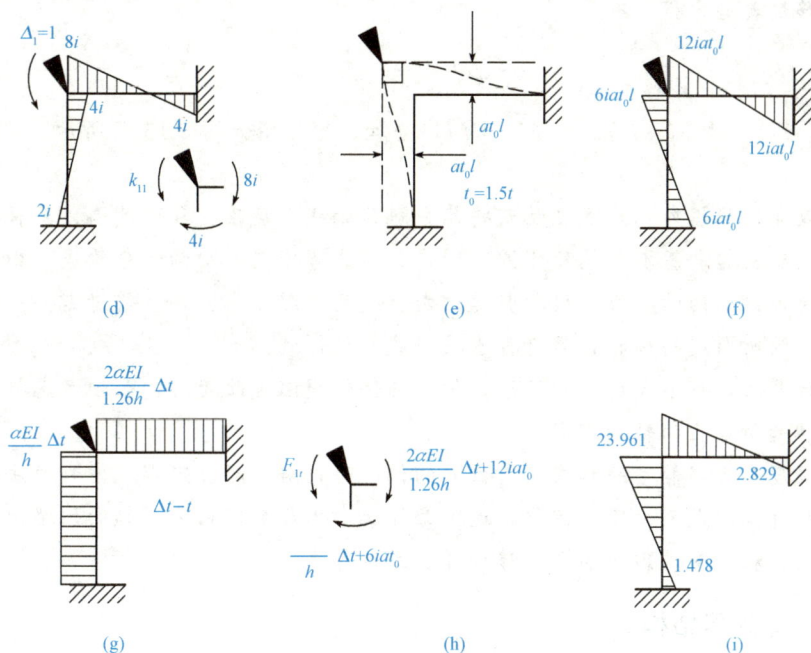

图 6-16　例 6-10 温度改变超静定刚架(续)

(d)$\overline{M}_1$ 图及系数 k_{11} 的求解；(e)轴线温度改变引起的变形；

(f)轴线温度改变引起的弯矩图$\overline{M}_{t0}$；(g)轴线两侧温差引起的弯矩图 $M_{\Delta t}$；

(h)自由项 F_{1t} 的求解；(i)结构弯矩图（$\times iat$）

解：（1）确定基本未知量和基本结构。显然基本未知量为刚性结点的 Δ_1，基本结构和基本体系如图 6-16(b)、(c)所示。

（2）位移法典型方程。此结构位移法方程的物理意义是：基本结构在结点位移 Δ_1 和温度改变共同作用下，附加约束上的总反力偶等于零，即

$$k_{11}\Delta_1 + F_{1t} = 0$$

（3）求系数、解方程。令 $i = \dfrac{EI}{l}$，作出 $\Delta_1 = 1$ 时的单位弯矩图 $\overline{M}_1$ 图，如图 6-16(d)所示，取图示隔离体，有

$$k_{11} = 12i$$

由于温度改变可分解成如图 6-16(e)、(g)所示两种情况。图 6-16(e)所示情况中杆轴线温度改变 $t_0 = 1.5t$ ℃时，杆件将产生伸长，因为刚臂不能限制线位移，故基本结构将产生如图 6-16(e)所示的结点线位移。根据所产生的线位移，由形常数可作出如图 6-16(f)所示轴线温度改变弯矩图，记作 M_{t0}。对于如图 6-16(g)所示两侧温差 $\Delta t = t$ ℃情况，可查表 6-1 载常数作出如图 6-16(g)所示的温差弯矩图，记作 $M_{\Delta t}$。因此，由温度改变时的弯矩图 M_t 应该是 M_{t0} 图和 $M_{\Delta t}$ 图叠加。取如图 6-16(h)所示的隔离体，有

$$F_{1t} = \frac{37\alpha t i}{3}$$

代入位移法典型方程，有

$$\Delta_1 = -\frac{37\alpha t}{36}$$

（4）作弯矩图。由 $M = \overline{M}_1\Delta_1 + \overline{M}_{t0} + M_{\Delta t}$ 叠加，弯矩图如图 6-16(i)所示。

说明：

①温度改变，依据内、外温度改变将其分解为轴线温度改变和两侧温差两种情况。

②温度改变引起的基本结构弯矩图，即广义荷载弯矩图，由两部分构成：由轴线温度改变产生杆件自由伸缩的结点线位移所引起；由轴线两侧温差所引起。前者需要先分析基本结构杆件自由伸缩所引起的位移，后者可直接查载常数得到。

③粗略计算时，可不考虑轴向变形。但有杆件轴线温度改变时，必须考虑杆件由温度改变而产生的伸缩所产生的轴向变形。

④计算温度改变超静定结构某指定位置的位移时，解得超静定解后，和力法一样可化为静定结构位移计算问题来处理。但是，这时必须既考虑超静定内力引起的位移，也要考虑温度改变引起的位移，应该用多因素位移计算公式计算。

6.6.2 有侧移结构

【例 6-11】 试作如图 6-17(a)所示刚架的弯矩图。

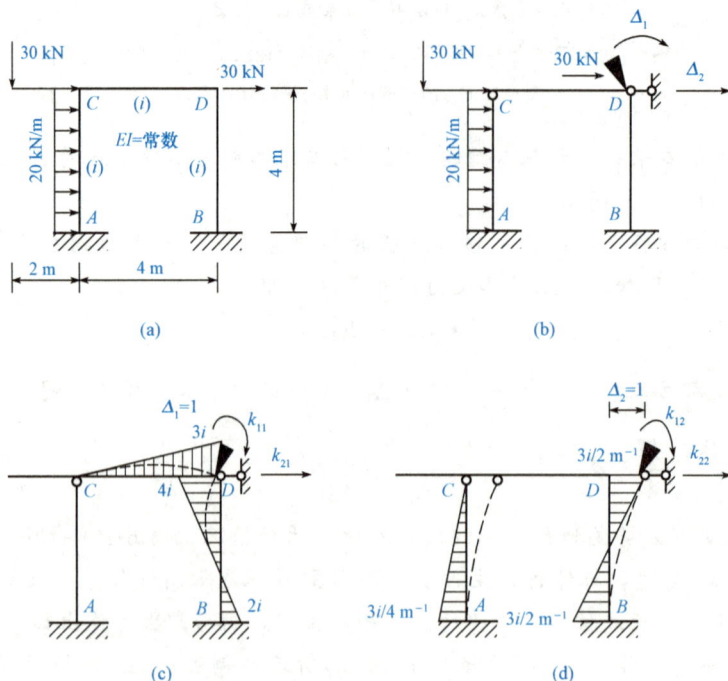

图 6-17 例 6-11 有侧移刚架图

(a)原结构；(b)基本结构；(c)$\overline{M}_1$ 图；(d)$\overline{M}_2$ 图

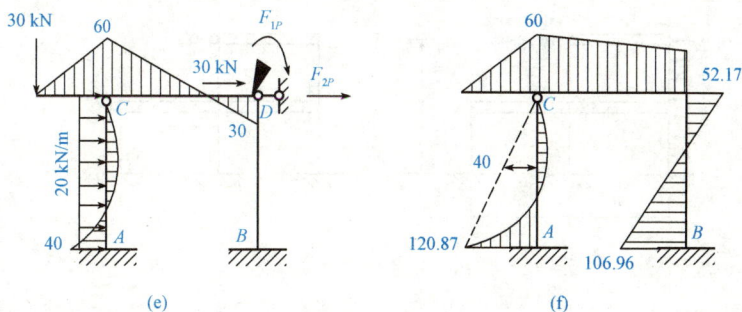

图 6-17　例 6-11 有侧移刚架图(续)

(e)M_P 图(单位：kN·m)；(f)M 图(单位：kN·m)

解：(1)基本未知量和基本结构。由于 C 结点左边为悬臂梁，属于静定部分，因此 C 结点的转角不是关键位移。该刚架共有两个关键位移。其基本结构及基本体系如图 6-17(b)所示。其 AC、BD 和 CD 线刚度都记为 i。

(2)典型方程。

$$\begin{cases} k_{11}\Delta_1 + k_{12}\Delta_2 + F_{1P} = 0 \\ k_{21}\Delta_1 + k_{22}\Delta_2 + F_{2P} = 0 \end{cases}$$

(3)求系数、解方程。各单位弯矩图 $\overline{M}_1$、$\overline{M}_2$ 和荷载弯矩图 M_P 分别如图 6-17(c)、(d)、(e)所示。

取 D 结点隔离体，列力矩平衡方程，有

$$k_{11} = 4i + 3i = 7i$$

$$k_{12} = k_{21} = -\frac{3}{2}i$$

$$F_{1P} = -30 \text{(kN)}$$

按图 6-17(d)、(e)由横梁 CD 隔离体平衡条件 $\sum F_x = 0$，有

$$k_{22} = \frac{3i}{16} + \frac{3i}{4} = \frac{15i}{16}$$

$$F_{2P} = -\frac{3}{8} \times 20 \times 4 - 30 = -60 \text{(kN)}$$

代入位移法典型方程，有

$$\Delta_1 = \frac{630}{23i} \text{ kN} \cdot \text{m}$$

$$\Delta_2 = \frac{2\,480}{23i} \text{ kN} \cdot \text{m}^2$$

(4)作弯矩图。由叠加原理，求出杆端弯矩后，易作出如图 6-17(f)所示的最终弯矩图。

说明：

①例 6-11 此结构有部分静定结构，因此 C 结点转角不能作为独立未知量。

②例 6-11 中若在 CA 柱顶部虚设铰结点，使问题大大简化，是否不采用此基本结构，请读者考虑。

【例 6-12】 试作图 6-18(a)所示结构弯矩图。横梁刚度 $EI_1 = \infty$，柱子刚度为 EI。

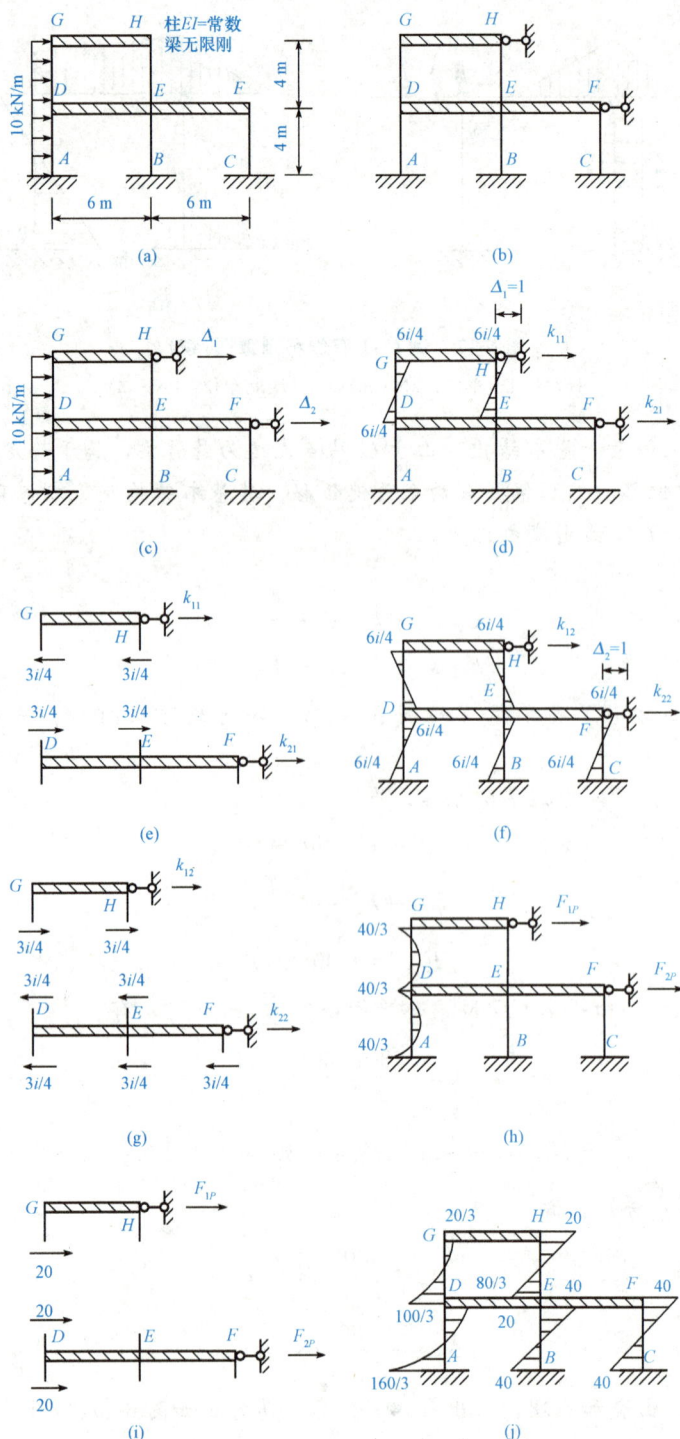

图 6-18　例 6-12 侧移刚架图

(a)结构与荷载；(b)基本结构；(c)基本体系；(d)$\overline{M}_1$ 图；(e)系数 k_{11}、k_{21} 的求解；(f)$\overline{M}_2$ 图；

(g)系数 k_{12}、k_{22} 的求解；(h)M_P 图（单位：kN·m）；(i)F_{1P}、F_{2P} 的求解；

(j)结构弯矩图 M 图（单位：kN·m）

解：(1)确定基本未知量和基本结构。此结构为两个独立线位移，基本未知量为 Δ_1、Δ_2，基本结构和基本体系如图 6-18(b)、(c)所示。

(2)典型方程。

$$\begin{cases} k_{11}\Delta_1 + k_{12}\Delta_2 + F_{1P} = 0 \\ k_{21}\Delta_1 + k_{22}\Delta_2 + F_{2P} = 0 \end{cases}$$

(3)求系数、解方程。

1)作基本结构只发生 Δ_1 的单位弯矩图 $\overline{M}_1$ 图，如图 6-18(d)所示。取图 6-18(e)所示隔离体，列力矩平衡方程，有

$$k_{11} = \frac{3i}{2}$$

$$k_{21} = -\frac{3i}{2}$$

2)作基本结构只发生 $\Delta_2 = 1$ 的单位弯矩图 $\overline{M}_2$ 图，如图 6-18(f)所示。取图 6-18(g)所示隔离体，列力矩平衡方程，有

$$k_{12} = -\frac{3i}{2}$$

$$k_{22} = \frac{15i}{4}$$

3)作基本结构荷载弯矩图 M_P 图，如图 6-18(h)所示。取图 6-18(i)所示隔离体，列力矩平衡方程，有

$$F_{1P} = -20 \text{ kN}, \quad F_{2P} = -40 \text{ kN}$$

代入位移法典型方程，有

$$\Delta_1 = -\frac{160}{3i}, \quad \Delta_1 = -\frac{80}{3i}$$

(4)作弯矩图。由 $M = \overline{M}_1\Delta_1 + \overline{M}_2\Delta_2 + M_P$，叠加可得如图 6-18(j)所示弯矩图。

【**例 6-13**】 试用典型方程法求图 6-19 所示结构，并作弯矩图。

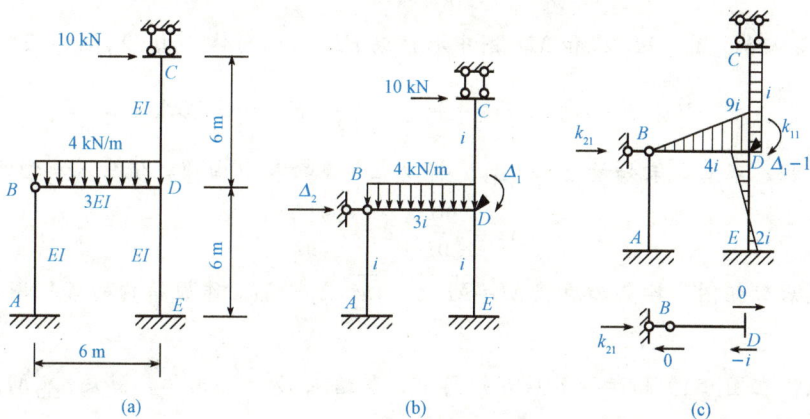

图 6-19 例 6-13 图

(a)原结构；(b)基本体系；(c)$\overline{M}_1$ 图

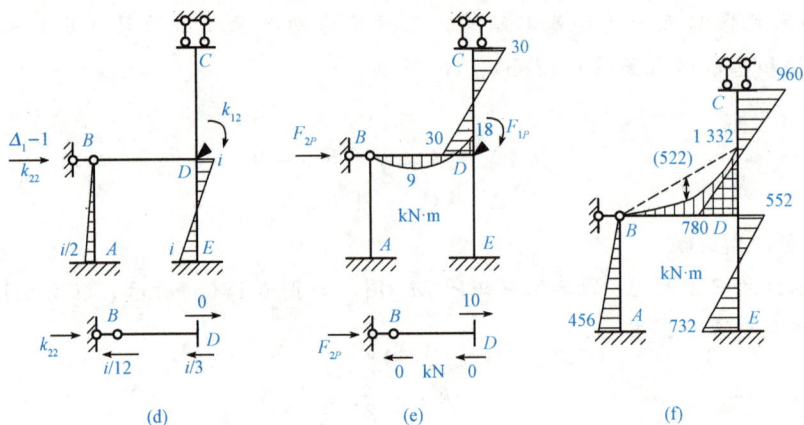

图 6-19　例 6-13 图(续)

(d)$\overline{M}_2$ 图；(e)M_P 图；(f)M 图

解：(1)确定基本未知量数目。此结构的基本未知量为结点 D 的转角 Δ_1 和横梁 BD 的水平位移 Δ_2。

(2)确定基本体系，如图 6-19(b)所示。

(3)建立典型方程。根据结点 D 附加刚臂上的反力矩为零及结点 B 附加支座链杆中的反力为零的两个平衡条件，有

$$\begin{cases} k_{11}\Delta_1 + k_{12}\Delta_2 + F_{1P} = 0 \\ k_{21}\Delta_1 + k_{22}\Delta_2 + F_{2P} = 0 \end{cases}$$

(4)求系数和自由项。

1)令 $i = EI/6$。作 $\overline{M}_1$、$\overline{M}_2$ 图和 M_P 图，如图 6-19(c)、(d)、(e)所示。分别从 $\overline{M}_1$ 图、$\overline{M}_2$ 图和 M_P 图中取结点 D 为隔离体，由 $\sum M_D = 0$，可求得

$$k_{11} = i + 4i + 9i = 14i$$

$$k_{12} = -i$$

$$F_{1P} = 12 \text{ kN}$$

2)再分别从 $\overline{M}_1$ 图、$\overline{M}_2$ 图和 M_P 图中取横梁 BD 为隔离体，由 $\sum F_x = 0$，可求得

$$k_{21} = -i, \ k_{22} = \frac{i}{12} + \frac{i}{3} = \frac{5i}{12}, \ F_{2P} = -10 \text{ kN}$$

(5)解方程，求基本未知量 Δ_1 和 Δ_2。将以上各系数及自由项之值代入典型方程，解得

$$\Delta_1 = \frac{90}{29i}, \ \Delta_2 = \frac{912}{29i}$$

(6)作最后弯矩图。按叠加原理 $M = \overline{M}_1\Delta_1 + \overline{M}_2\Delta_2 + M_P$ 作原结构的弯矩图，如图 6-19(f)所示。

(7)校核。在图 6-19(f)所示最后弯矩图中，取结点 D 为隔离体，满足 $\sum M_D = 0$；取横梁 BD 为隔离体，满足 $\sum F_N = 0$。

6.7 利用对称性简化

在力法中的 5.5 节中介绍了对称结构的定义，对称结构在对称或反对称荷载作用下的基本受力特点，以及利用对称性的基本做法。位移法中也是如此，本节举例说明在位移法中如何利用对称性简化结构的计算。

【例 6-14】 试作图 6-20(a)所示刚架的弯矩图。设各杆刚度 EI＝常数。

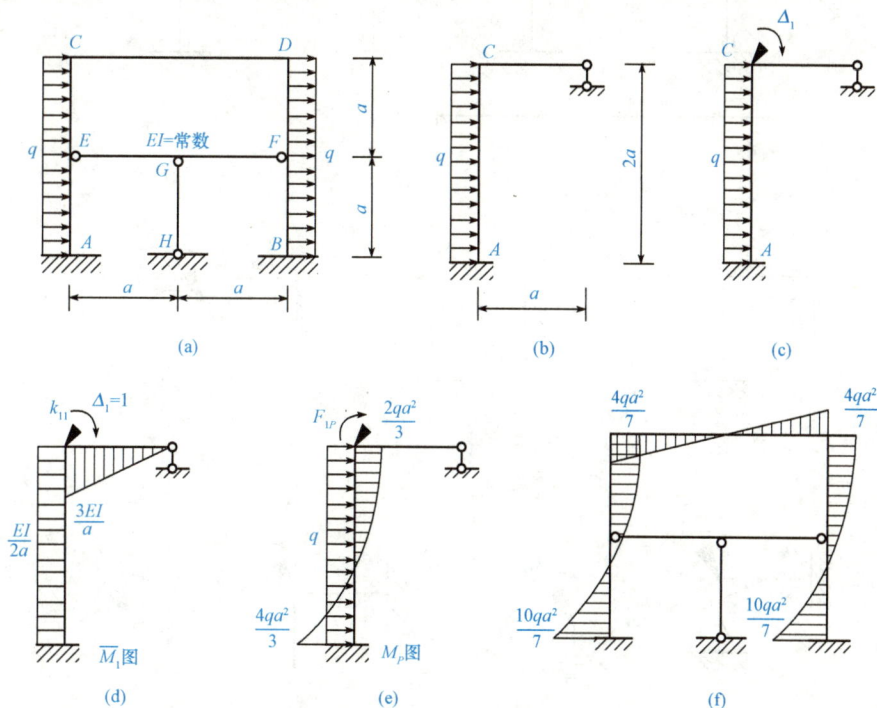

图 6-20 例 6-14 图

(a)原结构；(b)计算简图；(c)基本结构；(d)$\overline{M}_1$ 图；(e)M_P 图；(f)M 图

解：(1)基本未知量和基本结构。此结构为对称结构受反对称荷载作用。因此位于对称轴上的 GH 杆和 EF 杆的轴力为零，在取半结构时，在对称轴位置处应设置竖向链杆支座，得到如图 6-20(b)所示的计算简图。由于 AC 的剪力是静定的(即剪力完全可以通过 AC 杆上的弯矩求得)，横梁的水平位移并非关键位移，用位移法求解时仅有 C 结点的转角一个未知量，基本结构如图 6-20(c)所示。

(2)典型方程。

$$k_{11}\Delta_1 + F_{1P} = 0$$

(3)求系数、解方程。根据图 6-20(d)、(e)求得

$$k_{11} = \frac{3EI}{a} + \frac{EI}{2a} = \frac{7EI}{2a}$$

$$F_{1a} = \frac{2qa^2}{3}$$

代入典型方程，有

$$\Delta_1 = \frac{4qa^3}{21EI}$$

(4)作弯矩图。利用叠加法，可得如图 6-20(f)所示的弯矩图。

【例 6-15】 试作图 6-21(a)所示刚架的弯矩图。设各杆刚度 EI＝常数。

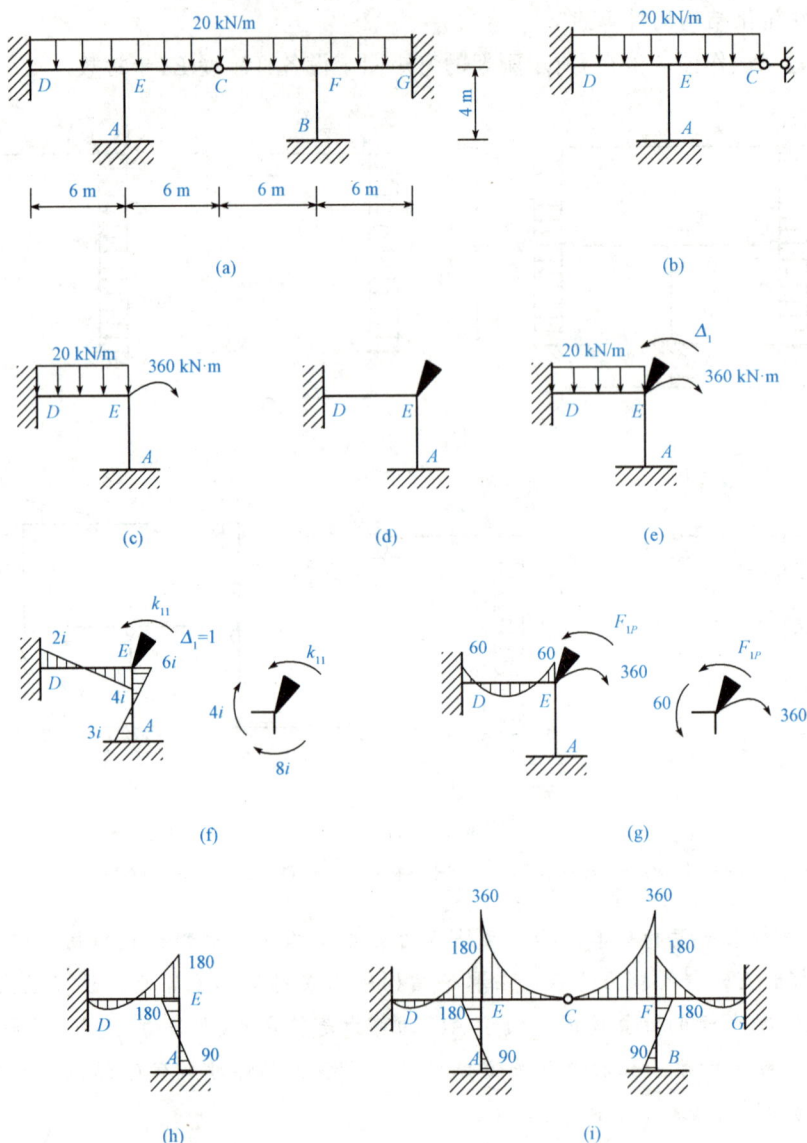

图 6-21 例 6-15 图

(a)结构与荷载；(b)半结构；(c)半结构的简化；(d)基本结构；(e)基本体系；

(f)$\overline{M}_1$ 图 及系数 k_{11} 的求解；(g)M_P 图及系数 F_{1P} 的求解；(h)弯矩图；

(i)整个结构的弯矩图(单位：kN·m)

解：(1)基本未知量和基本结构。利用对称性，取图 6-21(b)所示半结构。从图 6-19(b) 看出 C 处的水平链杆对结构的弯矩图不起作用，可以去掉；EC 杆的弯矩和剪力可由静力平衡条件确定，可以将 EC 杆去掉。荷载对余下结构的作用可以用一个力偶和一个竖向的集中力表示。因为不计杆件的轴向变形，这个竖向力对结构的弯矩不起作用，所以，只考虑力偶的作用。去掉 C 处的水平链杆和 EC 杆以后的半结构如图 6-21(c)所示。

其基本未知量是 E 点处的附加转动位移 Δ_1，基本结构、基本体系如图 6-21(d)、(e) 所示。

(2)典型方程。

$$k_{11}\Delta_1 + F_{1P} = 0$$

(3)求系数、解方程。

1)令 $i = \dfrac{EI}{6}$，作基本结构的单位弯矩图 $\overline{M}_1$ 图，如图 6-21(f)所示，取图示隔离体，列力矩平衡方程，有

$$k_{11} = 4i + 6i = 10i$$

2)作荷载弯矩图 M_P 图，如图 6-21(g)所示，取图示隔离体，列力矩平衡方程，有

$$F_{1P} = 300 \text{ kN} \cdot \text{m}$$

代入典型方程，有

$$\Delta_1 = -\frac{30}{i}$$

(4)作弯矩图。由 $M = \overline{M}_1\Delta_1 + M_P$ 叠加可得如图 6-21(h)所示弯矩图。

(5)将 EC 静定杆上的弯矩加上，再根据弯矩具有正对称性的特点，绘制出另一半结构的弯矩图。整个结构的弯矩图如图 6-21(i)所示。

【例 6-16】 试作图 6-22(a)所示刚架的弯矩图。设各杆刚度 EI＝常数。

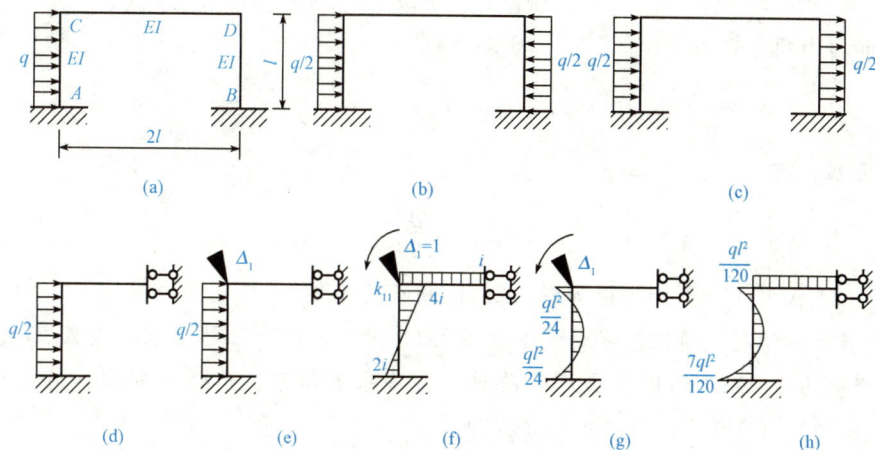

(a)   (b)   (c)

(d)   (e)   (f)   (g)   (h)

图 6-22 例 6-16 图

(a)结构与荷载；(b)对称荷载；(c)反对称荷载；(d)对称半结构；(e)位移法基本体系；

(f)对称半结构单位弯矩图；(g)对称半结构荷载弯矩图；(h)对称半结构弯矩图

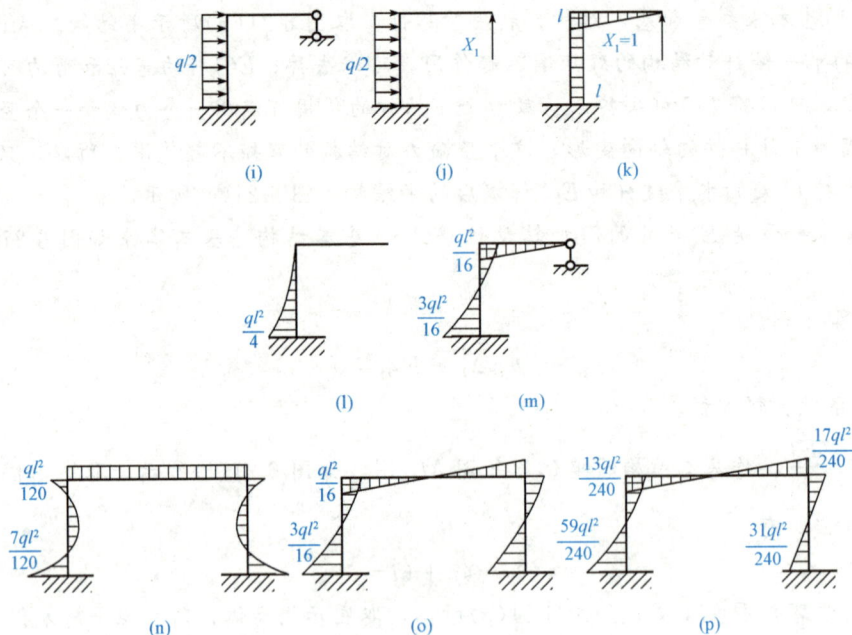

图 6-22　例 6-16 图(续)

(i)反对称半结构；(j)力法基本体系；(k)反对称半结构单位弯矩图；(l)反对称半结构荷载弯矩图；

(m)反对称半结构弯矩图；(n)反对称半结构对称弯矩图；(o)反对称弯矩图；(p)叠加后的弯矩图

解：(1)利用对称性。此结构属于对称结构有任意荷载作用情况。将荷载分解为对称荷载和反对称荷载，如图 6-22(b)、(c)所示。

(2)计算对称荷载情况。半结构如图 6-22(d)所示。位移法基本体系、单位弯矩图、荷载弯矩图如图 6-22(e)、(f)、(g)所示，位移法方程为

$$k_{11}\Delta_1 + F_{1P} = 0$$

系数和自由项分别为

$$k_{11} = 5i,\ F_{1P} = -\frac{ql^2}{24}$$

代入方程，有

$$\Delta_1 = \frac{ql^2}{120i}$$

由 $M = \overline{M}_1\Delta_1 + M_P$ 叠加可得如图 6-22(h)所示弯矩图。

(3)计算反对称荷载情况。半结构如图 6-22(i)所示，因为位移法未知量为 2，而力法的超静定次数则为 1，因此利用力法计算简单。力法基本体系、单位弯矩图、荷载弯矩图如图 6-22(j)、(k)、(l)所示，力法典型方程为

$$\delta_{11}X_1 + \Delta_{1P} = 0$$

系数和自由项分别为

$$\delta_{11} = \frac{4l^3}{3EI},\ \Delta_{1P} = -\frac{ql^4}{12EI}$$

代入力法典型方程，有

$$X_1 = \frac{ql}{16}$$

由 $M = \delta_{11}X_1 + M_P$ 叠加，可得如图 6-22(m)所示弯矩图。

(4)叠加弯矩图。根据半结构的弯矩图可得对称荷载引起的对称弯矩图和反对称荷载引起的反对称弯矩图，如图 6-22(n)、(o)所示。叠加后最终弯矩图如图 6-22(p)所示。

注意：对于受任意荷载作用的单跨对称结构，当将荷载分解为对称和反对称荷载两组时，对称半结构采用位移法求解，此时未知量为1；反对称半结构采用力法求解，此时超静定次数也为1。这种利用对称性后，不同结构采用不同方法求解以达到未知量最少的解法，称为联合法。

【例 6-17】 试用典型方程法计算图 6-23(a)所示结构，并作弯矩图。设 $EI=$ 常数。

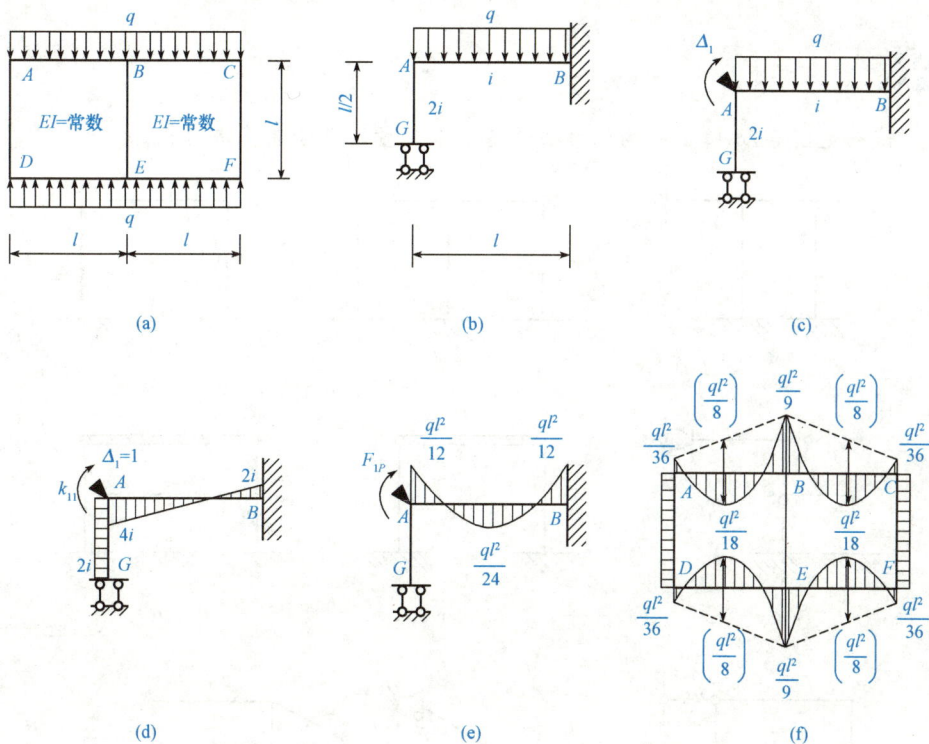

图 6-23 例 6-17 图

(a)原结构；(b)简化后的结构；(c)基本体系；(d)$\overline{M}_1$图；(e)M_P图；(f)M图

解：(1)确定基本未知量数目。由于结构和荷载都具有两个对称轴，因此，可以利用对称性取结构的1/4部分[图 6-23(b)]进行计算，其基本未知量只有结点 A 的转角 Δ_1。

(2)确定基本体系，如图 6-23(c)所示。

(3)建立典型方程。依据结点 A 附加刚臂上反力矩为零的平衡条件，有

$$k_{11}\Delta_1 + F_{1P} = 0$$

(4)求系数和自由项。

1)设 $i = EI/l$，则各杆的线刚度为：$i_{AB} = i$，$i_{AG} = 2i$（杆长减少一半，相应的线刚度增大为 2 倍）。

2)作 $\overline{M}_1$ 图和 M_P 图，如图 6-23(d)、(e)所示，分别从 $\overline{M}_1$、M_P 图中截取结点 A 为隔离体，应用力矩平衡条件 $\sum M_A = 0$，可分别求得

$$k_{11} = 4i + 2i = 6i, \quad F_{1P} = -\frac{1}{12}ql^2$$

(5)解方程，求基本未知量。将 k_{11} 和 F_{1P} 之值代入典型方程，解得

$$\Delta_1 = \frac{ql^2}{72i}$$

(6)作最后弯矩图。按叠加公式 $M = \overline{M}_1 \Delta_1 + M_P$ 求得各杆端弯矩，利用对称性即可作出原结构的弯矩图，如图 6-23(f)所示。

(7)校核。在图 6-23(f)中，取结点 B 为隔离体，满足 $\sum M_B = 0$。

习题

6-1 试确定图 6-24 所示结构位移法的基本未知量，并绘制基本结构。

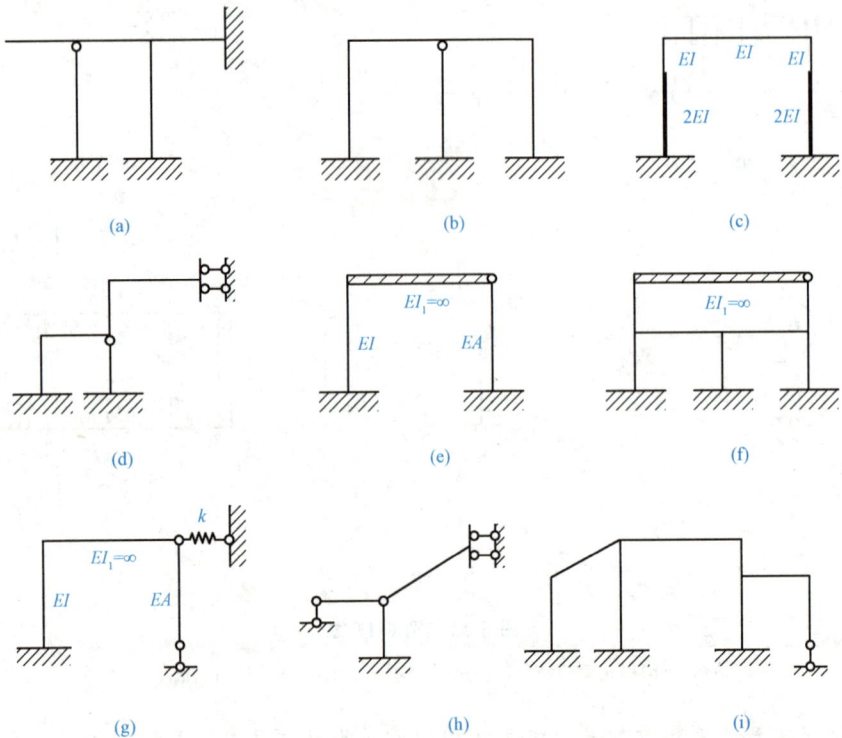

图 6-24 习题 6-1 图

6-2 试确定图 6-25 所示结构位移法的基本未知量，并绘制基本结构。

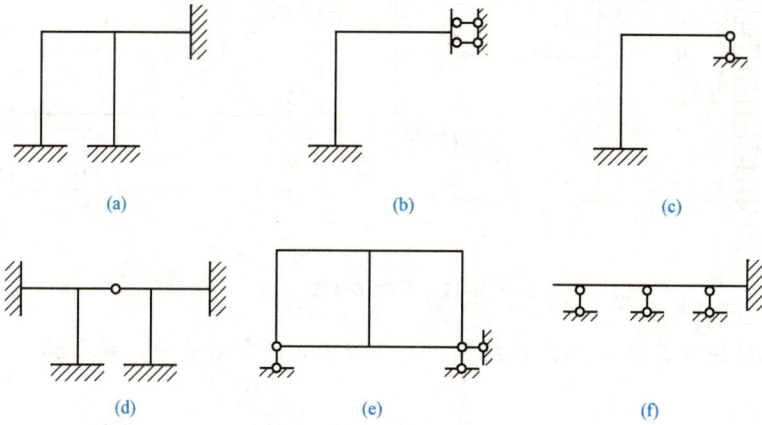

(a)　　　　　　　　　　(b)　　　　　　　　　　(c)

(d)　　　　　　　　(e)　　　　　　　　(f)

图 6-25 习题 6-2 图

6-3 用位移法计算图 6-26 所示连续梁，并作弯矩图和剪力图。EI＝常数。

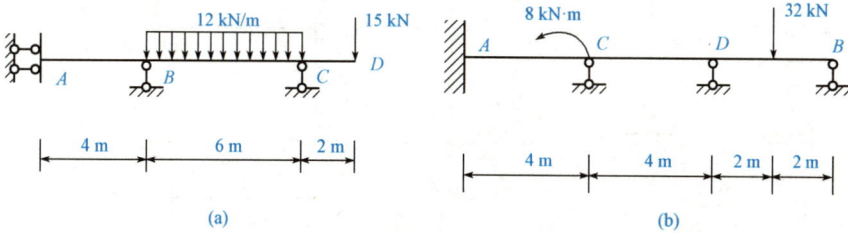

(a)　　　　　　　　　　　　　(b)

图 6-26 习题 6-3 图

6-4 列出图 6-27 所示结构的位移法典型方程，并求出方程中的系数和自由项。EI＝常数。

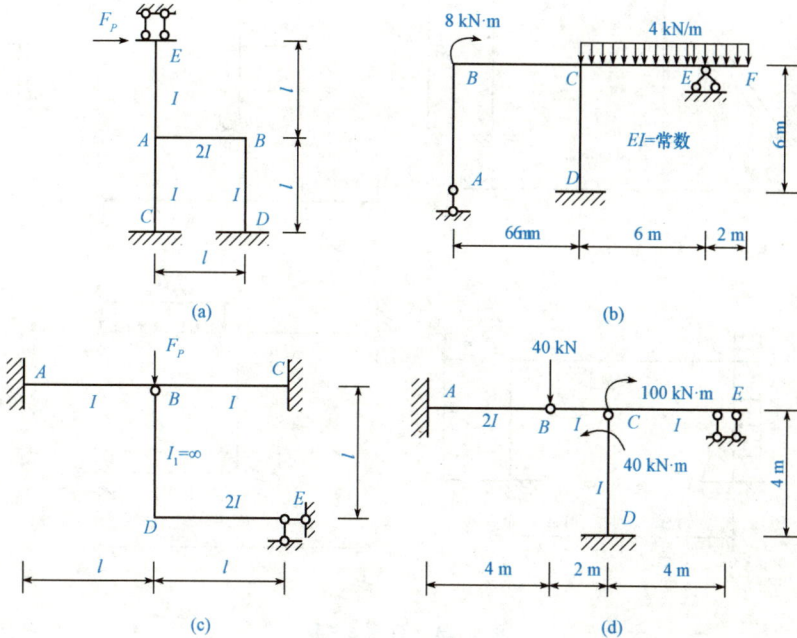

(a)　　　　　　　　　　　(b)

(c)　　　　　　　　　　　(d)

图 6-27 习题 6-4 图

(e)

(f)

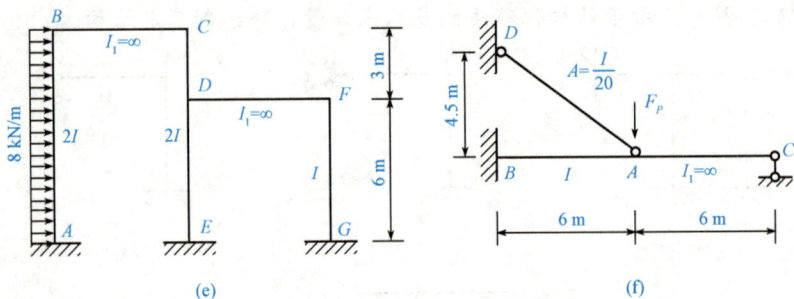

图 6-27 习题 6-4 图(续)

6-5 用位移法计算图 6-28 所示结构，作弯矩图，并勾绘变形曲线。$EI = $常数。

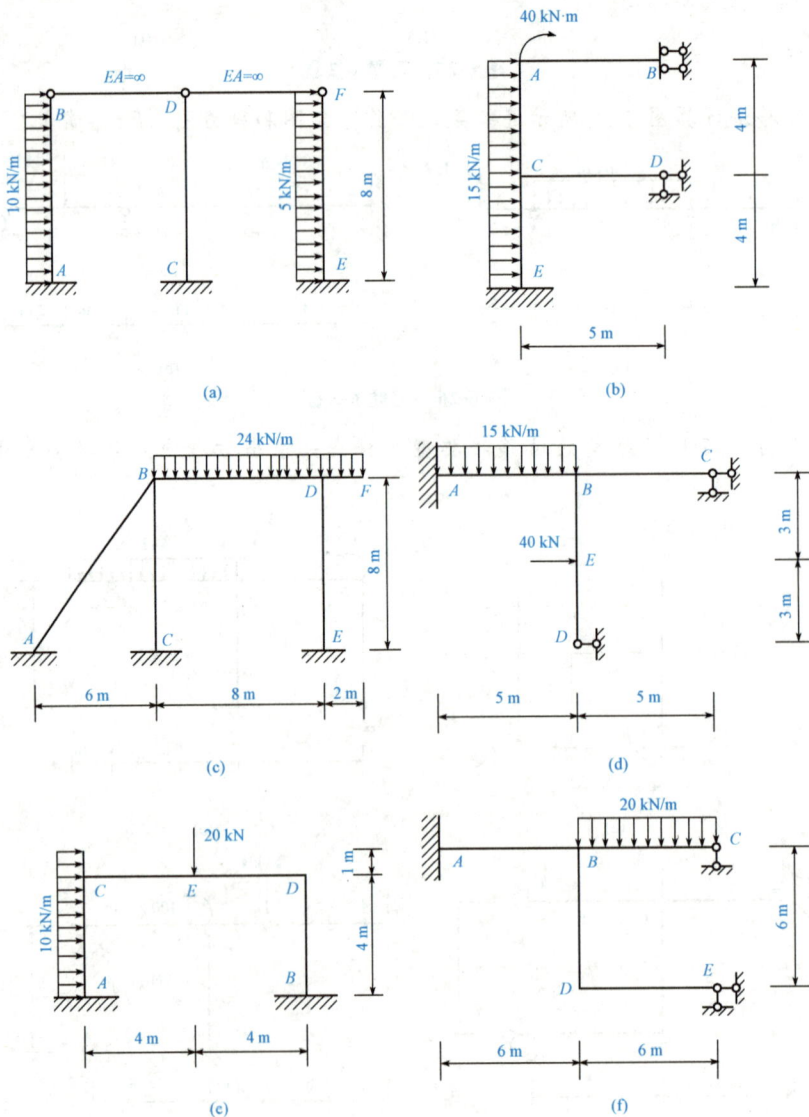

(a)

(b)

(c)

(d)

(e)

(f)

图 6-28 习题 6-5 图

6-6　试用位移法作图 6-29 所示结构的弯矩图。

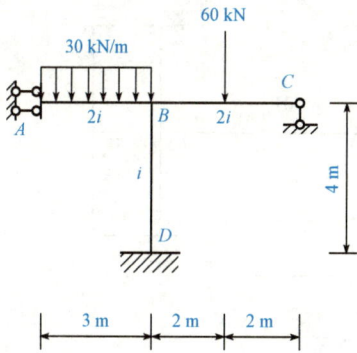

(a)

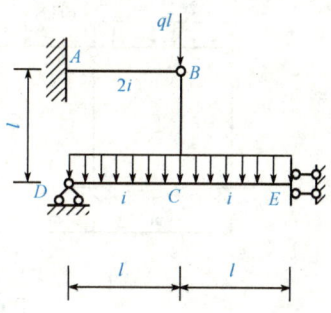

(b)

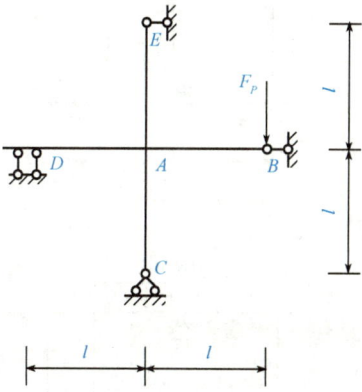

(c)

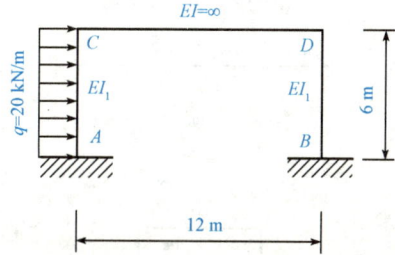

(d)

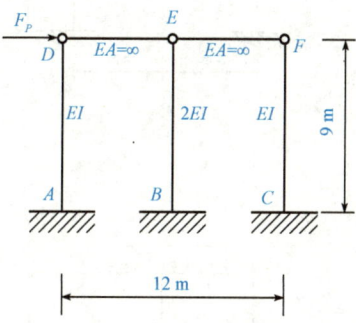

(e)

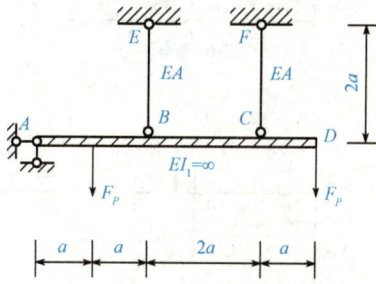

(f)

图 6-29　习题 6-6 图

6-7　试用位移法作图 6-30 所示结构的弯矩图。EI＝常数。

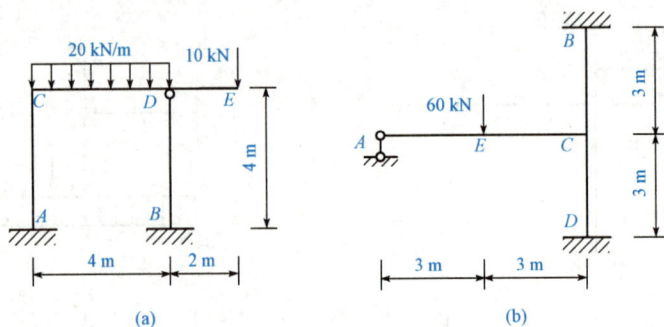

(a)　　　　　　　　　　(b)

图 6-30　习题 6-7 图

6-8　利用对称性，试作图 6-31 所示结构的弯矩图。

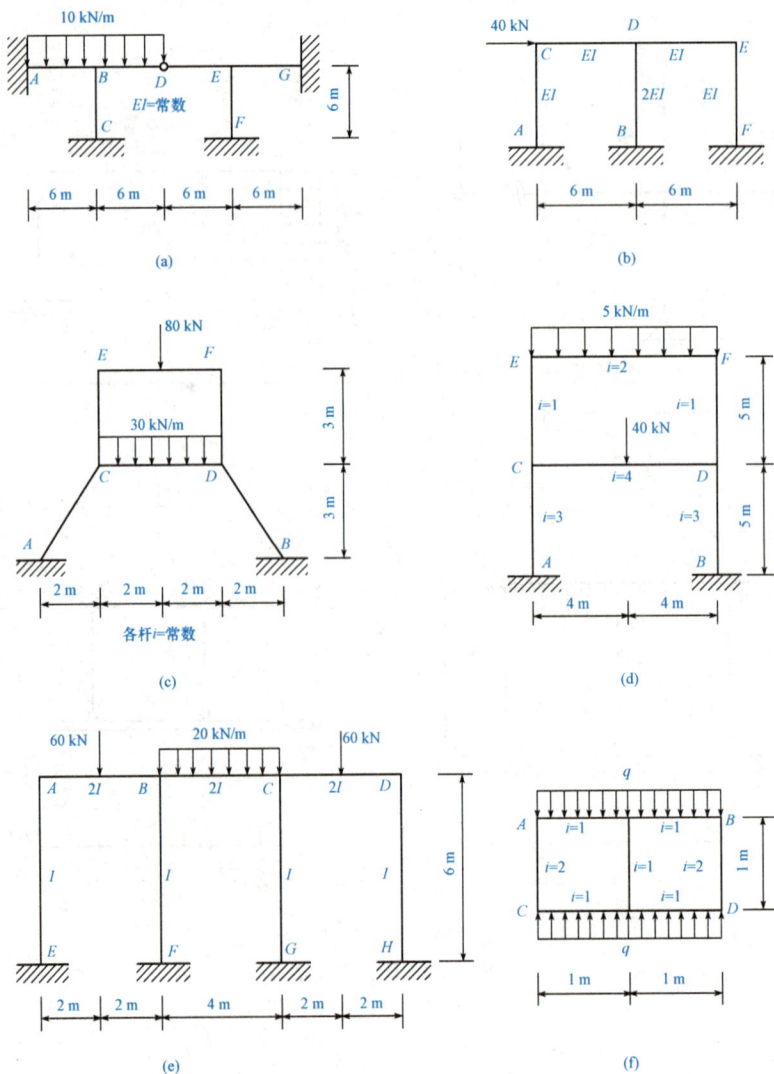

(a)　　　　　　　　　　(b)

(c)　　　　　　　　　　(d)

(e)　　　　　　　　　　(f)

图 6-31　习题 6-8 图

6-9　利用对称性计算图 6-32 所示结构，作弯矩图。EI＝常数。

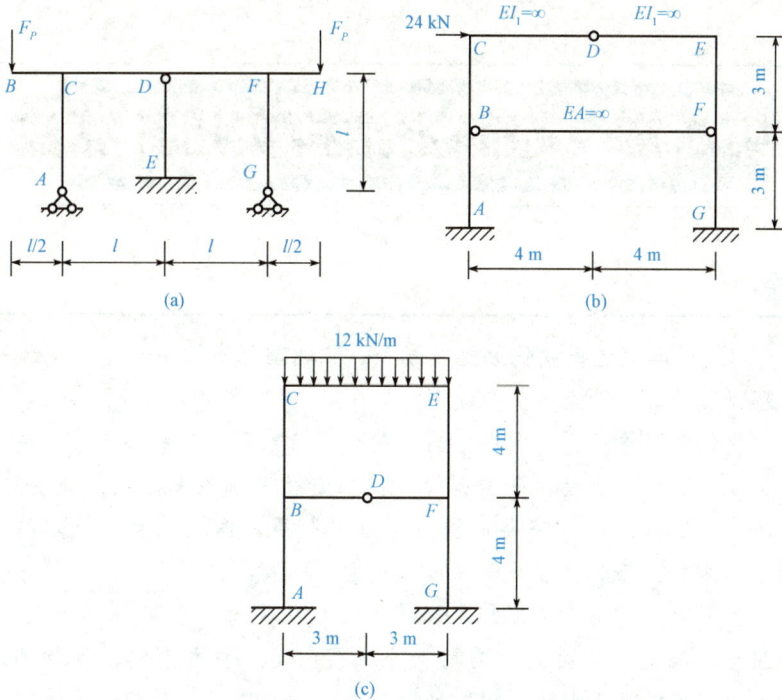

(a)

(b)

(c)

图 6-32　习题 6-9 图

6-10　试作图 6-33 所示结构支座移动时的弯矩图。

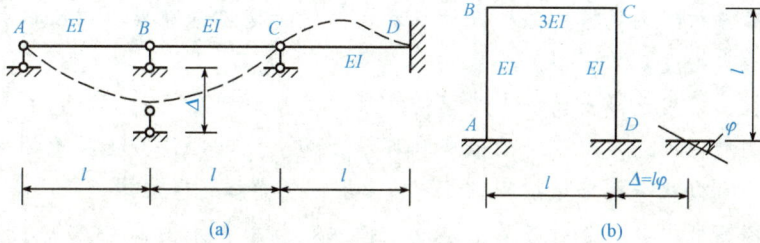

(a)

(b)

图 6-33　习题 6-10 图

6-11　图 6-34 所示等截面正方形刚架，内部温度升高 t ℃，杆件截面高度 h，温度膨胀系数为 α，试作弯矩图。

6-12　计算图 6-35 所示结构由于温度变化产生的弯矩图。已知杆件截面高度 $h=0.4$ m，$EI=2\times10^4$ kN·m^2，$\alpha=1\times10^{-5}$/K。

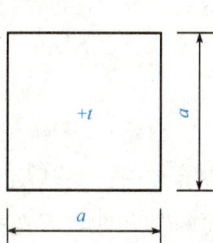

图 6-34　习题 6-11 图

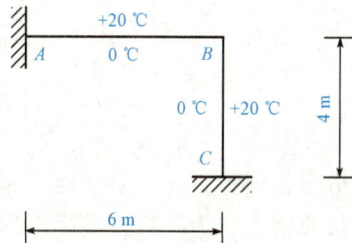

图 6-35　习题 6-12 图

第 7 章　超静定结构实用计算法

案例导入

混凝土模块化装配技术——深圳国际商贸中心

深圳国际商贸中心的特点和优势如下：

混凝土模块化装配技术：商贸中心的结构和外墙采用了预制混凝土构件进行装配。预制混凝土构件在工厂中制造，并根据设计要求进行精确控制。然后，这些构件在现场进行快速组装，以形成一座完整的建筑。采用混凝土模块化装配技术的优势在于，它能够提高施工速度、减少浪费并确保施工质量和一致性。

高效施工：混凝土模块化装配技术能够大大加快商贸中心的施工进度。预制混凝土构件可以在与现场施工同时进行的情况下进行制造，从而减少了现场的施工时间。这种高效施工流程可以显著缩短工期，降低成本，并提供更可靠和一致的建筑质量。

设计灵活性与创新：预制混凝土构件的装配性质使得商贸中心能够实现更大的设计灵活性和创新性。预制构件可以灵活应用于不同的建筑形状和外观设计，从而创造出个性化和独特的建筑风格。这种设计灵活性促使着建筑师在商贸中心的外观和功能方面有更多的自由度，如彩图 7 所示。

可持续性：采用混凝土模块化装配技术可以提高建筑的可持续性。预制混凝土构件在工厂中制造，可以减少现场的浪费和环境影响。此外，混凝土具有耐久性和较长的使用寿命，可以减少后期维护和修复的需求，降低整体运营成本。

深圳国际商贸中心作为一座采用混凝土模块化装配技术的高层建筑，在其结构和外墙的建设过程中展现了高效、灵活和可持续的特点。通过预制混凝土构件的装配，该建筑实现了高效施工、一致性质量和优越的可持续性。这个典型案例为装配式建筑技术在深圳乃至全国范围内的应用提供了成功的实践经验，并且在建筑界产生了广泛的积极影响。

7.1　概述

力法和位移法进行结构计算时，必须建立和求解联合方程组，当结构比较复杂、未知量较多时，计算工作量非常大。为了减少实际工程求解问题的复杂性，可选择多种适合计算的方法，最具有代表性的有弯矩分配法和反弯点法。

（1）弯矩分配法主要适用于仅有结点角位移、无结点线位移的超静定梁或刚架的计算。如图 7-1（a）所示的连续梁采用位移法有 2 个基本未知量，即在 B、C 支座处的转角位移。

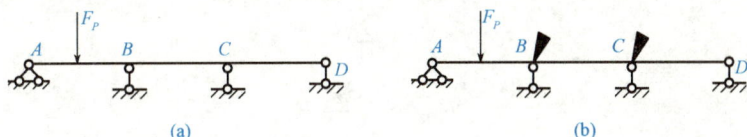

图 7-1　弯矩分配法求解原理图

弯矩分配法的求解过程如下：

1）在 B、C 结点处各附加一刚臂"▶"不动，如图 7-1（b）所示，此时 B、C 的转角为零，梁处于水平位置。

2）查表 6-1 载常数或计算在广义荷载作用下的杆端弯矩（也称固端弯矩），即作出如位移法中的 M_P 图，两附加刚臂"▶"中的约束力矩记作 F_{1P}、F_{2P}。

3）依次释放一个刚臂"▶"约束，附加刚臂中的约束力矩逐步减少，直到趋于零，此时梁中的内力也趋近于连续梁的内力。此时由于刚臂转动（产生转角位移）要引起杆件的杆端弯矩。

4）将固端弯矩与上述每次释放刚臂约束引起的杆端弯矩叠加，即可求得梁的最终弯矩。

此过程中，释放刚臂"▶"约束，实质只需将约束力矩反向施加于同一支座结点。由于是单个释放刚臂约束，由此引起的杆端弯矩容易求得。

（2）反弯点法主要适用于仅有结点线位移，忽略结点角位移的超静定刚架计算。如图 7-2（a）所示刚架因横梁刚度为无穷大，无结点角位移未知量。实质反弯点法的基本假设是把刚架中的横梁简化为刚性梁。如图 7-2（b）所示，由于无结点转角，则立柱中点的弯矩为零，由于两柱侧向位移 Δ 相等，因此两柱的剪力应为

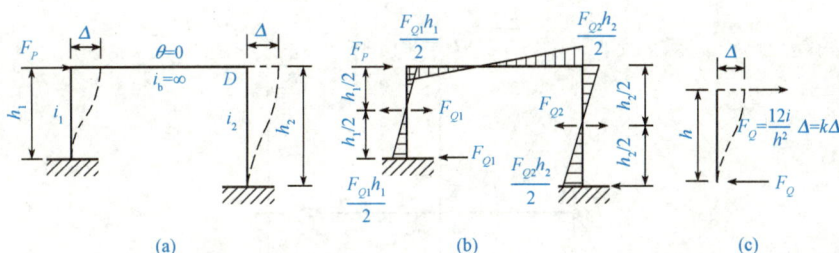

图 7-2　反弯点法求解原理图

$$\begin{cases} F_{Q1} = \dfrac{12i_1}{h_1^2}\Delta = S_1\Delta \\[3mm] F_{Q2} = \dfrac{12i_2}{h_2^2}\Delta = S_2\Delta \end{cases}$$

其中，$S = \dfrac{12i}{h^2}$ 称为柱的侧移刚度系数，即柱顶由单位侧移时所引起的剪力。

由平衡条件，两柱的剪力之和应等于 F_P，即

$$F_{Q1} + F_{Q2} = F_P$$

与上式联合，即得

$$\begin{cases} F_{Q1} = \dfrac{S_1}{\sum\limits_1^2 S_i} F_P \\[4mm] F_{Q2} = \dfrac{S_2}{\sum\limits_1^2 S_i} F_P \end{cases}$$

上式可见，各柱的剪力与该柱的侧移刚度系数 S_j 成正比，$\mu_j = \dfrac{S_j}{\sum S_i}$ 称为剪力分配系数。也即荷载 F_P 按剪力分配系数分配给各柱。有

$$\begin{cases} F_{Q1} = \mu_1 F_P \\ F_{Q2} = \mu_2 F_P \end{cases}$$

求出剪力后，再利用反弯点位于各柱中点的特点，求得各柱两端弯矩 $M = F_Q \times \dfrac{h}{2}$，进而绘制出弯矩图，如图 7-2(b)所示。

7.2 弯矩分配法

从弯矩分配法求解思路看，它的理论基础是位移法，适用范围是无结点线位移的刚架和连续梁。下面先从单结点弯矩分配基本概念入手，逐步讨论展开。

7.2.1 单结点弯矩分配

如图 7-3 所示，设结构中各杆件的线刚度分别记为

$$i_j = \frac{EI_j}{I_j}(j = 1,\ 2,\ 3,\ 4)$$

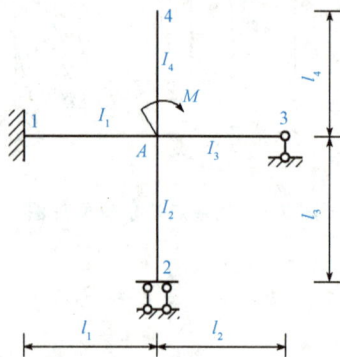

图 7-3 单结点弯矩分配示意图

由位移法作图 7-4(a)所示的单位弯矩图和图 7-4(b)所示的荷载弯矩图。则

$$k_{11} = 4i_1 + i_2 + 3i_3 + 0 \times i_4, \quad F_{1P} = -M$$

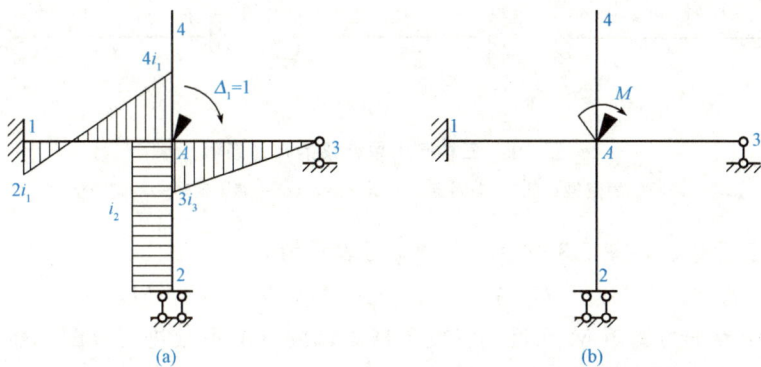

图 7-4　图 7-3 结构的单位弯矩图和荷载弯矩图

解位移法方程，可得

$$\Delta_1 = -\frac{M}{k_{11}}$$

由 $\overline{M}_1 \Delta_1 + M_P$ 叠加，可得

$$M_{A1} = \frac{4i_1}{k_{11}}M, \quad M_{1A} = \frac{2i_1}{k_{11}}M, \quad M_{A2} = \frac{i_2}{k_{11}}M, \quad M_{A3} = \frac{3i_3}{k_{11}}M$$

其他杆端弯矩为零。下面介绍几个重要的基本概念：

(1) 转动刚度。如图 7-5 所示，AB 杆 A 端仅产生单位角度转动时，在 A 端所施加的杆端弯矩，称为 AB 杆 A 端的转动刚度，记作 M_P。

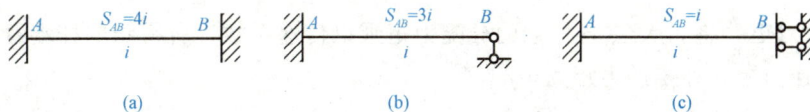

图 7-5　三类杆件的转动刚度

(a)两端固定梁；(b)一端固定、一端铰梁；(c)一端固定、一端定向梁

对于等截面直杆，由形常数可知 S_{AB} 只与杆的线刚度及 B 端的支承条件有关。三种基本单跨梁的 A 转动刚度分别为 $4i$、$3i$、i，一般将 A 端称为近端，而将 B 端称为远端。

(2) 分配系数。以结构交汇于 A 结点各杆端的转动刚度总和为分母，以 A_1 杆 A 端的转动刚度为分子，计算得到的值称为该杆端的分配系数，记作 μ_{Ai}，如图 7-4(a)所示。

$$\mu_{Ai} = \frac{S_{Ai}}{\sum_j S_{Aj}}(i=1,\ 2,\ 3,\ 4)$$

显然，A 结点各杆端的分配系数之和等于 1。

(3) 传递系数。图 7-5 所示三类基本杆件，当仅当一端产生转角位移时，远端的杆端弯矩与近端的杆端弯矩的比值，称为该杆的传递系数，记作 C_{AB}。

三种基本单跨梁的传递系数如图 7-6 所示。

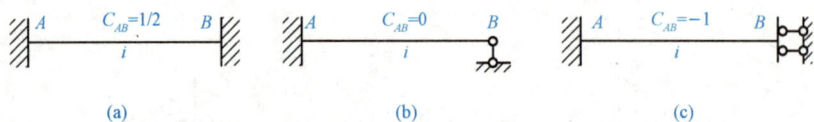

图 7-6   三种基本单跨梁的传递系数

(a)两端固定梁；(b)一端固定、一端铰梁；(c)一端固定、一端定向梁

利用上述三个概念，图 7-3 所示杆端弯矩可表示为

$$M_{A1} = \mu_{A1}M, \quad M_{1A} = C_{A1}M, \quad M_{A2} = \mu_{A2}M, \quad M_{2A} = \mu_{A2}M, \quad M_{A3} = \mu_{A3}M$$

即作用于结点的力偶矩 M 在近端将按各杆该端的分配系数进行分配，然后再按传递系数传送到远端，由此得到各杆的杆端弯矩。

注意：

①各单个杆件的固端弯矩，是在附加刚臂固定不动情况下，由载常数查得或由其他方法求得。而对于图 7-3 所示结点 A 的固端弯矩有四个单杆的固端弯矩之代数和。

②释放刚臂约束，刚臂转动，相当于刚臂上作用了一个大小为固端弯矩，方向与之相反的力矩。

(4)**不平衡力矩**。结构无结点转角位移时，交汇于 A 结点各杆件的固端弯矩的代数和，称为该结点的不平衡力矩，可由三类杆件的载常数查得。

(5)**分配力矩**。将 A 结点的不平衡力矩改变符号，乘以交汇于该结点各杆端的分配系数，所得到的杆端弯矩，称为该结点各杆端的分配力矩，即分配力矩为 $-\mu_{A1}F_{1P}$，F_{1P} 为不平衡力矩。

(6)**传递力矩**。将 A 结点各杆端的分配力矩乘以传递系数，所得到的杆端弯矩称为该结点远端的传递力矩，即传递力矩为 $-\mu_{A1}F_{1P}C_{Ai}$。

以上归纳见表 7-1。

表 7-1   三类基本单跨梁弯矩分配各系数表

项目	两端固定梁	一端固定、一端铰支梁	一端固定、一端定向梁
结构示意图			
转动刚度	$S_{AB} = 4i$	$S_{AB} = 3i$	$S_{AB} = i$
传递系数	$C_{AB} = \dfrac{1}{2}$	$C_{AB} = 0$	$C_{AB} = -1$

【**例 7-1**】 试用弯矩分配法作如图 7-7 所示连续梁的弯矩图，图中各点分配与传递情况见表 7-2。

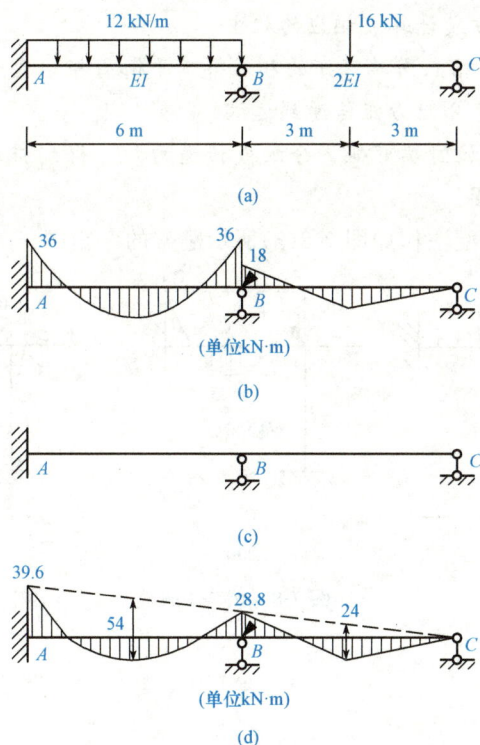

图 7-7　例 7-1 图

表 7-2　例 7-1 各点分配与传递情况

杆端	AB		BC	
分配系数	0.4		0.6	
固端弯矩	−36	36	−18	0
分配力矩与传递力矩	−3.6　←　−7.2		−10.8　→　0	
杆端弯矩	−39.6	28.8	−28.8	0

解：(1)计算分配系数。

各杆的线刚度为

$$i_{AB} = \frac{EI}{6}, \quad i_{BC} = \frac{2EI}{6}$$

各杆的转动刚度为

$$S_{BA} = \frac{4EI}{6}, \quad S_{BA} = \frac{6EI}{6}$$

分配系数为

$$\mu_{BA} = \frac{S_{BA}}{S_{BA} + S_{BC}} = 0.4, \quad \mu_{BC} = \frac{S_{BC}}{S_{BA} + S_{BC}} = 0.6$$

(2)固端弯矩。锁定刚臂"▶"，计算荷载作用下的固端弯矩，如图 7-7(b)所示，将固端弯矩分别标注在杆件的下方或计算表相应的栏中。

（3）分配与传递。由 B 结点固端弯矩的和求得不平衡力矩，变号后乘以分配系数得到分配力矩，根据传递系数，将分配力矩传递到远端。

（4）计算最终弯矩。叠加固端弯矩、分配或传递力矩，得到杆端最终弯矩，如表 7-2 及图 7-7(d)所示为最终弯矩图。

【例 7-2】 试用弯矩分配法作如图 7-8(a)所示刚架的弯矩图。

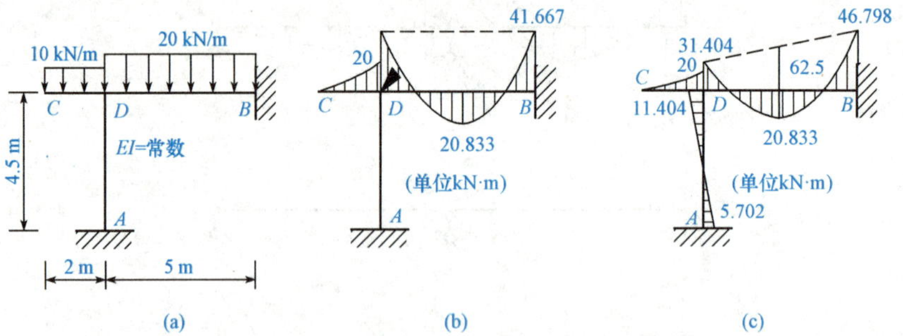

图 7-8　例 7-2 图

解：（1）分配系数。

各杆线刚度：

$$i_{DA} = \frac{EI}{4.5}$$

$$i_{DB} = \frac{EI}{5}$$

各杆转动刚度：

$$S_{DA} = \frac{4EI}{4.5}$$

$$S_{DB} = \frac{4EI}{5}$$

分配系数：

$$\mu_{DA} = \frac{S_{DA}}{S_{DA} + S_{DB}} = 0.526$$

$$\mu_{DB} = \frac{S_{DB}}{S_{DA} + S_{DB}} = 0.474$$

注意：静定部分分配系数为零。

（2）固端弯矩。由载常数查得各杆的固端弯矩，并将此固端弯矩标注在相应分配系数下方及远端处。同时需考虑静定部分 CD 对 D 结点的集中力偶作用，逆时针为正。

（3）分配与传递。由固端弯矩的和求得不平衡力矩，变号后乘以分配系数得分配力矩，根据远端支承条件确定传递系数，并将分配力矩向远端传递。

（4）计算结构杆端最终弯矩。叠加固端弯矩、分配或传递力矩，得杆端最终弯矩，如表 7-3 及图 7-8(c)所示。

表 7-3　例 7-2 各点分配与传递情况

结点	A	D		B
杆端	AD	DA	DB	BD
分配系数		0.526	0.474	
固端弯矩		20		41.667
		0	−41.667	
分配与传递	5.702	11.404	10.263	5.131
最终弯矩	5.702	11.404	10.263	46.798

7.2.2　多结点弯矩分配

多结点的弯矩分配法与单结点弯矩分配法其实质是相同的，区别在于：多结点有多个附加约束，即刚臂"▶"，计算中采取的方法是先将所有刚臂"▶"锁住，然后逐次释放一个刚臂"▶"，即每一次只释放一个，而其他刚臂锁住。多结点弯矩分配法的步骤如下：

(1)计算分配系数。锁住全部刚臂，计算各杆件的转动刚度和各结点杆端的分配系数，进而确定各杆的传递系数。

(2)计算固端弯矩。锁住全部刚臂，根据载常数计算各杆端的固端弯矩。

(3)分配和传递。按照结点不平衡力矩的绝对值由大到小的分配顺序，在其他结点都锁住的前提下，进行单结点弯矩分配。经此顺序做完第一轮分配、传递后，求出不平衡力矩。当不平衡力矩小到可以忽略时，循环结束。

(4)计算杆端最终弯矩。求同一杆端的固端弯矩、分配力矩和传递力矩的代数和，得到该杆端的最终杆端弯矩。

【例 7-3】　试用弯矩分配法作如图 7-9(a)所示刚架的弯矩图。

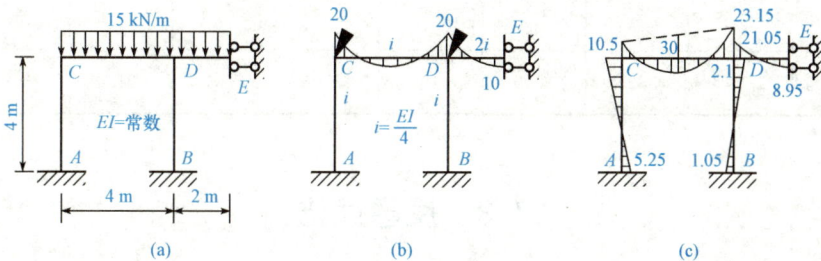

图 7-9　例 7-3 多结点弯矩分配例图

(a)结构与荷载；(b)锁定及固定弯矩；(c)最终弯矩图(单位：kN·m)

解：(1)分配系数。线刚度计算如图 7-9(b)所示。

转动刚度：

$$S_{CA} = S_{CD} = S_{DB} = S_{DC} = 4i$$
$$S_{DE} = 2i$$

分配系数：

$$\mu_{CA} = \mu_{CD} = \frac{4i}{4i + 4i} = 0.5$$

$$\mu_{DB} = \mu_{DC} = \frac{4i}{4i + 4i + 2i} = 0.4$$

$$\mu_{DE} = \frac{2i}{4i + 4i + 2i} = 0.2$$

（2）固端弯矩。由载常数查得，并填入表 7-4。

（3）分配与传递。因为 C 结点不平衡力矩绝对值大，所以要先分配，随后分配 D 结点。分配和传递情况见表 7-4。

（4）计算最终弯矩。叠加固端弯矩、分配力矩或传递力矩，得到杆端最终弯矩，根据杆端弯矩及其上面作用的荷载，按区段叠加，作出如图 7-9(c) 所示的最终弯矩图。

表 7-4 例 7-3 各结点分配和传递情况

结点	A	C		D			E	B
杆端	AC	CA	CD	DC	DB	DE	ED	BD
分配系数		0.5	0.5	0.4	0.4	0.2		
固端弯矩			−20	20		−20	−10	
分配与传递 C 结点第一次	5	10	10	5				
D 结点第一次			−1	−2	−2	−1	1	
C 结点第二次	0.25	0.5	0.5	0.25				
D 结点第二次				−0.1	−0.1	−0.05		
最终弯矩	5.25	10.5	−10.5	23.15	−2.1	−21.05	−9	

7.3 反弯点法

由 7.1 节可知，反弯点法基于两个重要概念：一个是剪力分配；另一个是反弯点确定。对于水平荷载作用的结构，首先应利用剪力分配，"切除"柱求解剪力；其次再利用剪力由反弯点位置确定，计算出杆端弯矩；最后用弯矩分配确定结构的最终弯矩。

下面举例说明反弯点法的运用。

【例 7-4】 用反弯点法作图 7-10(a) 所示刚架的弯矩图。圆圈内的数字为杆件的线刚度相对值。

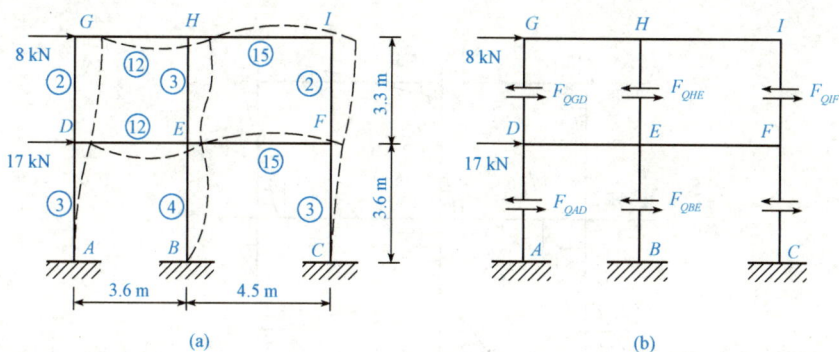

图 7-10　例 7-4 图

解：设柱的反弯点位于层高的中点。在反弯点处将柱切开，隔离体如图 7-10(b)所示。

(1)求各柱剪力分配系数。

由 $\mu_j = \dfrac{S_j}{\sum S_i}$ 得

顶层：　　　　$\mu_{GD} = \mu_{IF} = \dfrac{2}{2 \times 2 + 3} = 0.286$，$\mu_{EH} = \dfrac{3}{2 \times 2 + 3} = 0.428$

底层：　　　　$\mu_{AD} = \mu_{FC} = \dfrac{3}{3 \times 2 + 4} = 0.3$，$\mu_{EB} = \dfrac{4}{3 \times 2 + 4} = 0.4$

(2)计算各柱剪力。

$$F_{QGD} = F_{QIF} = 0.286 \times 8 = 2.29(\text{kN})$$

$$F_{QHE} = 0.428 \times 8 = 3.42(\text{kN})$$

$$F_{QAD} = F_{QCF} = 0.3 \times 25 = 7.5(\text{kN})$$

$$F_{QBE} = 0.4 \times 25 = 10(\text{kN})$$

(3)计算杆端弯矩。以结点 E 为例说明杆端弯矩的求法。

柱端弯矩：

$$M_{EH} = -F_{QHE} \times \frac{h_2}{2} = -3.42 \times \frac{3.3}{2} = -5.64(\text{kN·m})$$

$$M_{EB} = -F_{QBE} \times \frac{h_1}{2} = -10 \times \frac{3.6}{2} = -18(\text{kN·m})$$

计算梁端弯矩时，先求出结点柱端弯矩之和：

$$M = M_{EH} + E_{EB} = -23.64 \text{ kN·m}$$

按梁刚度分配：

$$M_{ED} = \frac{12}{27} \times 23.64 = 10.51(\text{kN·m})$$

$$M_{EF} = \frac{15}{27} \times 23.64 = 13.31(\text{kN·m})$$

(4)作弯矩图。注意括号内的数值是精确计算的杆端弯矩。弯矩图如图 7-11 所示。

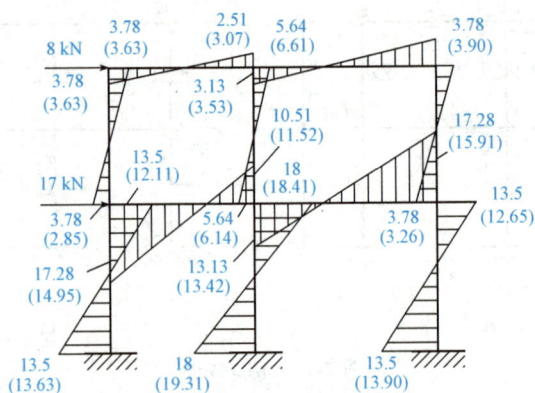

图 7-11 例 7-4 最终弯矩图(单位：kN·m)

总结：

①刚架在结点水平荷载作用下，当梁、柱线刚度比值较大时(一般不小于3)，可采用反弯点法。

②而反弯点法假设横梁相对线刚度为无限大，因而在刚架结点处不发生转角，只有侧移。

③刚架同层各柱有同样侧移时，同层各柱剪力与柱的侧移刚度系数成正比。每层柱共同承担该层以上的水平荷载作用。各层的总剪力按各柱侧移刚度所占比例分配到各柱。所以，反弯点法也称剪力分配法。

④柱的弯矩是由侧移引起的，所以柱的反弯点一般位于柱中点。在多层刚架中，底层柱的反弯点常设在柱的2/3高度处。

⑤柱端弯矩根据柱的剪力和反弯点位置确定。梁端弯矩由结点力矩平衡条件确定，中间结点的两侧梁端弯矩，按梁的转动刚度分配不平衡力矩求得。

【例 7-5】 试用反弯点法，作如图 7-12 所示弯矩图。括号内数字为杆件的相对线刚度，底层反弯点高度取2/3柱高，其他层取1/2。

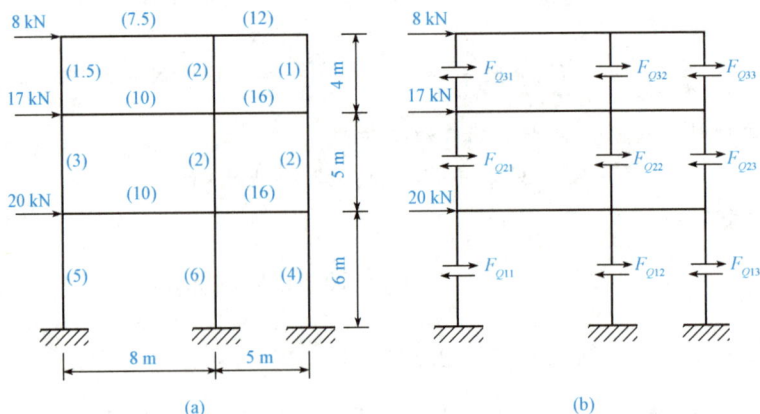

图 7-12 例 7-5 图

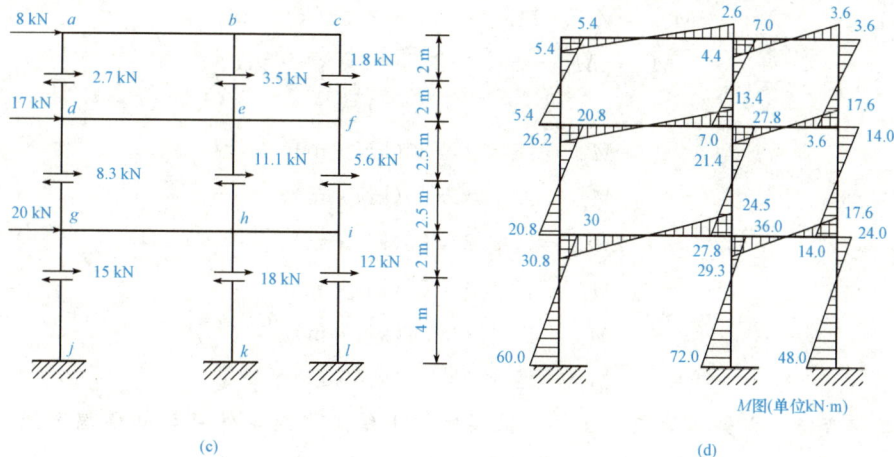

(c)　　　　　　　　　　　　　(d)

图 7-12　例 7-5 图(续)

解：(1)各层剪力。

三层的层间剪力：

$$F_{Q3} = 8(\text{kN})$$

三层各柱的剪力(从左至右)分别为

$$F_{Q31} = \frac{S_{31}}{S_{31} + S_{32} + S_{33}} F_{Q3} = \frac{1.5}{1.5 + 2 + 1} \times 8 = 2.7(\text{kN})$$

$$F_{Q33} = \frac{S_{32}}{S_{31} + S_{32} + S_{33}} F_{Q3} = \frac{2}{1.5 + 2 + 1} \times 8 = 3.5(\text{kN})$$

$$F_{Q33} = \frac{S_{33}}{S_{31} + S_{32} + S_{33}} F_{Q3} = \frac{1}{1.5 + 2 + 1} \times 8 = 1.8(\text{kN})$$

二层的层间剪力：

$$F_{Q2} = 8 + 17 = 25(\text{kN})$$

二层各柱的剪力(从左至右)分别为

$$F_{Q21} = 8.3 \text{ kN}, \ F_{Q22} = 11.1 \text{ kN}, \ F_{Q23} = 5.6 \text{ kN}$$

一层的层间剪力：

$$F_{Q1} = 8 + 17 + 20 = 45(\text{kN})$$

一层各柱的剪力(从左至右)分别为

$$F_{Q11} = 15 \text{ kN}, \ F_{Q12} = 18 \text{ kN}, \ F_{Q13} = 12 \text{ kN}$$

作图如图 7-12(c)所示。

(2)各柱端弯矩。

三层：

$$M_{ad} = M_{da} = 2.7 \times 2 = 5.4(\text{kN} \cdot \text{m})$$

$$M_{be} = M_{eb} = 3.5 \times 2 = 7(\text{kN} \cdot \text{m})$$

$$M_{cf} = M_{fc} = 1.8 \times 2 = 3.6(\text{kN} \cdot \text{m})$$

二层：

$$M_{dg} = M_{gd} = 8.3 \times 2.5 = 20.8(\text{kN} \cdot \text{m})$$

$$M_{eh} = M_{he} = 11.1 \times 2.5 = 27.8 (\text{kN} \cdot \text{m})$$
$$M_{fi} = M_{if} = 5.6 \times 2.5 = 14 (\text{kN} \cdot \text{m})$$

一层：

$$M_{gi} = 15 \times 2 = 30 (\text{kN} \cdot \text{m})$$
$$M_{ig} = 15 \times 4 = 60 (\text{kN} \cdot \text{m})$$
$$M_{hk} = 18 \times 2 = 36 (\text{kN} \cdot \text{m})$$
$$M_{kh} = 18 \times 4 = 72 (\text{kN} \cdot \text{m})$$
$$M_{il} = 12 \times 2 = 24 (\text{kN} \cdot \text{m})$$
$$M_{li} = 12 \times 4 = 48 (\text{kN} \cdot \text{m})$$

（3）梁端弯矩。当梁端结点上连接一根梁时，由结点平衡条件可计算梁端弯矩。当梁端结点上连接两根梁时，各梁所承担的弯矩由弯矩分配系数确定。

$$M_{ab} = M_{ad} = 5.4 (\text{kN} \cdot \text{m})$$

$$M_{ba} = \frac{7.5}{12 + 7.5} \times 7 = 2.7 (\text{kN} \cdot \text{m})$$

$$M_{bc} = \frac{12}{12 + 7.5} \times 7 = 4.3 (\text{kN} \cdot \text{m})$$

$$M_{de} = 5.4 + 20.8 = 26.2 (\text{kN} \cdot \text{m})$$

$$M_{ed} = \frac{10}{10 + 16} \times (7 + 27.8) = 13.4 (\text{kN} \cdot \text{m})$$

$$M_{fe} = \frac{16}{10 + 16} \times (7 + 27.8) = 21.4 (\text{kN} \cdot \text{m})$$

其他从略。

（4）作弯矩图。最终弯矩图如图 7-12（d）所示。

7.4　结论与讨论

7.4.1　结论

（1）力法、位移法、弯矩分配法的比较，见表 7-5。

表 7-5　力法、位移法、弯矩分配法的比较表

基本方法	力法	位移法	弯矩分配法
基本原理	通过基本结构在多余未知力方向的位移等于原结构在该多余约束处的相应位移的条件，建立力法方程，并计算出多余未知力，从而将超静定结构的计算转化为静定结构的计算问题	以结点位移为基本未知量建立平衡方程，在求出结点位移后，即可计算得到结构的各杆端弯矩	通过一锁、二松、三分传、四叠加，得到结构的各杆端弯矩

续表

基本方法	力法	位移法	弯矩分配法
基本结构	解除多余约束并代之以多余未知力后得到的，受荷载和多余未知力共同作用的静定结构	对结点施加运动约束后得到的，不产生任何结点位移的单跨静定梁的组合体	同位移法
基本未知量	多余未知力——多余约束的约束力（内力则应是成对作用的）	结点位移（刚结点的角位移和独立结点的线位移）	基本要素：固端弯矩和杆端的转动刚度
	力法方程是一个位移方程：基本结构沿多余未知力方向的位移等于原结构在多余约束处沿约束力方向的位移	位移法方程是平衡方程：对无侧移结构，为刚结点的力矩平衡方程；对有侧移结构，为刚结点的力矩平衡方程和杆件中力的投影平衡方程	主要计算：结点不平衡力矩，力矩分配系数、力矩的分配与传递、杆端弯矩的计算

（2）对于只有一个刚结点的连续梁和无侧移刚架，用弯矩分配法只需要一次分配和传递，就可求出各杆最终杆端弯矩，所以得到的解答是精确解答；而对于具有多个刚结点的连续梁和无侧移的刚架，用弯矩分配法计算时，需要对各刚结点应用单结点的基本运算法，依次轮流分配和传递，在分配与传递中各结点的值互相影响，经过几轮分配与传递后，当不平衡力矩很小时就可停止运算。由此可见，对于具有多个刚结点的连续梁和无侧移的刚架，用弯矩分配法得到的结果是渐近解，因而该法属于渐近法。

7.4.2　讨论

（1）弯矩分配法的求解前提是无结点线位移，为什么连续梁有支座已知位移，结点有线位移时，仍然能用弯矩分配法求解？

（2）弯矩分配法是否随分配、传递的轮数增加趋于收敛，要看不平衡力矩是否随轮数的增加而越来越小。由于分配系数恒小于1，故分配弯矩恒小于不平衡力矩。又由于传递系数小于1，因此传递弯矩恒小于分配弯矩，又由于运算中的不平衡力矩是传递弯矩的代数和，因此不平衡力矩随计算轮数增加迅速减小。由此可知，弯矩分配法是收敛的。弯矩分配法的计算模型为单跨超静定梁的组合体，其转动刚度、分配系数和传递系数等，都是按单跨超静定梁计算的，为什么弯矩分配法不能直接用于有结点线位移的刚架？

习题

7-1　试用弯矩分配法计算图 7-13 所示连续梁，并作弯矩图。

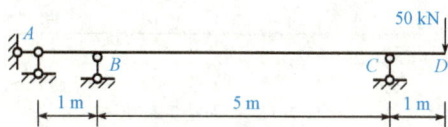

图 7-13　习题 7-1 图

7-2　用弯矩分配法计算图 7-14 所示连续梁，作弯矩图和剪力图，求支座 B 的支反力，并勾绘变形曲线。

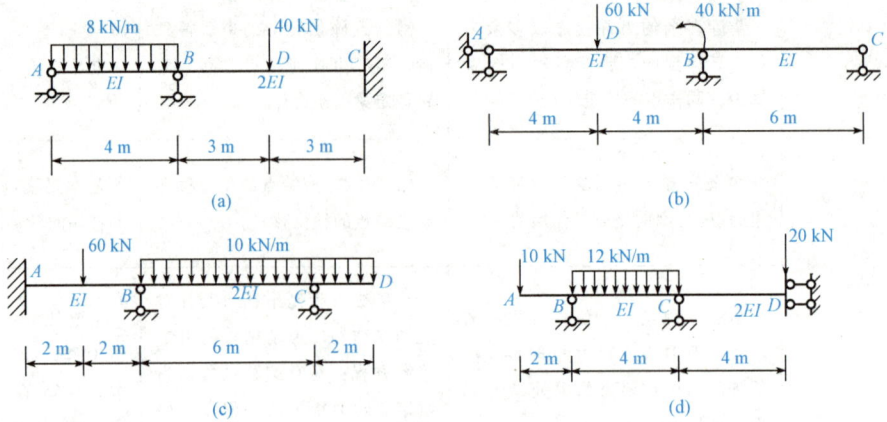

(a)

(b)

(c)

(d)

图 7-14　习题 7-2 图

7-3　用弯矩分配法计算图 7-15 所示连续梁，作弯矩图。

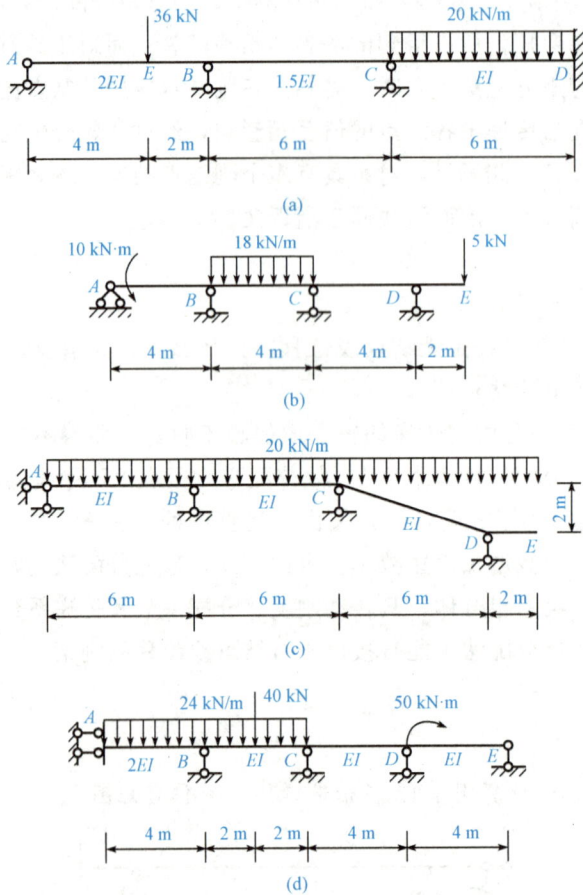

(a)

(b)

(c)

(d)

图 7-15　习题 7-3 图

7-4　用弯矩分配法计算图 7-16 所示刚架，作弯矩图和剪力图，并勾绘变形曲线。

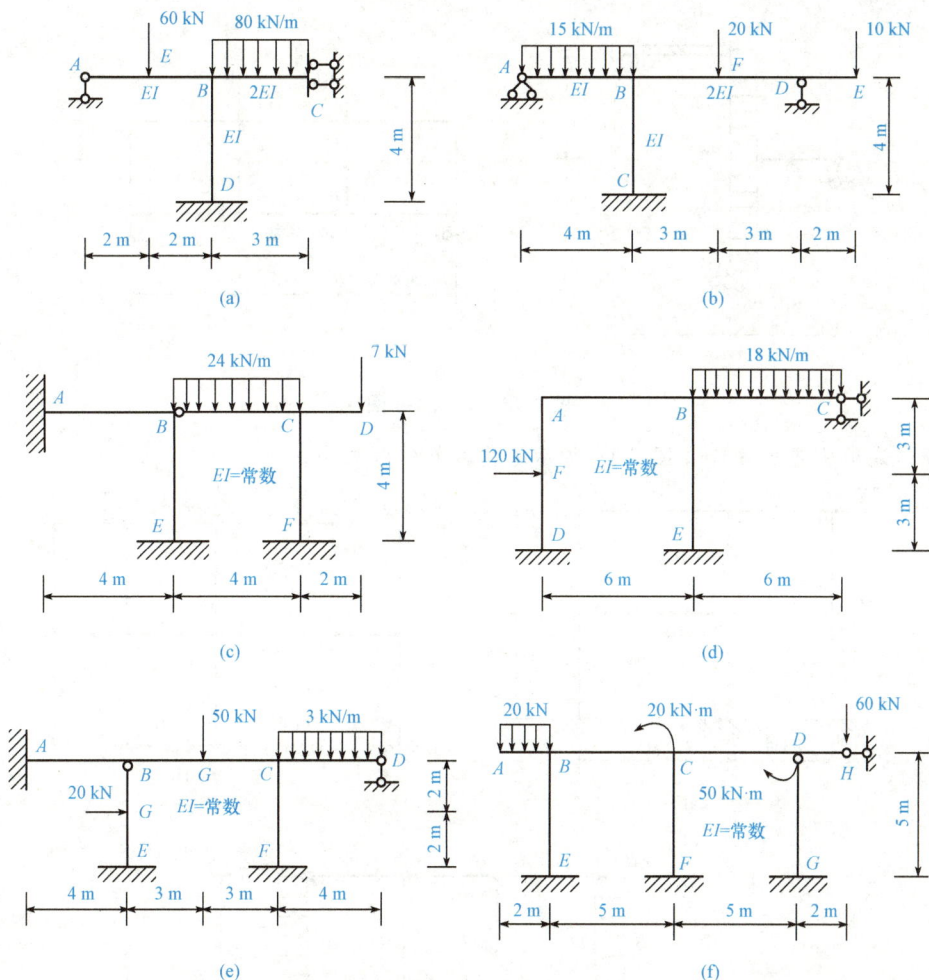

(a)

(b)

(c)

(d)

(e)

(f)

图 7-16　习题 7-4 图

7-5　试用弯矩分配法计算图 7-17 所示无侧移刚架，并作弯矩图。

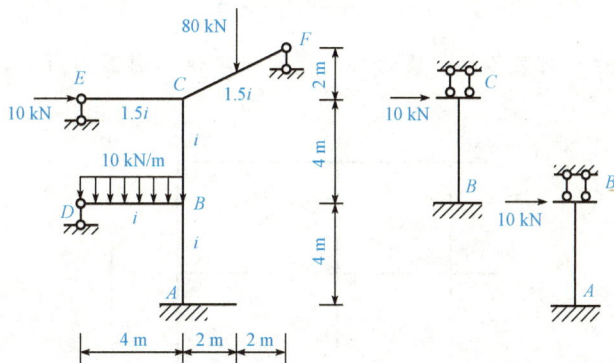

图 7-17　习题 7-5 图

7-6 试用弯矩分配法计算图 7-18 所示刚架，并作弯矩图。

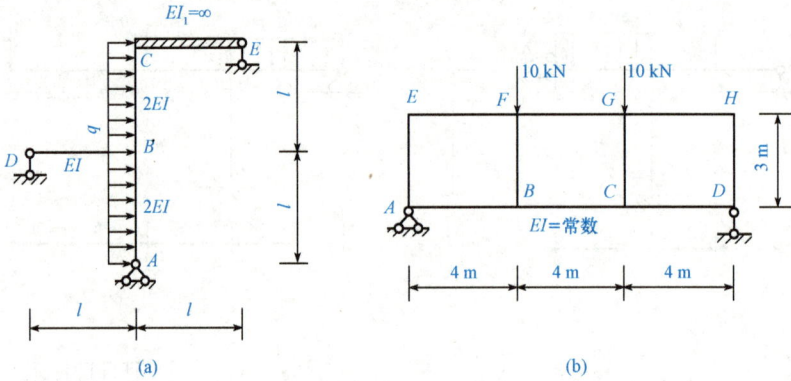

(a)

(b)

图 7-18 习题 7-6 图

7-7 试用反弯点法计算图 7-19 所示结构，并作弯矩图。

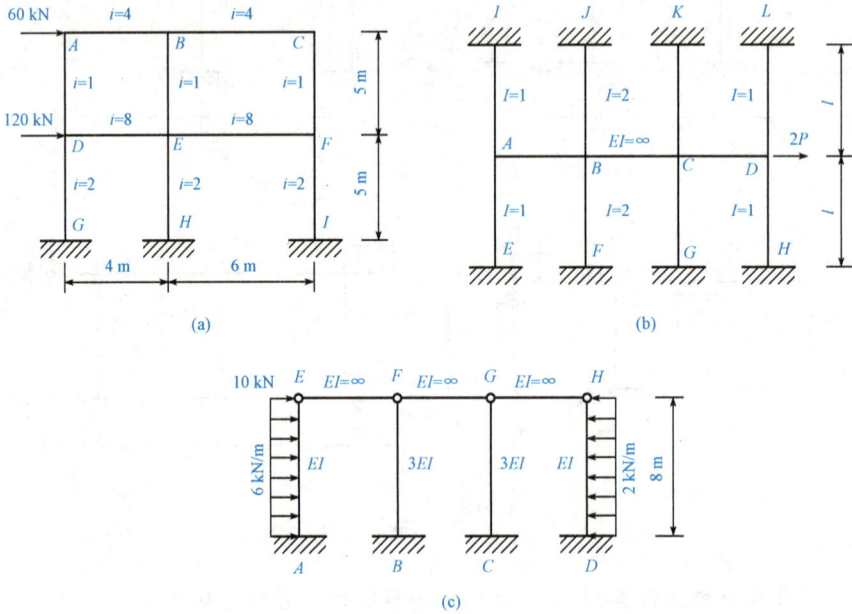

(a)

(b)

(c)

图 7-19 习题 7-7 图

7-8 设图 7-20 所示刚架各柱、梁的线刚度的相对值如圆圈内所示，试用反弯点法计算并绘制弯矩图。

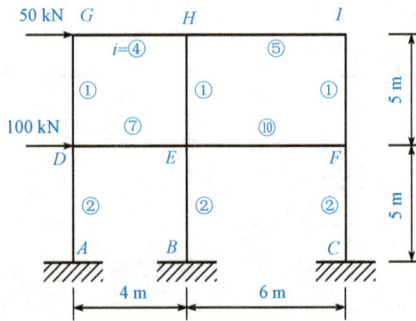

图 7-20 习题 7-8 图

第8章 影响线及其应用

案例导入

杭州湾跨海大桥

杭州湾跨海大桥是中国浙江省境内连接嘉兴市和宁波市的一座跨海大桥(彩图8)。该桥的建设旨在提供更便捷的交通通道,促进区域经济的发展和人民生活水平的提高。在杭州湾跨海大桥的设计和施工中,影响线是一项重要的分析工具,用于研究和评估桥梁的受力分布情况。

(1)荷载分析:杭州湾跨海大桥需要承受车辆和列车的荷载作用。通过使用影响线,可以确定桥梁上不同位置的荷载响应,包括行车道、悬索索及桥塔等部位在荷载作用下的受力情况。

(2)弯矩和剪力计算:桥梁结构中的弯矩和剪力是重要的受力参数。通过分析影响线,可以确定杭州湾跨海大桥不同位置上的弯矩和剪力分布情况,帮助工程师评估桥梁结构的受力特点,确保其满足设计要求。

(3)支座反力计算:桥梁的支座反力也是重要的设计参数。通过使用影响线,可以计算出杭州湾跨海大桥不同位置上的支座反力,以确定桥梁的稳定性和平衡性,保证桥梁运行的安全性。

(4)结构优化:通过对影响线的分析,可以发现杭州湾跨海大桥结构中受力较大的部位,从而进行局部结构的优化设计,提高桥梁的负载承载能力和结构的稳定性。

杭州湾跨海大桥作为一项基础设施建设,是为了方便人民群众出行和促进经济发展。影响线作为桥梁设计和施工中的重要工具,为确保桥梁的安全性、可靠性和经济性提供了科学依据。从思政角度来看,这两者的关系体现了服务人民的初心,旨在为人民群众提供更加便捷和安全的出行条件,满足人民日益增长的物质和文化生活需求。

8.1 移动荷载和影响线的基本概念

8.1.1 移动荷载

此前讨论的荷载是固定荷载，即大小、方向都不变，而且作用位置也不变，这种荷载也称恒载。实际工程结构在承受恒载的同时还承受活载的作用。所谓活载，指的是大小、方向及作用位置之一、之二或全部都发生变化的荷载。

(1)大小、方向不变，仅作用位置变化的荷载称为移动荷载。如在桥上行驶的车辆荷载、房屋楼面上人群或货物的移动等。

(2)结构上时有时无，可以任意分布的荷载称为定位荷载。如打桩机对地面的作用、万能材料试验机对构件的拉伸作用等。

当然，有的荷载不仅大小在变化，方向、作用位置也在改变，如风对建筑物、桥梁的作用等。

8.1.2 影响线

结构在移动荷载作用下的受力状态会随荷载作用位置的不同而不同，包括结构支座反力、内力及位移等都在变化。不同大小荷载作用下，其反力、内力及位移的变化规律也不同，为了解决此问题，我们基于线性结构的叠加原理，首先确定结构在单位荷载作用下的影响值，然后叠加其他复杂移动荷载作用。

在单位荷载作用下，结构反力、内力、位移等物理量随荷载位置变化的规律图形，称为影响线(Influence Line, I. L.)。所谓单位荷载，指的是数值和量纲均为一的量，可以理解为：在单个移动荷载 F_p 作用下某指定物理量(简称量值)与荷载 F_p 的比值，习惯上以在结构上移动的 $F_p=1$(即量纲一)表示"单位移动荷载"。因此，物理量影响线系数的量纲是物理量的量纲与移动荷载量纲的比值。如单位移动荷载 F_p 是集中力，则弯矩影响线的量纲为长度 L，剪力和轴力影响线的量纲为量纲一。

作影响线常见的方法有静力法和机动法两种。

8.2 静力法作影响线

静力法是利用静力平衡条件列出某指定物理量与单位移动荷载 $F_p=1$ 作用位置之间的数学表达式，进而绘制出指定物理量与单位移动荷载作用位置之间的关系曲线图——影响线。

8.2.1 静定梁影响线

如图 8-1(a)所示，作支座 A 支反力 F_{yA}、支座 B 支反力 F_{yB}、截面 C 剪力 F_{QC} 和弯矩 M_C 的影响线。

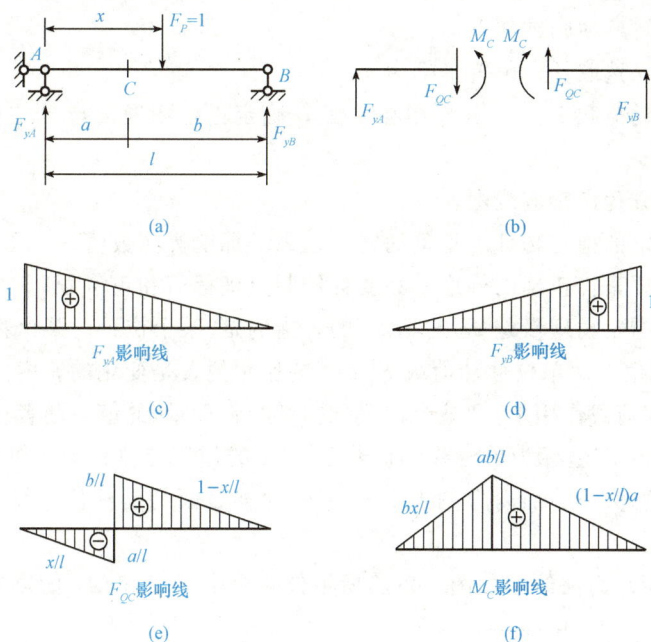

(a)　　　　　　　　　　　　(b)

(c)　　　　　　　　　　　　(d)

(e)　　　　　　　　　　　　(f)

图 8-1　静定简支梁影响线

详解如下：

(1)选 A 为坐标原点，x 轴向右为正，将单位移动荷载 $F_p=1$ 作用于 x 处，如图 8-1(a)所示。

(2)设支反力 F_{yA}、F_{yB} 向上为正，取整体为隔离体，列平衡方程，有

$$\sum M_B=0,\ F_{yA}=1-\frac{x}{l}$$

$$\sum M_A=0,\ F_{yB}=\frac{x}{l}$$

得 F_{yA}、F_{yB} 影响线方程并作影响线，如图 8-1(c)、(d)所示。

(3)取 C 点左侧或右侧部分为隔离体，如图 8-1(b)所示。当单位荷载 $F_p=1$ 在 C 点左侧时，即 $0\leqslant x\leqslant a$，取右部为隔离体(左部也可)，由平衡条件，有

$$\sum M_C=0,\ M_C=F_{yA}a-1\times(a-x)=\frac{b}{l}x$$

$$\sum M_y=0,\ F_{QC}=F_{yA}=1-\frac{x}{l}$$

当单位荷载 $F_p=1$ 在 C 点右侧时，即 $a<x\leqslant l$，取左部为隔离体，由平衡条件，有

$$\sum M_C=0,\ M_C=F_{yA}a=\left(1-\frac{x}{l}\right)a$$

$$\sum M_y=0,\ F_{QC}=F_{yA}=1-\frac{x}{l}$$

当单位荷载 $F_p=1$ 在 C 点时，$x=a$，$M_C=\dfrac{ab}{l}$，而剪力 F_{QC} 无意义。

(4)根据以上各方程，即可作出剪力 F_{QC} 和弯矩 M_C 的影响线，如图 8-1(e)、(f)所示。

作影响线及注意事项归纳如下：

1）确定坐标系，选取任一位置坐标为 x。

2）选取单位移动荷载 $F_p=1$ 并作用在 x 处，确定指定物理量与 x 之间的关系，即影响线方程。

3）根据影响线方程作影响线图。

4）按第 3 章规定的指定物理量正负约定，在纵坐标上标注数值。

5）影响线的三要素：正确的外形、必要的控制点坐标值和正负号。

6）影响线中的指定物理量是"固定不动"的，指的是"某个位置、某个物理量"，在单位荷载 $F_p=1$ 作用下的值，而单位移动荷载 $F_p=1$ 的作用位置是变化的。内力图（如轴力图、剪力图和弯矩图）指在荷载作用下，"某个位置"的"某个物理量"的值。两者存在明显的不同。

7）影响线图形的 x 坐标为单位移动荷载 $F_p=1$ 的作用点位置值，纵坐标为某个物理量的影响系数（即比例）大小；而内力图上的 x 坐标为某截面的坐标值，纵坐标为某个内力物理量的真实数值。

【例 8-1】 试用静力法绘制如图 8-2(a)所示伸臂梁中 F_{yB} 和 M_C 的影响线。

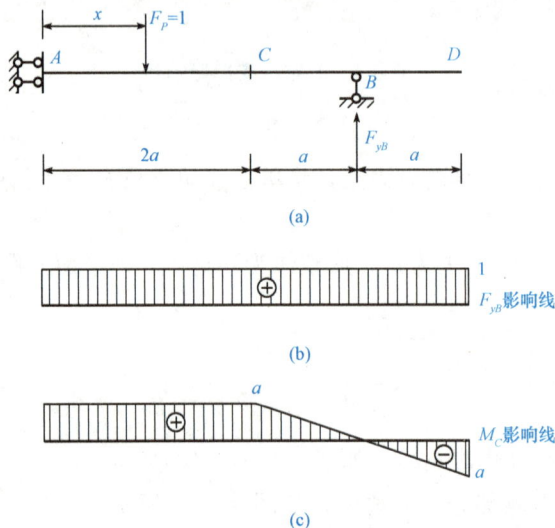

(a)

(b)

(c)

图 8-2　例 8-1 图

解： （1）确定坐标并在 x 位置上作用单位移动荷载 $F_p=1$，如图 8-2(a)所示。

（2）求影响线方程。

支座反力 F_{yB}：

$$\sum F_y=0,\ F_{yB}=1$$

C 截面弯矩 M_C：

$$M_C=F_{yB}\times a=a,\ (0\leqslant x\leqslant 2a)$$
$$M_C=M_A=3a-x,\ (2a\leqslant x\leqslant 4a)$$

（3）作影响线，如图 8-2(b)、(c)所示。

注意：

伸臂梁的内力影响线跨中部分与简支梁相同，伸臂部分是跨中部分的延长线。记住这个结论，对绘制伸臂梁的任意内力影响线非常实用。

8.2.2　结点荷载作用下梁的影响线

在实际工程结构中(如楼盖结构、桥面结构等)常常具有纵横梁的结构，其荷载是经过结点传递到主梁的，如图 8-3(a)所示。纵梁两端简支在横梁上，横梁搁在主梁上。荷载直接作用在纵梁上，通过横梁传到主梁。因此，无论纵梁承受何种荷载，主梁只承受来自横梁的结点荷载。

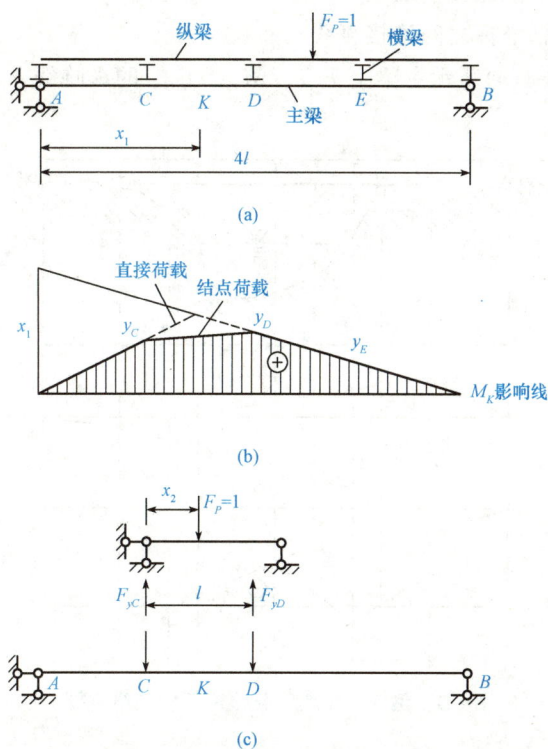

图 8-3　结点荷载作用下梁的影响线作法示意图

接下来，绘制主梁截面 K 弯矩 M_K 的影响线。

(1)先作出 $F_P=1$ 直接在主梁 AB 上移动时的 M_K 影响线，如图 8-3(b)中的虚线所示。接下来观察当 $F_P=1$ 经结点传递时 M_K 影响线将如何变化。

(2)若 $F_P=1$ 移到各结点上，相当于 $F_P=1$ 直接作用在主梁上，所以 M_K 影响线的纵坐标与直接荷载作用下的纵坐标完全相同。如图 8-3(b)所示，即直接作用于主梁上时 M_K 影响线的纵坐标 y_C、y_D、y_E 和两端点纵坐标与结点荷载作用两者相同。

(3) $F_P=1$ 在纵梁 CD 上移动时的情况。如图 8-3(c)所示，此时 M_K 是支座 F_{yC}、F_{yD} 引起的，根据影响线定义及叠加原理，上两集中力引起的 M_K 值为

$$M_K = F_{yC} y_C + F_{yD} y_D$$

而 $F_{yC} = \dfrac{l-x_2}{l}$，$F_{yD} = \dfrac{x_2}{l}$，则有

$$M_K = \frac{l-x_2}{l} y_C + \frac{x_2}{l} y_D$$

上式表明，$F_P=1$ 在纵梁 CD 上移动时，M_K 的影响线是一条直线，而直线两端的纵坐标就是 y_C、y_D。

（4）连线。由于除 CD 上的影响线不同外，其他影响线都与 $F_P=1$ 直接作用于主梁上相同，因此只要连接 y_C、y_D 纵坐标即可。最后的影响线如图 8-3(b) 所示。

总结：

①先作 $F_P=1$ 直接作用在主梁上的影响线；

②将传递结点投影到上述影响线上；

③在相邻投影点的纵坐标之间连接直线。

【例 8-2】 试作图 8-4(a) 所示主梁上 F_{yA}、M_K、F_{QK} 的影响线。

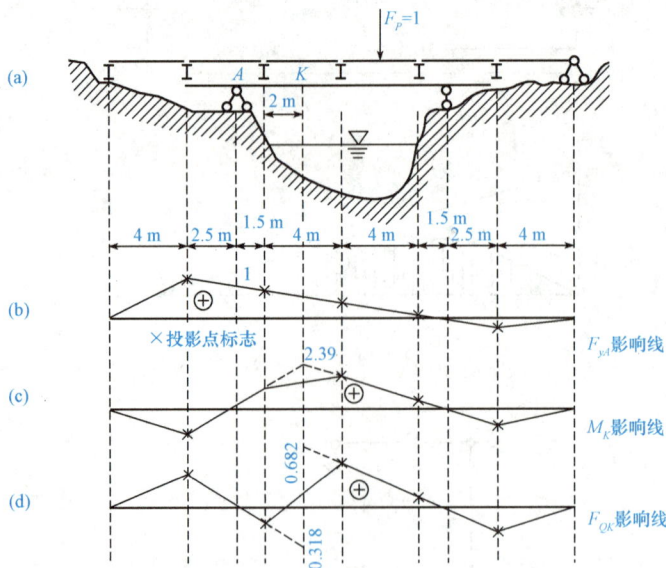

图 8-4 例 8-2 结点荷载作用下影响线例图

解：（1）作荷载 $F_P=1$ 直接作用在主梁上的影响线，如图 8-4(b) 所示。注意主梁上伸臂部分影响线延长，纵梁最左、最右支承处的影响线物理量为零。

（2）结点投影到荷载直接作用时的主梁影响线或其基线上，得投影点，如图 8-4(b)、(c)、(d) 中的"×"所示。

（3）将相邻投影点连以直线，即得 F_{yA}、M_K、F_{QK} 的影响线，如图 8-4(b)、(c)、(d) 所示。

8.3 机动法作影响线

根据虚功原理推导得到的机动法，也是绘制影响线的一种方法。由刚体虚功原理可知：刚体结构在外荷载作用下处于平衡，在任何可能的无限小的位移中，外荷载所做的总虚功等于零。如此，可以利用虚功原理，将静定结构内力和反力影响线的静力学问题转化为求作位移图的几何学问题，使绘制影响线过程大大简化。

下面举例说明机动法作影响线的原理及其过程。

【例 8-3】　试采用机动法作图 8-5(a)所示 F_{yB}、M_C、F_{QC} 的影响线。

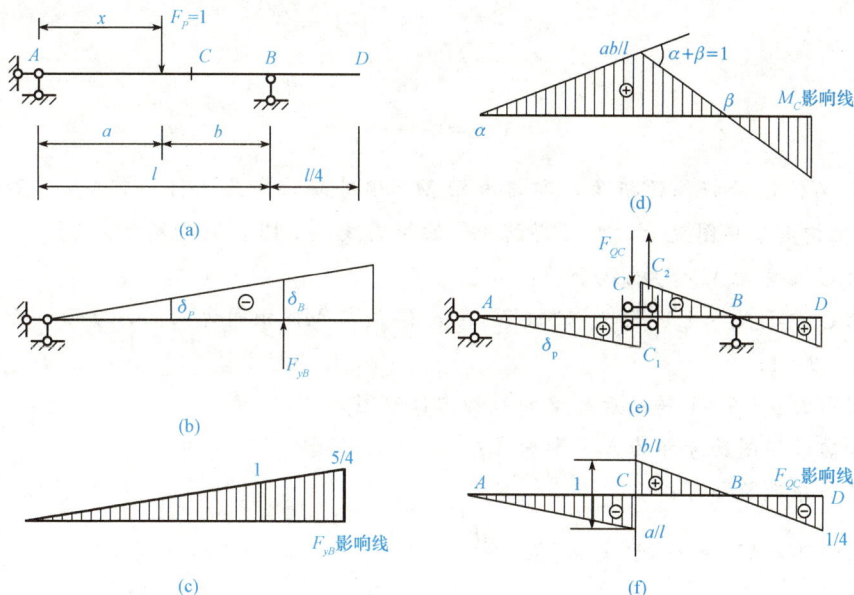

图 8-5　机动法作影响线示意图

解: (1)解除与 B 支座关联的支座链杆,代之以支座反力 F_{yB}。

体系仍处平衡状态,却变为具有一个自由度的机构。设 B 点处产生一虚位移,并假定:

δ_P:单位移动荷载 $F_P=1$ 作用点处的虚位移,与 F_P 方向一致为正;

δ_B:梁 B 点处的虚位移,与所求物理量 F_{yB} 方向一致为正。

(2)由刚体虚功方程,求得 F_{yB}

$$1 \times \delta_P + F_{yB} \times \delta_B = 0$$

得到

$$F_{yB} = -\frac{\delta_P}{\delta_B}$$

当单位荷载 $F_P=1$ 移动时,δ_P 的值是变化的,如图 8-5(b)所示的机构虚位移图。若使 $\delta_B=1$,即假设移动一个单位的虚位移,则有

$$F_{yB} = -\delta_P$$

上式表明,只需要将 $\delta_B=1$ 时的机构虚位移图中的 δ_P 变号,即取方向向上为正,就可得到 F_{yB} 的影响线,如图 8-5(c)所示。

作支座反力 F_{yB} 影响线小结:

1)解除支座 $\delta_B=1$ 链杆约束,在支座 δ_P 点处与支反力 F_{yB} 相同方向上,虚设一个单位的虚位移,即 $\delta_B=1$;

2)绘制出由 $\delta_B=1$ 移动后,梁的机构虚位移图;

3)机构虚位移图反号,即为 F_{yB} 的影响线;

4)伸臂部分延长即可。

(3)作 M_C 影响线。同求 F_{yB} 的影响线原理相同,首先解除所求截面 C 的约束——加"铰",代之以一对大小相等、方向相反的力偶 M_C,如图 8-5(d)所示。

在力偶 M_C 的正方向产生一虚位移(转角虚位移),虚功方程为

$$1 \times \delta_P + M_C \times (\alpha + \beta) = 0$$

得

$$M_C = -\frac{\delta_P}{\alpha + \beta}$$

式中,$\alpha + \beta$ 为铰 C 处杆件的折角,即与力矩 M_C 相对应的广义位移。若令 $\alpha + \beta = 1$,并注意将 δ_P 的机构虚位移图变号,即可得到 M_C 的影响线,如图 8-5(d)所示。

作截面 C 处弯矩 M_C 影响线小结:

1)解除 C 截面处约束,代之以"铰",在点 C 处与 M_C 相同方向上,虚设一个单位的虚位移,即 $\alpha + \beta = 1$;

2)绘制出由 $\alpha + \beta = 1$ 转动后,梁的机构虚位移图;

3)机构虚位移图反号即为 M_C 影响线;

4)伸臂部分延长即可;

5)容易证明,M_C 影响线"尖点"值为 $\frac{ab}{l}$。

(4)作 F_{QC} 影响线。首先解除所求截面 C 的约束——在 C 处插入滑动铰,然后使此机构顺着 F_{QC} 的正方向产生虚位移,如图 8-5(e)所示。

虚功方程为

$$1 \times \delta_P + F_{QC} \times (CC_1 + CC_2) = 0$$

得

$$F_{QC} = -\frac{\delta_P}{CC_1 + CC_2}$$

式中,$CC_1 + CC_2$ 为 C 点两侧截面竖向相对线位移,即与 F_{QC} 相对应的广义位移。若使 $CC_1 + CC_2 = 1$,并同样把机构虚位移图变号,即可得到 F_{QC} 的影响线,如图 8-5(f)所示。

作截面 C 处剪力 F_{QC} 影响线小结:

1)解除 C 截面处约束,代之以"滑动铰",在点 C 处与 F_{QC} 相同方向上,虚设一个单位的虚位移,即 $CC_1 + CC_2 = 1$;

2)绘制出由 $CC_1 + CC_2 = 1$ 滑动后,梁的机构虚位移图;

3)机构虚位移图反号,即为 F_{QC} 影响线;

4)伸臂部分延长即可;

5)容易证明,F_{QC} 影响线上下突变绝对值为 $\frac{a+b}{l}$,上突为 $\frac{b}{l}$,下突为 $\frac{a}{l}$。

总结:

(1)机动法绘制某个物理量影响线的"静力学问题",实质转换成了绘制机构虚位移图的"几何学问题";

(2)其步骤可简单归纳为"求何拆何代以何,沿何虚设位移 1"这句口诀,见表 8-1。

表 8-1　机动法作影响线解除约束和虚设位移对照表

所求影响线物理量	拆	代	单位虚位移方向	施加一个单位虚位移
支座反力	支承此反力的链杆	支座反力	与支座反力正方向一致	一个单位线位移
截面弯矩	加"铰"	一对力偶	与力偶矩正方向一致	一个单位角位移
截面剪力	加"滑动铰"	一对剪力	与剪力正方向一致	上下共移动一个单位线位移

【例 8-4】　试用机动法作图 8-6(a)所示多跨静定梁的 M_A、F_{yG}、F_{yD}、M_D^L、M_D^R、F_{QE}^R、F_{QE}^L 影响线。

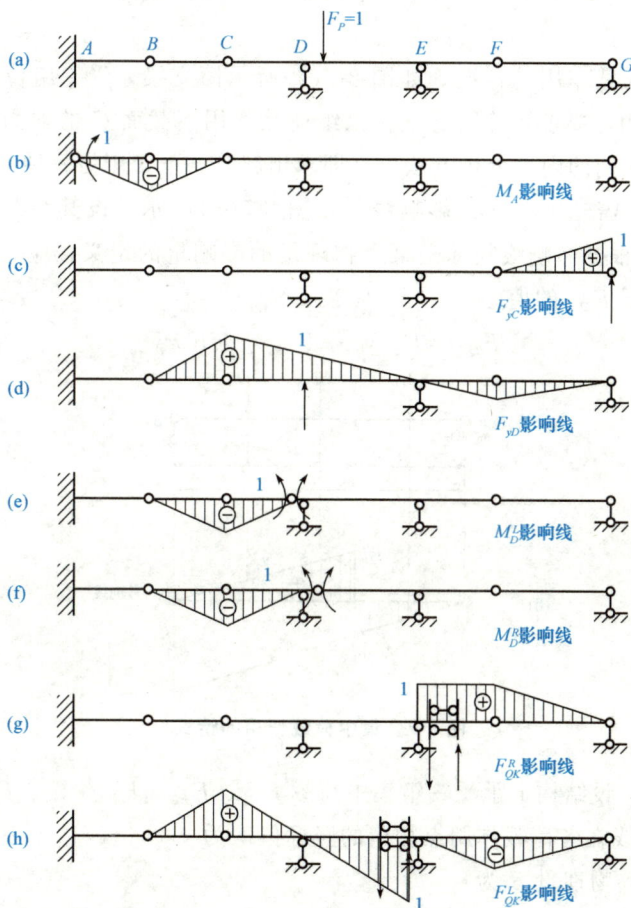

图 8-6　例 8-4 机动法作影响线

解： 根据机动法作影响线基本原理，只需要解除所求物理量对应的约束，然后沿约束力的正方向令其产生单位虚位移。最后，M_A、F_{yG}、F_{yD}、M_D^L、M_D^R、F_{QE}^R、F_{QE}^L 影响线如图 8-6(b)、(c)、(d)、(e)、(f)、(g)、(h)所示。

8.4 影响线的应用

影响线是研究移动荷载作用的基本工具，可以应用它来确定实际的移动荷载对结构上某物理量值的最不利影响。这里要解决两方面的问题：一方面是当实际的移动荷载在结构上的位置已知时，如何利用某物理量的影响线求出该物理量的数值；另一方面是如何利用某物理量的影响线确定实际移动荷载对该物理量的最不利荷载位置。下面分别就这两方面的问题加以讨论。

8.4.1 当荷载位置固定时求某物理量

在实际工程中最常见的移动荷载有集中荷载和均布荷载两种，下面就这两种荷载情况分别叙述如下。

首先研究集中荷载作用的情况。如图 8-7(a) 所示简支梁，受一组位置已知的集中荷载 F_{P1}、F_{P2}、F_{P3} 作用，要求计算简支梁在该组荷载作用下截面 C 的剪力 F_{QC} 值。显然，用第 3 章所述的静定结构的内力分析方法可立即求出解答。下面用另一种方法，即利用影响线来计算 F_{QC}。为此，需先作出 F_{QC} 影响线，如图 8-7(b) 所示。设其在荷载作用点的竖标依次为 y_1、y_2、y_3，根据影响线竖标是某个物理量的影响量的定义，应用叠加原理，可知在这组集中荷载作用下 F_{QC} 的值为

$$F_{QC} = F_{P1}y_1 + F_{P2}y_2 + F_{P3}y_3$$

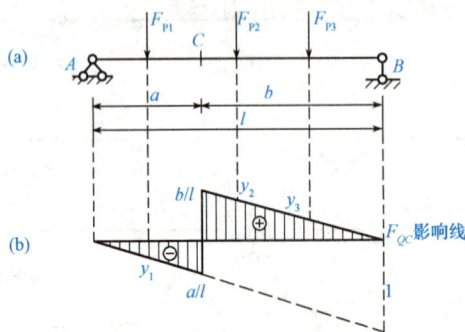

图 8-7 集中荷载作用的情况

在一般情况下，设结构上承受一组集中荷载 F_{P1}、F_{P2}、F_{P3}、$\cdots$、F_{Pn} 的作用，结构上某物理量 S 的影响线在各荷载作用点相应的竖标依次为 y_1、y_2、y_3、$\cdots$、y_N，则在该组集中荷载共同作用下，物理量 S 为

$$S = F_{P1}y_1 + F_{P2}y_2 + F_{P3}y_3 + \cdots + F_{Pn}y_n = \sum F_{Pi}y_i \tag{8-1}$$

应用式(8-1)时，需注意影响线竖标 y_i 的正负号。例如，在图 8-7(b) 中 y_1 为负值，y_2、y_3 为正值。

其次，讨论均布荷载的影响。设结构受均布荷载 q 的作用，如图 8-8(a) 所示，需求此均布荷载作用下物理量 S 的大小。以集中荷载的影响为基础，本问题即不难解决。为此，先作出物理量 S 的影响线，以 y 表示 S 影响线的竖标，如图 8-8(b) 所示，将均布荷载沿其长

度分成许多无穷小的微段 dx，每一微段上的荷载 $q\,dx$ 可作为一集中荷载，则作用于结构上的全部均布荷载对物理量 S 的影响为

$$S = \int_D^E yq\,dx = q\int_D^E y\,dx = qA \tag{8-2}$$

式中，A 表示影响线在荷载分布范围内的面积。

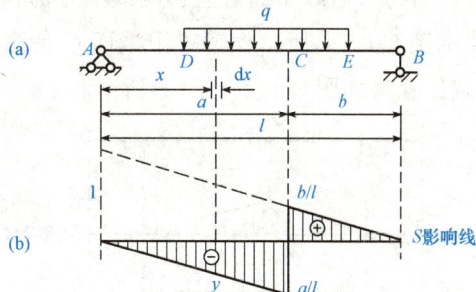

图 8-8 均布荷载作用的情况

由此可知，在均布荷载作用下某物理量 S 的大小，等于荷载集度 q 与该物理量影响线在荷载分布范围内面积 A 的乘积。在计算面积 A 时，同样须考虑影响线竖标的正、负号。

【例 8-5】 试利用 F_{QC} 影响线求如图 8-9(a)所示简支梁在图示荷载作用下的 F_{QC} 值。

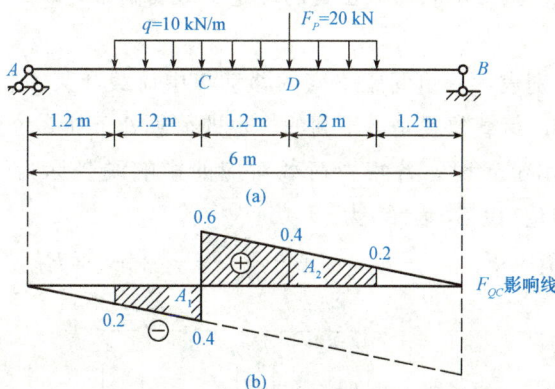

图 8-9 例 8-5 图

解：先作 F_{QC} 影响线并求出有关的竖标值如图 8-9(b)所示。

根据叠加原理，可得

$$F_{QC} = F_P y_D + q(A_2 - A_1)$$
$$= 20 \times 0.4 + 10 \times \left[\frac{1}{2} \times (0.2 + 0.6) \times 2.4 - \frac{1}{2} \times (0.2 + 0.4) \times 1.2\right]$$
$$= 14 \text{(kN)}$$

读者可用第 3 章熟知的方法进行校核。

8.4.2 判定最不利荷载位置

在结构设计中，需要求出物理量 S 的最大值 S_{max}（最大正值和最大负值，最大负值也称为最小值 S_{min}），而要解决这个问题必须先确定使其发生最大值的最不利荷载位置。只要所

求物理量的最不利荷载位置一经确定，则其最大值即不难求得。影响线的最重要作用就是用它来判定最不利荷载位置。

对于移动均布活载（如人群等荷载），由于它可以任意连续地布置，故最不利荷载位置是很容易确定的。从式(8-2)可知：当均布活载布满对应影响线正号面积的部分时，则物理量 S 将产生最大值 S_{max}；反之，当均布活载布满对应影响线负号面积的部分时，则物理量 S 将产生最小值 S_{min}。例如，要求图 8-10(a)所示伸臂梁中截面 C 的弯矩最大值 M_{Cmax} 和最小值 M_{Cmin}，则相应的最不利荷载位置将如图 8-10(c)、(d)所示。

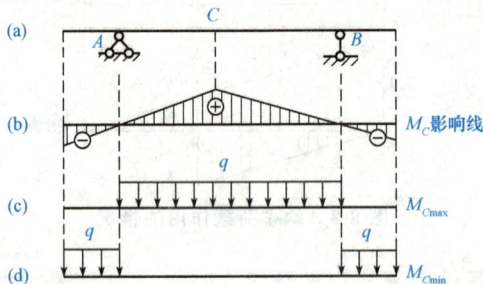

图 8-10　判定最不利荷载(一)

对于一组集中荷载，其最不利荷载位置的确定一般要困难些。下面仅就影响线为三角形的情况进行讨论。

图 8-11(a)、(b)分别表示一组间距不变的移动集中荷载和某一物理量 S 的影响线。现在来研究在什么情况下，荷载位置是最不利的，也即荷载处于什么位置时，S 将达到最大值 S_{max}。设荷载组处于图示位置时，各集中荷载对应的影响线竖标为 y_1、y_2、y_3、$\cdots$、y_n。此时，物理量 S 的相应值（以 S_1 表示）为

$$S_1 = F_{P1}y_1 + F_{P2}y_2 + \cdots + F_{Pi}y_i + \cdots + F_{Pn}y_n$$

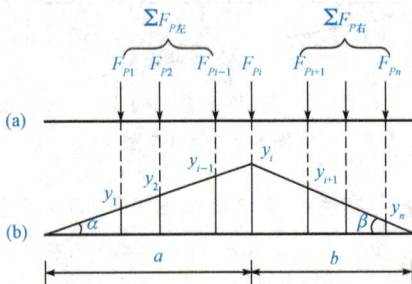

图 8-11　判定最不利荷载(二)

当荷载向右移动一距离 Δx，则 S 值将变为

$$S_1 = F_{P1}(y_1 + \Delta y_1) + F_{P2}(y_2 + \Delta y_2) + \cdots + F_{Pi}(y_i + \Delta y_i) + \cdots + F_{Pn}(y_n + \Delta y_n)$$

式中 Δy_i 代表 F_{Pi} 所对应的影响线竖标增量。由上列两式之差可得出物理量 S 的增量为

$$\Delta S = S_2 - S_1 = F_{P1}\Delta y_1 + F_{P2}\Delta y_2 + \cdots + F_{Pi}\Delta y_i + \cdots + F_{Pn}\Delta y_n$$

在影响线为同一直线的部分，各竖标的增量都是相等的，对于图 8-11(b)所示情况则有

$$\Delta y_1 = \Delta y_2 = \cdots = \Delta y_i = \Delta x \tan \alpha = \Delta x \times \left(\frac{h}{a}\right)$$

$$\Delta y_{i+1} = \cdots = \Delta y_N = \Delta x \tan \beta = \Delta x \times \left(\frac{h}{b}\right)$$

在上列两式中规定 Δx 恒取正值，当荷载向右移动时，$\tan \alpha$ 对应于竖标增大故为正，而 $\tan \beta$ 对应于竖标减小则为负。于是 S 的增量可写为

$$\Delta S = (F_{P1} + F_{P2} + \cdots + F_{Pi}) \times \left(\frac{h}{a}\right) \Delta x - (F_{Pi+1} + \cdots + F_{Pn}) \times \left(\frac{h}{b}\right) \Delta x \quad (8\text{-}3)$$

根据上式 ΔS 的增减，就可以研究最不利荷载位置。从高等数学可知：函数的极值，或发生在 $\frac{dS}{dx} = 0$ 处，或发生在 $\frac{dS}{dx}$ 变号的尖点处。在所讨论的问题中，因荷载为集中力，而影响线又是由 $\frac{dS}{dx} = 0$ 的一次函数表示的折线图形，故由 $S = \sum F_{Pi} \Delta y_i$ 可知，物理量 S 与荷载位置 x 之间的关系曲线为一折线。于是 S 的极值应发生在改变符号的尖点处。这一极值条件可用增量 ΔS 是否改变符号来判定，即当 ΔS 变号时，则 S 有极值。

现在来讨论当荷载处于什么位置时，有可能使 ΔS 变号。从式(8-3)可知，当没有集中荷载经过影响线的顶点时，ΔS 是一个不变的常数值，因此，要使 ΔS 变号，就必须有某个集中荷载由影响线顶点的左边过渡到右边。换句话说，只有当一个集中荷载位于影响线的顶点时，才有可能使 ΔS 变号而使 S 有极值。由此可知，集中荷载位于影响线的顶点是最不利荷载位置的一个必要条件，然而，它并非充分条件。因为荷载经过影响线的顶点虽使 ΔS 的大小发生了变化，但并不一定能使 ΔS 改变符号。只有那种既通过影响线顶点又能使 ΔS 改变符号的荷载(设以 F_{Pk} 表示)才会使 S 发生极值。我们称这一荷载 F_{Pk} 为临界荷载，与此相对应的荷载位置称为临界位置。显然，当 F_{Pk} 位于影响线顶点时，它应满足如下极值条件：

(1)当 S 为极大值时，则 ΔS 由大于零变为小于零；有时也可能发生于 ΔS 由大于零变为等于零或由等于零变为小于零的情况。

(2)当 S 为极小值时，则 ΔS 由小于零变为大于零；有时也可能发生于 ΔS 由小于零变为等于零或由等于零变为大于零的情况。

对于寻求极大值来说，根据式(8-3)，可将上述极值条件表示为

$$(F_{P1} + F_{P2} + \cdots + F_{Pi}) \times \left(\frac{h}{a}\right) \Delta x - (F_{Pi+1} + \cdots + F_{Pn}) \times \left(\frac{h}{b}\right) \Delta x \quad \Delta x \geqslant 0$$

$$(F_{P1} + F_{P2} + \cdots + F_{Pi-1}) \times \left(\frac{h}{a}\right) \Delta x - (F_{Pi} + F_{Pi+1} + \cdots + F_{Pn}) \times \left(\frac{h}{b}\right) \Delta x \quad \Delta x \leqslant 0$$

令 $\sum F_{P左}$ 和 $\sum F_{P右}$ 分别代表 F_{Pk} 以左和 F_{Pk} 以右的荷载之和，并考虑到 $h \Delta x$ 为正值，则以上两个不等式可改写为

$$\begin{cases} \dfrac{\sum F_{P左} + \sum F_{Pk}}{a} \geqslant \dfrac{\sum F_{P右}}{b} \\ \dfrac{\sum F_{P左}}{a} \leqslant \dfrac{\sum F_{P右} + \sum F_{Pk}}{b} \end{cases} \quad (8\text{-}4)$$

式(8-4)就是对三角形影响线在寻求极大值时，临界荷载必须符合的条件，称为三角形影响线临界荷载判别式。对此，可以这样理解：把不等式的每一方均看作是一个平均荷载，

则 F_{Pk} 算在影响线顶点的某一边，这一边的平均荷载就将大于或等于另一边。至于 ΔS 由小于零变到大于零的情况，其判别式也可仿此推出。

必须指出：上述判别式是假定荷载自左向右移动而推得的，如自右向左移动时，也将得到同样的判别式，故它与实际荷载移动的方向无关。

按判别式(8-4)即可确定临界荷载，但有时临界荷载可能不止一个，这时可将相应的极值分别算出，看哪一个为最大。产生最大极值的那个荷载位置就是最不利荷载位置，此极值即为需求的物理量 S 的最大值(或最小值)。

【例 8-6】 试求图 8-12(a)所示简支梁在图示吊车荷载作用下 B 支座的最大反力。其中 $F_{P1}=F_{P2}=478.5$ kN，$F_{P3}=F_{P4}=324.5$ kN。

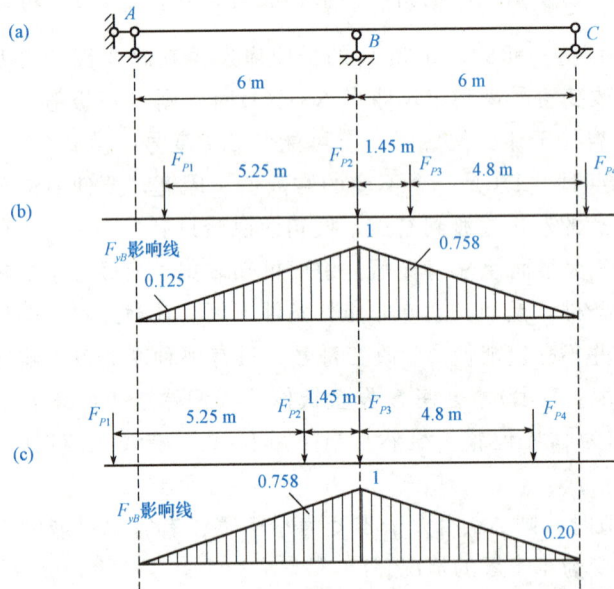

图 8-12 例 8-6 图

解：先作出 F_{yB} 影响线，然后根据式(8-4)判别临界荷载。在图示 4 个集中荷载作用下，究竟哪些荷载是临界荷载呢？由 $S=\sum F_{Pi}y_i$ 可以看出，欲使 S 值为最大，须 $S=\sum F_{Pi}y_i$ 中的各项 $F_{Pi}y_i$ 具有较大的值。这就要求在影响线顶点附近有较大的和较密集的集中荷载。由此可知，临界荷载必然是 F_{P2} 或 F_{P3}。现分别按判别式(8-4)进行验算。

首先，考虑 F_{P2} 在 B 点的情况，如图 8-12(b)所示，有

$$\begin{cases} \dfrac{2\times 487.5}{6} > \dfrac{324.5}{6} \\[2mm] \dfrac{487.5}{6} \leqslant \dfrac{487.5+324.5}{6} \end{cases}$$

故 F_{P2} 为一临界荷载。

其次，考虑 F_{P3} 在 B 点的情况，如图 8-12(c)所示，有

$$\begin{cases} \dfrac{487.5+324.5}{6} > \dfrac{324.5}{6} \\ \dfrac{487.5}{6} < \dfrac{2\times324.5}{6} \end{cases}$$

故 F_{P3} 也是一个临界荷载。

以上情况说明荷载有两个临界位置。究竟哪一个为最不利荷载位置呢？在难以直观确定的情况下，应按 $S=\sum F_{Pi}y_i$ 计算，再作比较。这时，应先分别算出各荷载位置时相应的影响线竖标。

当 F_{P2} 在 B 点时：

$$F_{yB}=478.5\times(0.125+1)+324.5\times0.758=784.3(\text{kN})$$

当 F_{P3} 在 B 点时：

$$F_{yB}=478.5\times0.758+324.5\times(1+0.2)=752.1(\text{kN})$$

比较两者可知，当 F_{P2} 在 B 点时为最不利荷载位置，此时有 $F_{yB\max}=784.3\text{ kN}$。

8.4.3　简支梁的内力包络图和绝对最大弯矩

在设计吊车梁等承受移动荷载的结构时，必须求出各截面上内力的最大值（最大正值和最大负值）。用 8.4.2 节介绍的确定最不利荷载位置进而求某物理量最大值的方法，可以求出简支梁任一截面的最大内力值。如果把梁上各截面内力的最大值按同一比例标在图上，连成曲线，这一曲线即称为内力包络图。一般梁的内力包络图有弯矩包络图和剪力包络图两种。包络图表示各截面内力变化的极限值，是结构设计中的主要依据，在吊车梁和楼盖设计中应用很多。本节只介绍简支梁的内力包络图，至于连续多跨梁的内力包络图，请读者参考其他书籍。

图 8-13(b)所示为一吊车梁，跨度为 12 m，承受两台桥式起重机的作用，起重机轮压如图 8-13(a)所示。绘制吊车梁的弯矩包络图时，一般将梁分成若干等份（通常分为十等份），对每等分点所在截面利用影响线求出其最大弯矩，用竖标标出，连成曲线，就得到该梁的弯矩包络图。上述吊车梁在图示荷载作用下的弯矩包络图如图 8-13(c)所示。同理，可求出各截面的最大剪力，作出剪力包络图。上述吊车梁的剪力包络图如图 8-13(d)所示。由于每一截面的两侧都将产生相应的最大剪力和最小剪力，故剪力包络图有两根曲线。由本例可知，简支梁的内力包络图与荷载情况有关，起重机的台数、规格不同，同一吊车梁的内力包络图也将不同。

弯矩包络图中的最大竖标即是该简支梁各截面的所有最大弯矩中的最大值，称它为绝对最大弯矩。它代表在确定的移动荷载作用下梁内可能出现的弯矩最大值。绝对最大弯矩与两个可变的条件有关，即截面位置的变化和荷载位置的变化。即欲求绝对最大弯矩，不仅要知道产生绝对最大弯矩的截面所在，而且要知道相应于此截面的最不利荷载位置。如果按照前述求最不利荷载位置的方法，必须先确定绝对最大弯矩所在的截面。实际上，由于梁上截面有无限多个，所以无法把梁上各个截面的最大弯矩都求出来——加以比较。因此，必须寻求其他可行的途径。

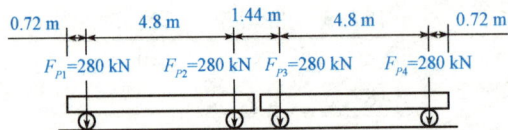

(a)

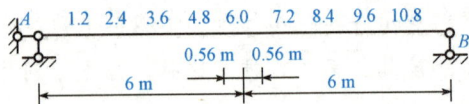

(b)

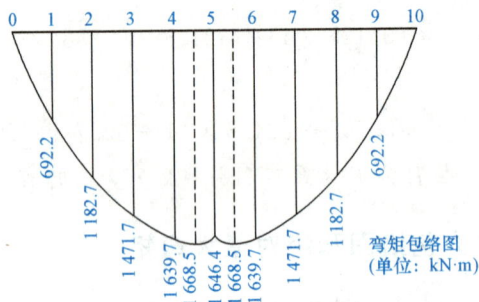

(c)

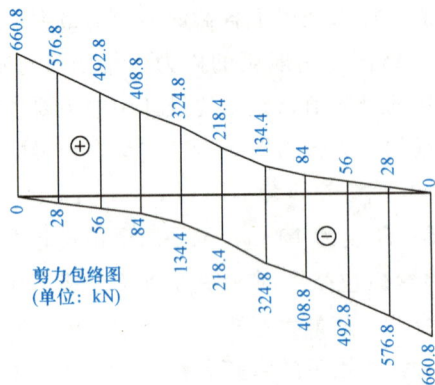

(d)

图 8-13　内力包络图

众所周知，简支梁的绝对最大弯矩与任一截面的最大弯矩是既有区别又有联系的。求某一截面的最大弯矩时，该截面的位置是已知的，而梁的绝对最大弯矩，其截面位置却是待求的。根据上节所述可知，对任一已知截面 C 而言，它的最大弯矩发生在某一临界荷载 F_{Pk} 位于其影响线的顶点时，即当截面 C 发生最大弯矩时；临界荷载 F_{Pk} 必定是位于截面 C 上。换言之，任一截面的最大弯矩必将发生于某一临界荷载 F_{Pk} 之下。这一结论自然也适用于绝对最大弯矩，只不过此时，截面位置和临界荷载 F_{Pk} 都是待求的。要把临界荷载和截面位置同时求出是不方便的。如果能够事先确定绝对最大弯矩的临界荷载 F_{Pk}，然后再考察此一临界荷载位于何处时将使其下截面的弯矩达到最大值，则此最大值就是绝对最大弯矩。为此，可采用试算的办法，即先假定某一荷载为临界荷载，然后看它在哪一位置时可使其所在截面的弯矩达到最大值。这样，将各个荷载分别作为临界荷载，求出其相应的最大弯矩，再加以比较，即可得出绝对最大弯矩。

如图 8-14 所示为简支梁，现在来研究当其中某一荷载 F_{Pk} 可能成为临界荷载时，也即可能使其所在截面的弯矩为最大时，其所在的位置如何。设 x 表示 F_{Pk} 至支座 A 的距离，a 表示梁上所有荷载的合力 F_R 与 F_{Pk} 的作用线之间的距离，由 $\sum M_B = 0$，得

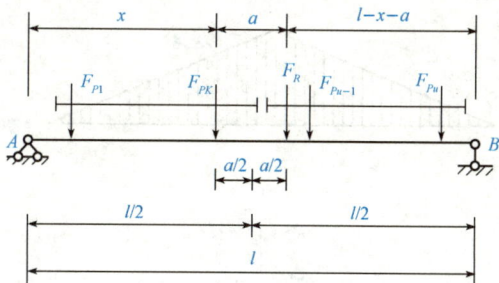

图 8-14　简支梁

$$F_{yA} = \frac{F_R}{l}(l - x - a)$$

进而可求得 F_{Pk} 作用点所在截面的弯矩为

$$M(x) = F_{yA}x - M_K = \frac{F_R}{l}(l - x - a)x - M_K$$

式中 M_K 表示 F_{Pk} 以左的荷载对 F_{Pk} 作用点的力矩之和，其值为一常数。为求 $M(x)$ 的极值，可令

$$\frac{\mathrm{d}M(x)}{\mathrm{d}x} = \frac{F_R}{l}(l - 2x - a) = 0$$

得

$$x = \frac{l - x}{2} \text{ 或 } x = l - x - a$$

上式表明，F_{Pk} 所在截面的弯矩为最大时，梁上所有荷载的合力 F_R 与 F_{Pk} 恰好位于梁的中线两侧的对称位置。计算时，须注意 F_R 是梁上实有荷载的合力。在安排 F_{Pk} 与 F_R 的位置时，有些荷载可能来到梁上或者离开梁上，这时需要重新计算合力 F_R 的数值和位置。

按上述方法依次算出各个集中荷载所在截面的最大弯矩，加以比较，其中最大的一个就是所求的绝对最大弯矩。不过，在实际计算中，绝对最大弯矩的临界荷载通常容易估计，而可不必多加比较。这是因为绝对最大弯矩通常总是发生在梁的中点附近，故可设想，使梁的中点发生最大弯矩的临界荷载也就是发生绝对最大弯矩的临界荷载。经验证明，这种设想在通常情况下都是与实际相符的。

由此可知，计算绝对最大弯矩可按如下步骤进行：首先判定使梁跨度中点发生最大弯矩的临界荷载 F_{Pk}，然后移动荷载组，使 F_{Pk} 与梁上全部荷载的合力 F_R 对称于梁的中点，再算出此时 F_{Pk} 所在截面的弯矩，即得绝对最大弯矩。

【例 8-7】　试求图 8-15（a）所示吊车梁的绝对最大弯矩。$F_{P1} = F_{P2} = F_{P3} = F_{P4} = 280$ kN。

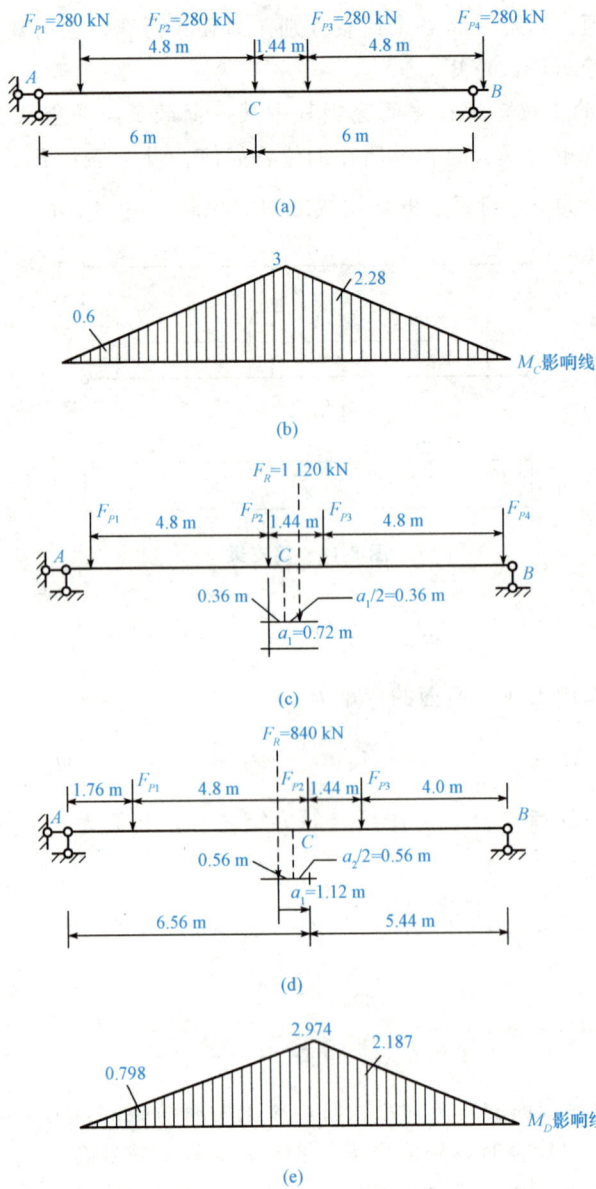

$F_{P1}=280$ kN　$F_{P2}=280$ kN　$F_{P3}=280$ kN　$F_{P4}=280$ kN

(a)

(b)

(c)

(d)

(e)

图 8-15　例 8-7 图

解：首先求出使跨中截面 C 发生最大弯矩的临界荷载。为此，绘出 M_C 影响线如图 8-15(b)所示。按判别式(8-4)可知，F_{P1}、F_{P2}、F_{P3}、F_{P4} 都是截面 C 的临界荷载，但不难看出，F_{P1}、F_{P4} 不可能是使截面 C 产生最大弯矩的临界荷载，而只有 F_{P2} 或 F_{P3} 在 C 点时才能使截面 C 产生最大弯矩 $M_{C\max}$。当 F_{P2} 在截面 C 时，如图 8-15(a)所示，求出 M_C 影响线相应的竖标，如图 8-15(b)所示。

$$M_{C\max}=280\times(0.6+3+2.28)=280\times5.88=1\ 646.4(\text{kN}\cdot\text{m})$$

同理，可求得 F_{P3} 在截面 C 时产生的最大弯矩值，由对称性可知它也等于 $1\ 646.4$ kN·m。

因此，F_{P2} 和 F_{P3} 就是产生绝对最大弯矩的临界荷载。现以 F_{P2} 为例求绝对最大弯矩，为此，使 F_{P2} 与梁上全部荷载的合力 F_R 对称于梁的中点。应注意 F_{P2} 可位于 C 的左边与梁上合力 F_R 对称于梁中点(这时梁上的荷载有四个)，F_{P2} 也可位于 C 的右边与 F_R 对称于梁中点(这时梁上的荷载只有三个)。

先考察梁上有四个荷载的情况，如图 8-15(c)所示，梁上全部荷载的合力为 $F_R = 280 \times 4 = 1\,120(kN)$，合力作用线就在 F_{P2} 与 F_{P3} 的中间，它与 F_{P2} 的距离为 $a_1 = 1.44/2 = 0.72\,m$。此时 F_{P2} 作用点所在截面的弯矩为

$$M = \frac{F_R}{l} \times \left(\frac{l-a}{2}\right)^2 - M_K = \frac{1\,120}{12} \times \left(\frac{12-0.72}{2}\right)^2 - 280 \times 4.8 = 1\,624.9(kN \cdot m)$$

此弯矩值比 $M_{C\max}$ 小，显然它不是绝对最大弯矩。

其次，考察梁上只有三个荷载的情况，如图 8-15(d)所示。这时梁上荷载的合力 $F_R = 280 \times 3 = 840\,kN$，合力作用点至 F_{P2} 的距离为

$$a_1 = \frac{280 \times 4.8 - 280 \times 1.44}{3 \times 280} = 1.12(m)$$

因 F_{P2} 在截面 C 的右侧，故计算 M_K 时，应取 F_{P3} 对 F_{P2} 作用点的力矩，可求得 F_{P2} 作用点所在截面的弯矩为

$$M_{\max} = \frac{3 \times 280}{4 \times 12} \times (12-1.12)^2 - 280 \times 1.44 = 1\,668.4(kN \cdot m)$$

如果利用影响线竖标进行计算，如图 8-15(e)所示 M_D 影响线，也可得相同结果，即

$$M_{\max} = 280 \times (0.798 + 2.974 + 2.187) = 1\,668.5(kN \cdot m)$$

故该吊车梁的绝对最大弯矩为 $1\,668.5\,kN \cdot m$，即弯矩包络图中的最大竖标。由于对称，可知，F_{P3} 为临界荷载时产生的绝对最大弯矩值也是 $1\,668.5\,kN \cdot m$。

8.5 结论与讨论

8.5.1 结论

(1)在单位移动荷载下物理量随荷载位置变化规律的图形，称为该物理量的影响线。所作影响线应具有"正确的外形、符号和控制值"三要素。其横坐标为单位移动荷载的作用位置，纵坐标为荷载作用在此处时的影响系数值。

(2)作影响线有两种方法：静力法和虚功法。当仅仅关心影响线外形时，用虚功法非常方便。

(3)由于影响线实质上影响系数的函数曲线，因此，其竖标的量纲为物理量量纲和单位荷载量纲的比值。

(4)静力法作静定结构影响线，只要注意移动荷载位于不同区段时，是否影响所要求物理量的求解，也即影响系数方程是否要分段列式。其他的求解思路和方法与固定荷载时相同。

(5)由于影响线的应用基于叠加原理，因此只对线性弹性结构适用。

(6)最不利荷载位置，是对指定所要求的量和给定移动荷载而言的。利用影响线确定最不利位置实质上是极值判别的试算方法。为减少判别计算工作量，应记住：一般取荷载密

集、数值大的力放在顶点处试算。经判别条件识别出的非临界荷载，不需要参加试算。对于汽车等队列移动荷载，应该考虑左行和右行两种情形。

8.5.2 讨论

（1）建立影响线方程与建立内力方程的方法是一样的，都是截取隔离体，利用平衡条件建立的。但是，建立影响线方程时截面位置是固定的，移动荷载所在位置是变化的。而建立内力方程时截面位置是变化的，荷载位置是固定的。换言之，影响线方程中的自变量 x 是荷载位置的自变量，而内力方程中的自变量 x 是截面的自变量。什么情况下影响系数方程需分段列出？

（2）超静定结构内力影响线一定是曲线，这种说法对吗？为什么？

习题

8-1 试用静力法作图 8-16 所示梁的 F_{yA}、M_A、M_K、F_{QK} 的影响线。

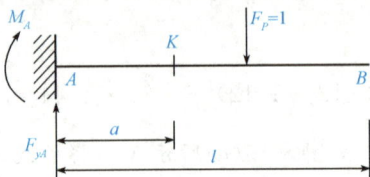

图 8-16 习题 8-1 图

8-2 试用静力法作图 8-17 所示梁的 F_{yB}、M_B、M_K、$F_{QA}^{左}$ 和 $F_{QA}^{右}$ 的影响线。

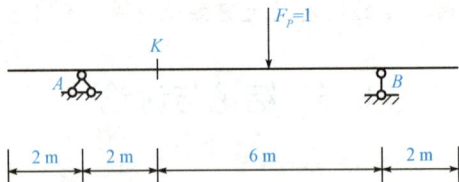

图 8-17 习题 8-2 图

8-3 试用静力法作图 8-18 所示梁的 F_{yB}、M_A、M_K 和 F_{QK} 的影响线。

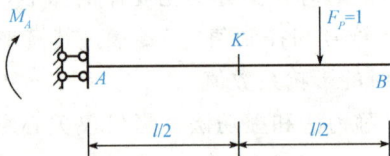

图 8-18 习题 8-3 图

8-4 试用静力法作图 8-19 所示梁的 F_{yA}、F_{xA}、F_{yB}、M_C、F_{QC} 和 F_{NC} 的影响线。

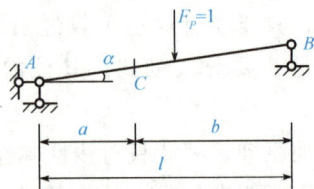

图 8-19 习题 8-4 图

8-5　试用静力法作图 8-20 所示梁指定物理量的影响线。

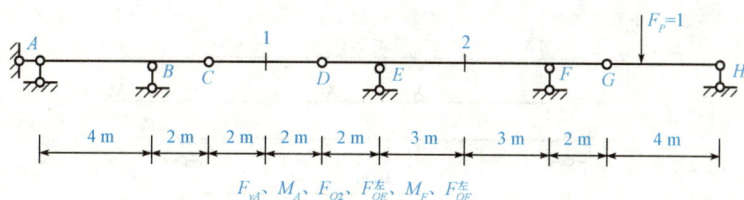

F_{yA}、M_A、F_{Q2}、$F_{QE}^{左}$、M_F、$F_{QF}^{左}$

图 8-20　习题 8-5 图

8-6　试用静力法作图 8-21 所示梁指定物理量的影响线。

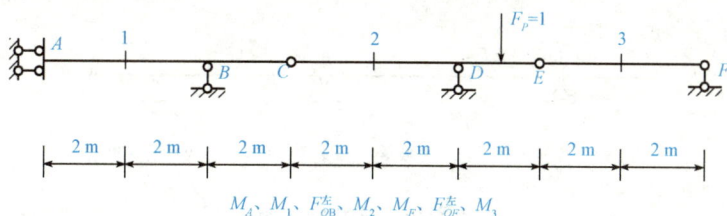

M_A、M_1、$F_{QB}^{左}$、M_2、M_F、$F_{QF}^{左}$、M_3

图 8-21　习题 8-6 图

8-7　试用静力法或机动法作图 8-22 所示梁指定物理量的影响线。

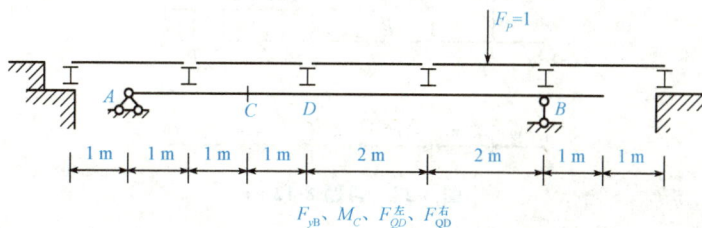

F_{yB}、M_C、$F_{QD}^{左}$、$F_{QD}^{右}$

图 8-22　习题 8-7 图

8-8　试用静力法或机动法作图 8-23 所示梁指定物理量的影响线。

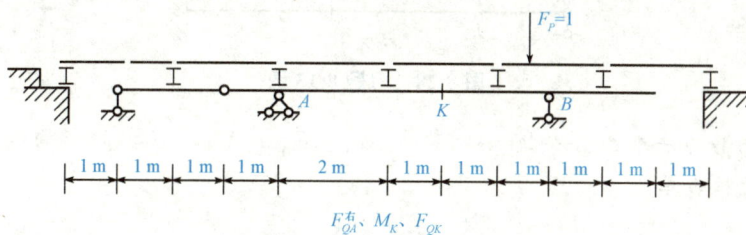

$F_{QA}^{右}$、M_K、F_{QK}

图 8-23　习题 8-8 图

8-9　试用机动法作图 8-24 所示梁 M_F 和 F_{QG} 的影响线。

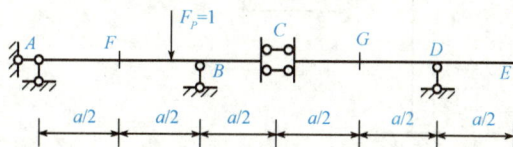

图 8-24　习题 8-9 图

8-10　试求图 8-25 所示吊车梁在两台起重机移动过程中，跨中截面的最大弯矩。$F_{P1} =$

$F_{P2}=F_{P3}=F_{P4}=324.5\ \text{kN}$。

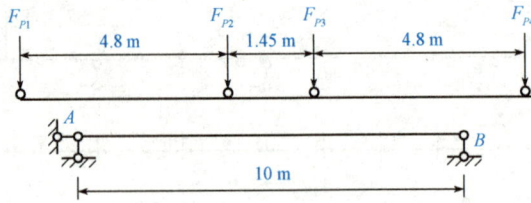

图 8-25　习题 8-10 图

8-11　用机动法作图 8-26 所示静定多跨梁固定荷载作用下的 F_{RB}、M_E、$F_{QB}^{左}$、$F_{QB}^{右}$、F_{QC} 的影响线。

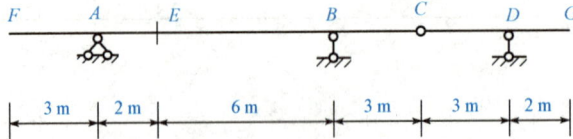

图 8-26　习题 8-11 图

8-12　利用影响线，求图 8-27 所示固定荷载作用下截面 K 的内力 M_K 和 $F_{QK}^{左}$。

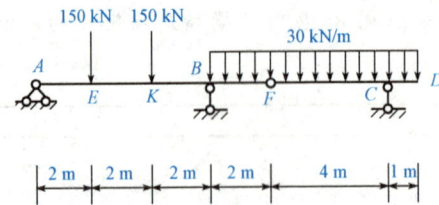

图 8-27　习题 8-12 图

8-13　用机动法作图 8-28 所示连续梁固定荷载作用下 M_K、M_P、$F_{QB}^{左}$、$F_{QB}^{右}$ 的影响线。若梁上有随意布置的均布活荷载，请画出使截面 K 产生最大弯矩的荷载布置。

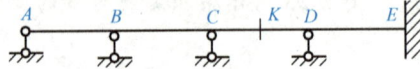

图 8-28　习题 8-13 图

8-14　试用静力法求图 8-29 所示刚架中 M_A、F_{Ay}、M_K、$F_{SK}^{左}$ 的影响线，且设 M_K 和 M_A 均以内侧受拉为正。

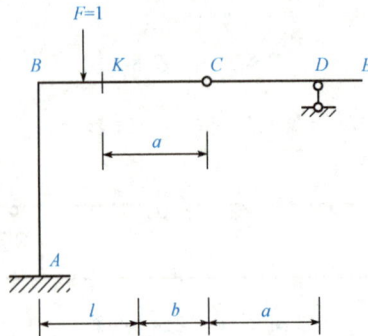

图 8-29　习题 8-14 图

8-15 试绘出图 8-30 所示连续梁可动均布荷载作用下指定量值的影响线形状，并确定在可动均布荷载作用下这些量值的最不利荷载分布。图中各跨跨度相等，且均布荷载的作用长度为跨度值。

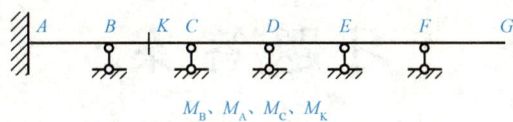

M_B、M_A、M_C、M_K

图 8-30 习题 8-15 图

习 题 答 案

第 2 章

习题 2-1

(a)$W=0$，几何瞬变；(b)$W=1$，几何可变；(c)$W=-1$，有一个多余约束的几何不变；(d)$W=-1$，几何可变；(e)$W=-1$；(f)$W=0$；(g)$W=-4$；(h)$W=-2$

习题 2-2

(a)2 个多余约束的几何不变；(b)3 个多余约束的几何不变

习题 2-3

(a)(b)(c)(d)都是无多余约束的几何不变体系

习题 2-4

(a)无多余约束的几何不变体系；(b)无多余约束的几何不变体系；(c)无多余约束的几何不变体系；(d)无多余约束的几何不变体系；(e)瞬变

习题 2-5

(a)无多余约束的几何不变体系；(b)瞬变；(c)无多余约束的几何不变体系；(d)瞬变；(e)1 个多余约束的几何不变体系

第 3 章

习题 3-1

(a)$M_{CB}=F_P a/4$(下侧受拉)；(b)$M_{BC}=ql^2/8$(上侧受拉)；(c)$M_{CA}=24$ kN·m(下侧受拉)；(d)$M_{CA}=2F_P a/3$(下侧受拉)；(e)$M_{BC}=0$，$M_{AB}=1.5qa^2$(上侧受拉)；(f)$M_{dA}=10$ kN·m(上侧受拉)

习题 3-2

(a)$M_{AD}=16$ kN·m(下侧受拉)，$F_{QDB}=-4$ kN；(b)$M_{CB}=8$ kN·m(下侧受拉)；(c)$M_{CD}=12$ kN·m(下侧受拉)，$F_{QCD}=0$；(d)$M_{CB}=13$ kN·m(下侧受拉)，$F_{QCB}=-4$ kN(下侧受拉)

习题 3-3

(a)$M_B=1.67$ kN·m，$M_D=17.5$ kN·m，$F_{QBA}=16.41$ kN，$F_{QDC}=-17.67$ kN

(b)$M_{BC}=8$ kN·m(上侧受拉)，$M_{EF}=8$ kN·m(下侧受拉)，$F_{QEF}=-4$ kN，$F_{QFG}=0$

(c)$M_{AB}=6$ kN·m(上侧受拉)，$M_{CD}=3$ kN·m(下侧受拉)，$F_{QCB}=-2$ kN，$F_{QED}=-6$ kN

(d)$M_{CB}=50$ kN·m(下侧受拉)，$M_{DE}=42$ kN·m(上侧受拉)，$F_{QCD}=-33$ kN，

$F_{QDE} = 6$ kN

习题 3-4

$M_{AB} = 60$ kN・m

习题 3-5

$x = 0.146\,4l$

习题 3-6

(a)$F_{NBA} = \dfrac{3\sqrt{5}}{5}$ kN, $F_{QBA} = -\dfrac{6\sqrt{5}}{5}$ kN; (b)$F_{NDC} = \dfrac{4\sqrt{5}}{25}$ kN, $F_{QDC} = -\dfrac{8\sqrt{5}}{25}$ kN

习题 3-7

略

习题 3-8

(a)$M_{CD} = 80$ kN・m(下侧受拉), $F_{QCA} = 0$, $F_{NAC} = 10$ kN

(b)$M_{BC} = 20$ kN・m(下侧受拉), $F_{QBC} = 1$ kN, $F_{NBC} = 0$

(c)$M_{DB} = 8$ kN・m(下侧受拉), $F_{QDB} = 4$ kN, $F_{NAD} = -4$ kN

(d)$M_{BD} = 10$ kN・m(下侧受拉), $F_{QDB} = 18$ kN, $F_{NAD} = -30$ kN

习题 3-9

略

习题 3-10

(a)$M_B = qa^2$

(b)$M_A = M_B = 1.125$ kN・m, $M_C = 12.375$ kN・m

(c)$M_A = M_B = \dfrac{5}{8}qa^2$

习题 3-11

(a)$M_D = 12.5$ kN・m

(b)$M_D = 3F_P$

(c)$M_D = \dfrac{2}{3}qa^2$

(d)$M_{DC} = 12.5q$, $M_{dA} = 9.375q$, $F_{QDC} = 5q_0$

(e)$M_{DC} = 15.55$ kN・m(下侧受拉), $F_{QCD} = -5.04$ kN, $F_{NCE} = -4.62$ kN

(f)$M_{DC} = 7.5$ kN・m(下侧受拉), $F_{QAD} = -1.5$ kN, $F_{NBE} = -3.5$ kN

(g)$M_{AD} = F_P l$(下侧受拉), $F_{QDC} = F_P$, $F_{NBE} = -F_P$

习题 3-12

(a)$M_D = 25$ kN・m

(b)$M_{AB} = 600$ kN・m

习题 3-13

(a)21 根零力杆；(b)13 根零力杆；(c)5 根零力杆；(d)21 根零力杆；(e)5 根零力杆；(f)11 根零力杆；(g)22 根零力杆；(h)8 根零力杆

习题 3-14

(a)$F_{N2}=\dfrac{\sqrt{2}}{3}F_P$ ；(b)$F_{N1}=-4$ kN；(c)$F_{N1}=-\dfrac{1}{2}F_P$

习题 3-15

(a)$F_{NBD}=-40$ kN；(b)$M_{BC}=20$ kN·m（上缘受拉）；(c)$F_{NCD}=-16qa$，$M_{CA}=10qa^2$（左侧受拉）；(d)$F_{NBF}=8\sqrt{5}$ kN，$M_{BA}=8$ kN·m（上缘受拉）

习题 3-16

$M_D=0$，$F_{QD}=0$，$F_{ND}=9$ kN；$F_{QE}^{左}=3.6$ kN，$F_{QE}^{右}=-3.6$ kN；$F_{NE}^{左}=7.16$ kN，$F_{NE}^{右}=10.73$ kN

习题 3-17

(a)左半拱合理拱轴线方程 $y=\dfrac{192x-x^2}{256}$

(b)合理拱轴线方程 $y=\dfrac{x}{27}\left(21-\dfrac{2x}{a}\right)$

第 4 章

习题 4-1

$\dfrac{F_P r^3}{2EI}(\uparrow)$

习题 4-2

$\dfrac{11ql^4}{24EI}(\downarrow)$

习题 4-3

$\dfrac{5ql^3}{48EI}$

习题 4-4

$\Delta_{CH}=\dfrac{3ql^4}{8EI}(\rightarrow)$

习题 4-5

$\Delta_{AV}=\dfrac{\pi F_P R^3}{4EI}(\downarrow)$

习题 4-6

$\Delta_{yC}=8.485\times10^{-4}$ m$(\downarrow)$，$\theta=1.4\times10^{-4}$ rad（交角减小）

习题 4-7

$\Delta_{xA}=\dfrac{F_P a}{2EA}(\rightarrow)$，$\Delta_{yC}=2.414\dfrac{F_P a}{EA}(\downarrow)$

习题 4-8

(a)$\Delta_{yC}=\dfrac{81}{EI}(\downarrow)$；(b)$\Delta_{yD}=\dfrac{5}{2EI}(\downarrow)$；(c)$\Delta_{xC}=\dfrac{918}{EI}(\rightarrow)$；(d)$\Delta_{xE}=\dfrac{280}{3EI}(\rightarrow)$；

(e)$\theta_D = -\dfrac{62}{3EI} + \dfrac{27}{16k}(\downarrow)$; (f)$\Delta_{yE} = \dfrac{4.013ql^4}{EI}(\downarrow)$

习题 4-9

(a)$\varphi_D = \dfrac{13}{12EI}ql^3$; (b)$\varphi_{AB} = \dfrac{11}{24EI}ql^3$; (c)$\Delta_{CV} = \dfrac{680}{3EI}(\downarrow)$; (d)$\varphi_A = \dfrac{5}{8EI}ql^3$; (e)$\Delta_{CD} = \dfrac{\sqrt{2}F_P l^3}{24EI}(\downarrow)$, $\varphi_{C_1 C_2} = \dfrac{1}{6EI}F_P l^2$

习题 4-10

(a)$\dfrac{4\,320}{EI}$; (b)$\theta = \dfrac{5ql^3}{3EI}$, $\Delta_H = \dfrac{5ql^4}{6EI}$, $\Delta_V = 0$; (c)$\Delta_{yK} = \dfrac{11ql^4}{48EI}(\downarrow)$; (d)$\dfrac{1\,985}{EI}(\downarrow)$

习题 4-11

(a)$\Delta_{xB} = 230al(\rightarrow)$; (b)$\Delta_{CD} = 54.5at(\rightarrow\leftarrow)$

习题 4-12

(a)$\Delta_{\theta C} = \dfrac{a}{h}$; (b)$\Delta_{yC} = \dfrac{3C_2}{2} - \dfrac{C_1}{2}(\downarrow)$, $\theta_C = \dfrac{3C_1}{4a} + \dfrac{C_3}{2a} - \dfrac{5C_2}{4a}$

习题 4-13

$\Delta_{yD} = l\theta(\uparrow)$

第 5 章

习题 5-1

(a)7 次；(b)3 次；(c)3 次；(d)4 次；(e)7 次；(f)10 次；(g)7 次；(h)6 次；(i)21 次

习题 5-2

略

习题 5-3

$M_B = -\dfrac{3F_P l}{32}$

习题 5-4

(a)$F_{xA} = \dfrac{19F_P}{232}(\rightarrow)$; (b)$F_{xB} = \dfrac{F_P}{3}(\leftarrow)$

习题 5-5

$M_{AB} = 34.5 \text{ kN} \cdot \text{m}$, $M_{ED} = 97.5 \text{ kN} \cdot \text{m}$(外侧受拉)

习题 5-6

(a)$M_B = 13.5 \text{ kN} \cdot \text{m}$(上侧受拉)

(b)$M_A = 0.44F_P l$(上侧受拉)，$M_C = 0.28F_P l$(下侧受拉)

(c)$M_A = 0.25F_P l$(下侧受拉)，$M_B = 0.50F_P l$(下侧受拉)

习题 5-7

(a)横梁中点弯矩为$\dfrac{1}{8}ql^2$

(b)$M_{CD} = 0.5ql^2$(下侧受拉)，$M_{BC} = \dfrac{1}{16}ql^2$(右侧受拉)，$F_{QDC} = -ql$，$F_{QBC} = 0.56ql$，

$F_{NCD} = -0.56ql$，$F_{NBC} = 0$

(c)$M_A = 49.34$ kN·m(左侧受拉)，$M_E = 24.34$ kN·m(左侧受拉)，$F_{QA} = 32.5$ kN，$F_{QE} = 7.5$ kN，$F_{NAB} = 3.29$ kN(拉力)，$F_{NDE} = -3.29$ kN(压力)

习题 5-8

(a)$M_B = M_C = 10$ kN·m(上侧受拉)

(b)$M_{BA} = \dfrac{10}{7}$ kN·m(右侧受拉)

(c)$M_{BA} = 40$ kN·m(左侧受拉)，$M_{CB} = 40$ kN·m(下侧受拉)

(d)$M_A = 0.52F_P l$(左侧受拉)，$M_{BC} = 0.91F_P l$(下侧受拉)，$M_{DC} = 0.57F_P l$(左侧受拉)

习题 5-9

(a)$M_{AB} = 0$(左侧受拉)，$M_{BA} = 4.5$ kN·m(左侧受拉)

(b)$M_{CA} = 90$ kN·m(下缘受拉)，$M_{CB} = 120$ kN·m(下缘受拉)

(c)$F_{NCD} = 1.29$ kN(拉力)

(d)$F_{NDE} = -17.39$ kN(压力)，$M_{AD} = 248.5$ kN·m(左侧受拉)

习题 5-10

(a)$F_{N1} = -1.387F_P$，$F_{N2} = 0.547F_P$；(b)$F_{N1} = 58.35$ kN

习题 5-11

(a)$F_{NBD} = 6.52$ kN(拉力)，$F_{NBF} = -5.43$ kN(拉力)，$F_{NAB} = -7.07$ kN(压力)

(b)$F_{NAB} = 3.32$ kN(拉力)，$F_{NBC} = -4.02$ kN(压力)，$F_{NAC} = 3.22$ kN(拉力)

习题 5-12

(a)$M_B = 45$ kN·m(外侧受拉)；(b)$M_B = 0$；(c)$M_{AB} = 135$ kN·m(左侧受拉)

习题 5-13

(a)$M_A = 97.5$ kN·m(左侧受拉)；(b)$M_{CA} = 120.5$ kN·m(左侧受拉)；(c)$M_{DC} = 0.75M$(左侧受拉)；(d)$M_{BC} = 0.75F_P l$(上缘受拉)

习题 5-14

(a)$M_{AD} = \dfrac{9}{4}F_P$(左侧受拉)

(b)$M_{AC} = 30.94$ kN·m(外侧受拉)，$M_{CD} = 34.26$ kN·m(下缘受拉)

(c)角点弯矩$\dfrac{ql^2}{24}$(外侧受拉)

(d)角点弯矩$\dfrac{ql^2}{36}$(外侧受拉)

(e)$M_{EC} = 90$ kN·m(内侧受拉)，$M_{CA} = 150$ kN·m(内侧受拉)

(f)$M_{AD} = \dfrac{F_P a}{2}$(内侧受拉)，$M_{CD} = \dfrac{F_P a}{2}$(外侧受拉)

(g)$M_{CA} = M_{CE} = \dfrac{5}{48}F_P a$(右侧受拉)；(h)$M_{BA} = \dfrac{F_P h}{2}$(内侧受拉)

习题 5-15

(a)$M_{AB} = \dfrac{3EI\alpha}{l}$(下缘受拉)；(b)$M_{AB} = \dfrac{6EIc}{l}$(上缘受拉)

习题 5-16

(a)$M_D = \dfrac{2.5\Delta}{l^2}EI$（下缘受拉）；（b)$M_{AC} = \dfrac{9\Delta}{268a^2}EI$（外侧受拉）

第 6 章

习题 6-1

(a)1 个角位移未知量

(b)3 个角位移未知量，1 个线位移未知量

(c)4 个角位移未知量，3 个线位移未知量

(d)3 个角位移未知量，1 个线位移未知量

(e)1 个角位移未知量，1 个或 2 个线位移未知量

(f)3 个角位移未知量，2 个线位移未知量

(g)1 个角位移未知量，1 个线位移未知量

(h)1 个角位移未知量，1 个线位移未知量

(i)3 个角位移未知量，1 个线位移未知量

习题 6-2

(a)2 个角位移未知量

(b)1 个角位移未知量

(c)1 个角位移未知量，1 个线位移未知量

(d)2 个角位移未知量，1 个线位移未知量

(e)4 个角位移未知量，2 个线位移未知量

(f)2 个角位移未知量

习题 6-3

(a)$M_{AB} = -13$ kN·m，$M_{BC} = -13$ kN·m，$F_{QBC} = 33.17$ kN

(b)$M_{AB} = -4$ kN·m，$M_{CB} = 12$ kN·m，$F_{QCD} = 19$ kN

习题 6-4

略

习题 6-5

(a)$M_{AB} = -200$ kN·m，$M_{CD} = -120$ kN·m，$M_{EF} = -160$ kN·m

(b)$M_{AC} = 36.38$ kN·m，$M_{CD} = -2.09$ kN·m，$M_{EC} = -21.74$ kN·m

(c)$M_{AB} = 22.1$ kN·m，$M_{BD} = -99.6$ kN·m，$M_{ED} = -26.9$ kN·m

(d)$M_{AB} = -109.7$ kN·m，$M_{BD} = 34.1$ kN·m

(e)$M_{AB} = -44.1$ kN·m，$M_{CD} = -44.7$ kN·m

(f)$M_{AB} = -133.1$ kN·m，$M_{BC} = 62.6$ kN·m，$M_{BD} = 27.4$ kN·m

习题 6-6

(a)$M_{BD} = 15$ kN·m（右侧受拉）

(b)$M_{AB} = \dfrac{11}{12}ql^2$（上缘受拉）

(c)$M_{AD}=0.4F_Pl$（上缘受拉）

(d)$M_{AC}=150$ kN·m（左侧受拉）

(e)$M_{AD}=\dfrac{9}{4}F_P$（左侧受拉）

(f)$F_{NBE}=0.6F_P$，$F_{NCF}=1.2F_P$，$M_{BA}=0.6F_Pa$（上缘受拉）

习题 6-7

(a)$M_{CA}=10.43$ kN·m（左侧受拉）

(b)$M_{CE}=56.84$ kN·m（下缘受拉）

习题 6-8

(a)$M_{AB}=8.5$ kN·m（上缘受拉）

(b)$M_{AC}=34.3$ kN·m（左侧受拉）

(c)$M_{EF}=-33.17$ kN·m，$M_{AC}=5.85$ kN·m

(d)$M_{EC}=14.78$ kN·m，$M_{CA}=16.98$ kN·m

(e)$M_{BA}=30.05$ kN·m，$M_{BC}=-31.1$ kN·m

(f)$M_{AC}=\dfrac{q}{24}$

习题 6-9

(a)$M_{CD}=-\dfrac{2F_Pl}{7}$，$M_{CA}=-\dfrac{3F_Pl}{14}$

(b)$M_{AB}=-36$ kN·m，$M_{CD}=36$ kN·m

(c)$M_{BA}=-7.45$ kN·m，$M_{CB}=26.07$ kN·m，$M_{BD}=0$

习题 6-10

(a)$M_B=3.69\dfrac{\Delta EI}{l^2}$（下缘受拉），$M_C=2.77\dfrac{\Delta EI}{l^2}$（上缘受拉）

(b)$M_{AB}=3.73\dfrac{EI\varphi}{l^2}$（内侧受拉）

习题 6-111$M=\dfrac{2\alpha EIt}{h}$（外侧受拉）

习题 6-12

$2M_{AB}=11.97$ kN·m（下缘受拉），$M_{BC}=7.4$ kN·m（内侧受拉）

第 7 章

习题 7-1

$M_B=20.8$ kN·m，$M_C=50$ kN·m

习题 7-2

(a)$M_{CB}=34.48$ kN·m，$F_{QAB}=10.74$ kN，$F_{RB}=39.02$ kN（↑）

(b)$M_{BA}=34.23$ kN·m，$F_{QAB}=25.72$ kN，$F_{RB}=46.65$ kN（↑）

(c)$M_{AB}=-28.75$ kN·m，$F_{QCB}=-27.92$ kN，$F_{RB}=63.02$ kN（↑）

(d)$M_{DC}=-50.4$ kN·m，$F_{QCB}=-26.4$ kN，$F_{RB}=31.6$ kN（↑）

习题 7-3

(a)$M_{BA}=8.8$ kN・m，$M_{DC}=74.9$ kN・m

(b)$M_{BA}=12.4$ kN・m

(c)$M_{BA}=74.80$ kN・m，$M_{CB}=61.63$ kN・m

(d)$M_{AB}=85.4$ kN・m，$M_{DC}=23.5$ kN・m

习题 7-4

(a)$M_{BA}=38.5$ kN・m，$M_{CB}=-6.2$ kN・m

(b)$M_{BA}=25.2$ kN・m，$M_{BD}=-18.9$ kN・m

(c)$M_{CF}=8$ kN・m，$M_{BA}=0$

(d)$M_{AB}=-35.6$ kN・m，$M_{BE}=39.4$ kN・m

(e)$M_{AB}=10.7$ kN・m，$M_{CB}=48.8$ kN・m

(f)$M_{BC}=-43.8$ kN・m，$M_{CF}=-95.3$ kN・m

习题 7-5

$M_{CE}=39.42$ kN・m，$M_{CF}=20.58$ kN・m

习题 7-6

(a)$M_{BA}=2ql^2$（右侧受拉），$M_{CB}=1.1ql^2$（右侧受拉）

(b)$M_{EF}=9.19$ kN・m（外侧受拉），$M_{FB}=8.16$ kN・m（左侧受拉）

习题 7-7

(a)$M_{AD}=-50$ kN・m，$M_{DG}=150$ kN・m

(b)$M_{AE}=-\dfrac{1}{12}Pl$，$M_{BF}=-\dfrac{1}{6}Pl$

(c)$M_{AE}=-70$ kN・m，$M_{BF}=-65.99$ kN・m

习题 7-8

略

第 8 章

习题 8-1

$F_{RB}=11/8$，$M_E=-3/4$，$F_{QB}^{左}=-3/8$，$F_{QB}^{右}=1$，$F_{QC}=1$

习题 8-2～习题 8-11

略

习题 8-12

$M_K=185$ kN・m，$F_{QK}^{左}=-28.75$ kN

习题 8-13

AB、CD 跨布置活载，产生 $M_{K\max}$

习题 8-14～习题 8-15

略

参 考 文 献

[1] R. C. Hibbeler. 工程力学(静力学与材料力学)[M]. 4 版. 范钦珊，王晶，翟建明，译. 北京：机械工业出版社，2018.

[2] 范钦珊. 工程力学学习指导与解题指南[M]. 北京：清华大学出版社，2007.

[3] 唐静静，范钦珊. 工程力学(静力学与材料力学)[M]. 4 版. 北京：高等教育出版社，2023.

[4] 张俊彦，赵荣国. 理论力学[M]. 2 版. 北京：北京大学出版社，2012.

[5] 朱慈勉，张伟平. 结构力学(上册)[M]. 3 版. 北京：高等教育出版社，2016.

[6] 朱慈勉，张伟平. 结构力学(下册)[M]. 3 版. 北京：高等教育出版社，2016.

[7] 梁丽杰，田华奇. 土木工程力学(上册)[M]. 哈尔滨：哈尔滨工业大学出版社，2011.

[8] 梁丽杰，田华奇. 土木工程力学习题册(上册)[M]. 哈尔滨：哈尔滨工业大学出版社，2011.

[9] 王焕定，章梓茂，景瑞. 结构力学[M]. 3 版. 北京：高等教育出版社，2010.

[10] 常伏德，梁丽杰. 土木工程力学(下册)[M]. 哈尔滨：哈尔滨工业大学出版社，2012.

[11] 梁丽杰，张玉华. 土木工程力学习题册(下册)[M]. 哈尔滨：哈尔滨工业大学出版社，2012.

[12] 谢刚，陈丽华. 工程力学[M]. 5 版. 北京：科学出版社，2015.

[13] 张来仪，景瑞. 结构力学(下册)[M]. 北京：中国建筑工业出版社，2011.

[14] 范钦珊，殷雅俊，唐靖林. 等. 材料力学[M]. 3 版. 北京：清华大学出版社，2014.

[15] 郭颖，李恒伟，唐玉玲. 工程力学[M]. 哈尔滨：哈尔滨工业大学出版社，2015.

[16] 杨静宁. 工程力学[M]. 2 版. 北京：科学出版社，2015.

[17] 章向明，王安稳，施华民. 等. 工程力学学习指导及习题解答[M]. 北京：科学出版社，2015.

[18] 胡益平. 材料力学[M]. 武汉：武汉大学出版社，2013.